Einblicke 4

Mathematik

von
Günther Fechner
Rudolf Haubner
Sabine Kliemann
Christine Kröppel
Alfred Tritz
Hartmut Wallrabenstein

beratende Mitwirkung
Karlheinz Schneider

Ernst Klett Verlag
Stuttgart · Leipzig

1. Auflage 1 6 5 4 | 11 10 09 08

Alle Drucke dieser Auflage sind unverändert und können im Unterricht nebeneinander verwendet werden. Die letzten Zahlen bezeichnen jeweils die Auflage und das Jahr des Druckes.

Internetadresse: www.klett.de

Autoren: Günther Fechner, Rudolf Haubner, Sabine Kliemann, Christine Kröppel, Alfred Tritz, Hartmut Wallrabenstein
Beratung: Karlheinz Schneider
Am Gesamtwerk beteiligt: Joachim Becherer, Manfred Brech, Gabriele Oelfin, Achim Roßwag, Prof. Hans-Dieter Gerster
Redaktion: Dr. Gudrun Pofahl, Martina Müller, Claudia Gritzbach
Mediengestaltung: Ulrike Glauner, Jörg Adrion

Zeichnungen / Illustrationen: Uwe Alfer, Waldbreitbach; Maren Barber, Berlin; Sibylle Gückel, Stuttgart; Helmut Holtermann, Dannenberg; Rudolf Hungreder, Leinfelden
Bildkonzept Umschlag: soldan kommunikation, Stuttgart
Umschlagfoto: dpa Picture-Alliance, Frankfurt

Reproduktion: Meyle + Müller, Medien-Management, Pforzheim
DTP / Satz: media office gmbh, Kornwestheim
Druck: Himmer AG, Augsburg

Printed in Germany

ISBN 978-3-12-746381-1

9 783127 463811

Liebe Schülerin, lieber Schüler,

wenn du diese Seite liest, kannst du besser mit deinem Mathematikbuch lernen. Wir zeigen dir hier, wie dies funktioniert:

Jedes Kapitel beginnt mit einer **gelben Doppelseite**, auf der es viel zu entdecken gibt.

Jede Lerneinheit beginnt mit einem Beispiel aus eurem Alltag und ➜ **Fragen**, die euch zum Nachdenken oder zum Ausprobieren anregen. Im **Merkkasten** kannst du wichtige Begriffe nachlesen. ➜ **Weiter geht's** mit ersten Übungen zum neuen Stoff.

Merkkasten !

Danach folgen viele **Aufgaben** zum Üben. Oft lernst du dabei etwas, was dir auch außerhalb des Mathematikunterrichts weiterhilft. Der **Infokasten** enthält zusätzliche Informationen oder Lerntipps.

Infokasten i

Aufgaben zur Kompetenzentwicklung

- 👥 *Partneraufgabe*
- 👥👤 *Gruppenaufgabe*
- @ *Aufgabe, die du mit dem Internet lösen kannst*
- 🖩 *Aufgabe, die du mit dem Taschenrechner lösen kannst*

Differenzierung

- **1** *Leichtere Aufgabe*
- **2** *Mittlere Aufgabe*
- **3** *Schwierige Aufgabe*

Grüne Seiten bieten spannende Themen und Aufgaben zur Kompetenzentwicklung.

Dann findest du weitere Aufgaben zum Üben. Damit du das, was du in diesem Kapitel gelernt hast, ganz sicher nicht wieder vergisst.

Einblicke – Rückblicke

Am Kapitelende kannst du dein Wissen prüfen. Je nachdem wie sicher du dich fühlst, entscheidest du dich für leichtere, mittlere oder schwierige Aufgaben.

Test

Immer wieder findest du **blaue Kästen** mit Anregungen zum Lesen, Spielen und Experimentieren. Oder du findest **grüne Kästen** zum Trainieren des Grundwissens aus vergangenen Kapiteln.

Am Anfang des Buches stimmt dich das **Training** mit Knobelaufgaben auf das neue Schuljahr ein. In der Mitte und am Ende findest du Übungsaufgaben, mit denen du das wiederholen kannst, was du schon in Klasse 5 und 6 gelernt hast.

Training

Am Ende des Buches findest du **Lösungen** der Aufgaben aus Training, Test und aus den grünen Kästen. Damit kannst du dich selbstständig auf Prüfungen vorbereiten. **Zum Nachschlagen** fasst alles Wichtige zusammen.

Lösungen

Zum Nachschlagen

Wir wünschen dir viel Spaß und Erfolg mit deinem Buch Einblicke Mathematik!

Inhaltsverzeichnis

Training

Liebe Schülerin, lieber Schüler,
hier findest du Aufgaben zum „Aufwärmen" – wie beim Sport. Du kannst knobeln, Regeln finden und mit Mathematik experimentieren.
Viel Spaß!

@ Suche im Internet nach dem Begriff **Sudoku**.

1 Zeichne den Stuhl so ab,
a) dass man ihn von vorne sieht,
b) dass man ihn von hinten sieht,
c) dass die Lehne nach unten zeigt.

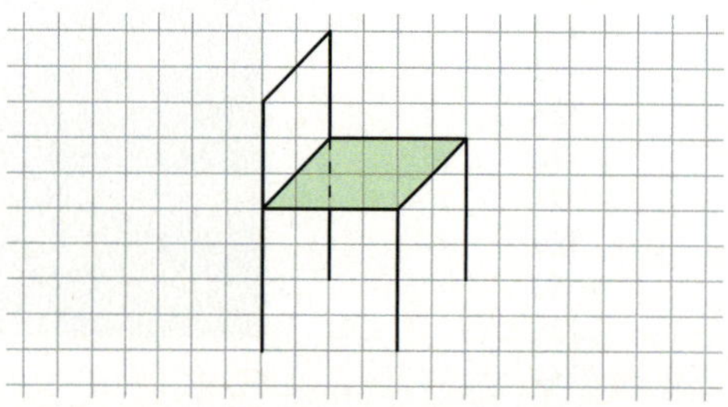

2 Zeichne das Spielfeld ab.

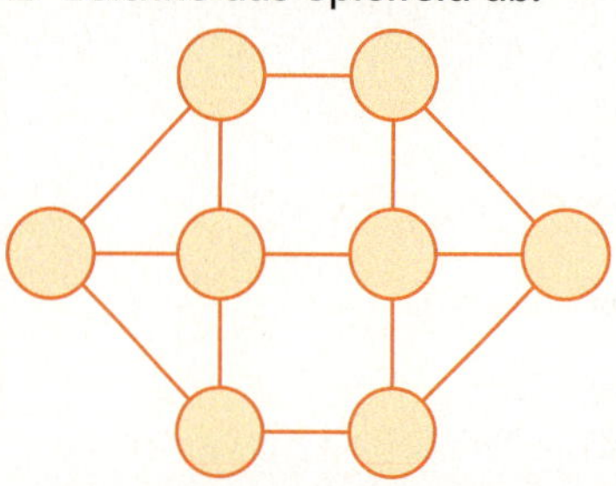

Trage in die acht Felder die Zahlen von 1 bis 8 so ein, dass Nachbarzahlen (z. B. 1 und 2, oder 4 und 5) nicht durch eine Linie verbunden sind.

3 Zeichne das Schrägbild des Würfels ab.

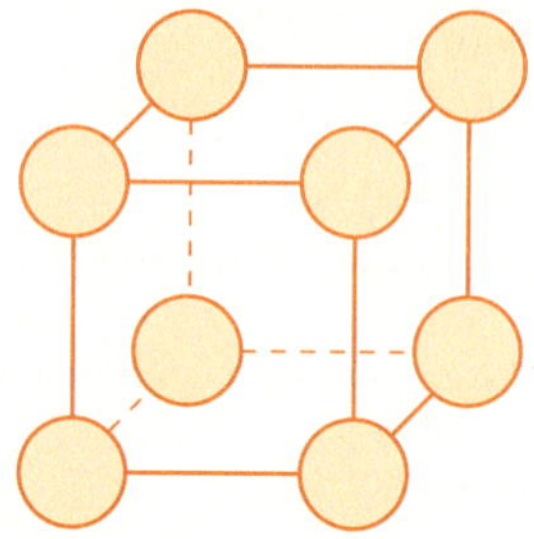

a) Schreibe die Zahlen von 1 bis 8 so in die Ecken, dass vier Zahlen, die zu derselben Seitenfläche gehören, immer die Summe 18 ergeben.
b) Vergleicht eure Ergebnisse. Gibt es verschiedene Lösungen?

4 a) Zeichne ein Quadrat mit 16 Feldern.

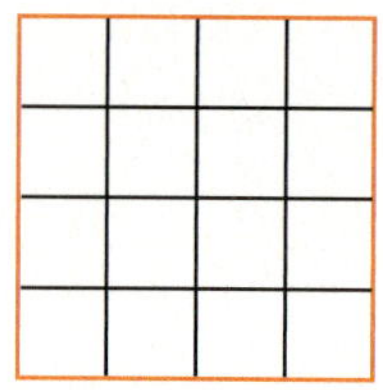

ein *Mini-Sudoku*

Schreibe dann die Zahlen von 1 bis 4 so in die Felder, dass jede Zahl in einer Zeile, in einer Spalte und in den Diagonalen genau einmal vorkommt.
b) Vergleicht eure Lösungen.

5 a) Wie viele Wege führen in die Mitte des Labyrinths?

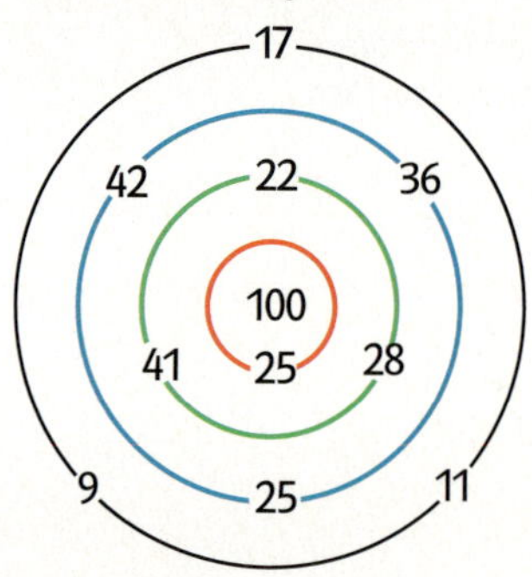

b) Schreibt alle Wege auf, bei denen die Zahlen die Summe 100 ergeben.

Die Lösungen findest du auf Seite 150.

6 Löst das Zahlenrätsel. Gleiche Buchstaben bedeuten in einer Teilaufgabe gleiche Ziffer.

a)
```
  ICH
+  DU
  WIR
```
b)
```
   ER
+  ES
  SIE
```
c)
```
  WIR
+ IHR
  SIE
```

Es gibt jeweils verschiedene Lösungen.

7 Prüfe nach und begründe.
a) Miriam behauptet: „Achtmal die Acht macht 1000!“ Sie schreibt:
888 + 88 + 8 + 8 + 8 = ▢
b) Sören: „Dann komme ich mit sechzehnmal Ziffer Vier auch bis 1000.“
c) Sina: „Es geht auch mit der Fünf oder mit der Zwei.“

8 a) Subtrahiere und dividiere dann das Ergebnis durch 9.

790	680	1230
− 79	− 68	− 123

Was fällt dir auf? Rechne weitere Beispiele.
b) Überprüfe: Hier sind die Ergebnisse durch 99 teilbar.

8500	12300	40700
− 85	− 123	− 407

c) Konstruiere Zahlen, die ohne Rest durch 999 teilbar sind.

9 a) Wie viele gleichseitige Dreiecke entdeckst du in dem Liniennetz?

b) Zeichne das Muster in einem Zug ab, ohne den Stift abzusetzen oder eine Linie mehrmals zu durchfahren.

10 Wie oft schlägt die Kirchturmuhr an einem Tag? Erkläre deinen Rechenweg.

Die Uhr schlägt zur Viertelstunde einmal, zur halben Stunde zweimal, zur Dreiviertelstunde dreimal und zur vollen Stunde viermal. Außerdem gibt sie zu jeder vollen Stunde durch ihre Glockenschläge die Uhrzeit an.

11 Stellt euch einen Taschenrechner wie auf dem Rand vor, der nur die neun Tasten hat. Könnt ihr damit alle Zahlen von 1 bis 50 als Ergebnis ausrechnen?

5 − 4 = 1
5 + 5 − 4 − 4 = 2 …

12 Um eine quadratische Wiese wird ein Zaun gesetzt.
a) Auf jeder der vier Seiten sollen 20 Pfosten stehen. Wie viele Pfosten werden benötigt? Prüfe durch eine Skizze.
b) In welchem Abstand stehen die Pfosten, wenn die Wiese 200 m lang ist?

13 a) Zu Beginn des Schuljahres begrüßen sich alle 25 Schülerinnen und Schüler einer Klasse mit Handschlag. Wie viele Handschläge sind das insgesamt? Erklärt euren Rechenweg. Eine Skizze kann dabei helfen. In der Gruppe könnt ihr die Begrüßung auch durchspielen.
b) Die Klasse wählt zwei Klassensprecherinnen bzw. -sprecher. Wie viele Wahlausgänge sind denkbar?

Die Lösungen findest du auf Seite 150.

Schon vor 4500 Jahren verwendeten die Menschen Gegenstände als Zahlungsmittel. Dies war am Anfang zum Beispiel Schmuckgeld, Steingeld oder Muschelgeld.

Der Wert der ersten Münzen richtete sich nach ihrem Gewicht.
Heute bestimmt der Wechselkurs ihren Wert. Das ist der Preis, der jeweils für den Kauf oder Verkauf einer fremden Währung aktuell gültig ist. Er schwankt täglich.

Land	Wert für 1,– €	
	November 2005	April 2006
Dänemark	7,464 Dän. Kronen	7,461 DKK
Großbritannien	0,677 Pfund	0,694 GBP
Schweden	9,606 Schwed. Kronen	9,348 SEK
Schweiz	1,544 Schweizer Franken	1,573 CHF
Türkei	1,617 Türkische Lira	1,648 TRL

Die erste Kreditkarte erfand der Geschäftsmann Frank McNamara. Er war in einem Restaurant essen und hatte kein Geld dabei.

Damit ihm so etwas nicht noch einmal passieren konnte, erfand er 1949 die noch aus Karton erstellten ersten Kreditkarten.

1 Rationale Zahlen

Geld regiert die Welt

Der Umgang mit Geld ist in unserem Alltag nicht mehr wegzudenken. Über die Jahrtausende hinweg haben sich die Zahlungsmittel häufig geändert.

Heute wird der elektronische Weg immer mehr genutzt, es wird also oft bargeldlos bezahlt. Neben der Nutzung von Kredit- und Geldkarten werden Telefon- und Internetbanking immer beliebter.

Mit Homebanking kann man seine Bankgeschäfte zu Hause am Computer abwickeln.

Ausblick

In diesem Kapitel findest du:
- Rationale Zahlen
- Kontoführung
- Addieren und Subtrahieren rationaler Zahlen
- Multiplizieren und Dividieren rationaler Zahlen

1 Rationale Zahlen

Wasserstandsvorhersage (in Bezug auf Normalnull)								
	Dienstag, 30. August				Mittwoch, 31. August			
	NW	HW	NW	HW	NW	HW	NW	HW
Uhrzeit	1:54	8:20	14:54	21:17	3:22	9:42	16:16	22:29
Wasserstand	−0,8	+1,1	−1,0	+0,9	−0,8	+1,2	−1,1	+1,0

Das Leben an der Nordseeküste wird von den Gezeiten, also dem Wechsel von Ebbe und Flut bestimmt. Hat das Wasser seinen niedrigsten Stand, spricht man von Niedrigwasser (NW). Steht es am höchsten Punkt, ist Hochwasser (HW) erreicht. Die Gezeiten verschieben sich jeden Tag.

→ Wann könnte jemand ohne Gefahr im Meer baden? Wann könnte man zu einer Wattwanderung aufbrechen?
→ Mach dich kundig, was NN bedeutet.
→ Stelle Normalnull, Niedrigwasser und Hochwasser für jeden Tag auf einer Zahlengerade dar.
→ Gib Zahlen an, die zwischen −0,1 und −0,2 liegen.

!

Zu den **rationalen Zahlen** gehören die positiven und negativen ganzen Zahlen, Dezimalzahlen und Brüche.

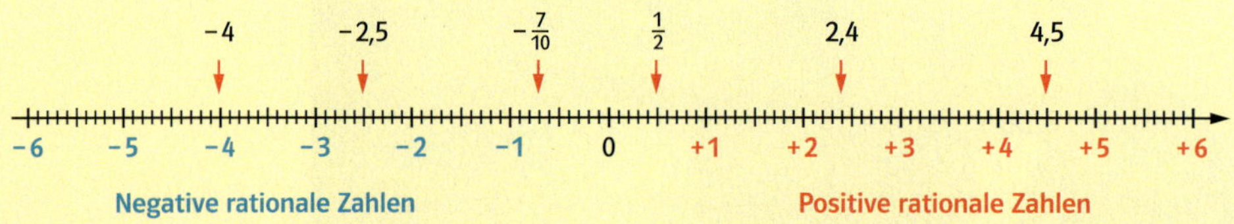

Weiter geht's
→ Nenne Dezimalzahlen, die zwischen $\frac{1}{2}$ und $\frac{3}{4}$ liegen. Wie viele gibt es?
→ Nenne Brüche, die zwischen 0,2 und 0,3 liegen.

1 Schreibe die Zahlen mit ihren entsprechenden Vorzeichen auf. Überlege, welche Angaben du sinnvollerweise gerundet angeben kannst.
- Ein Wrack wurde in 139,98 m Tiefe auf dem Meeresboden entdeckt.
- Herr Märzer hat 769,51 € Schulden.
- Die höchste je gefahrene Geschwindigkeit mit einem Motorrad liegt bei 512,7 km pro Stunde.
- Frau Kurz hat 56,89 € ausgegeben.

2 Notiere die gesuchten Zahlen.
a) zwei Dezimalzahlen zwischen −3,2 und −3,3
b) drei gemischte Zahlen zwischen 2,5 und 3
c) zwei rationale Zahlen zwischen −3,1 und −3,01
d) zwei Zahlen, die größer als −100 und kleiner als −99 sind
e) zwei periodische Brüche zwischen 0,1 und 0,2

3 Lies die Temperaturen ab.

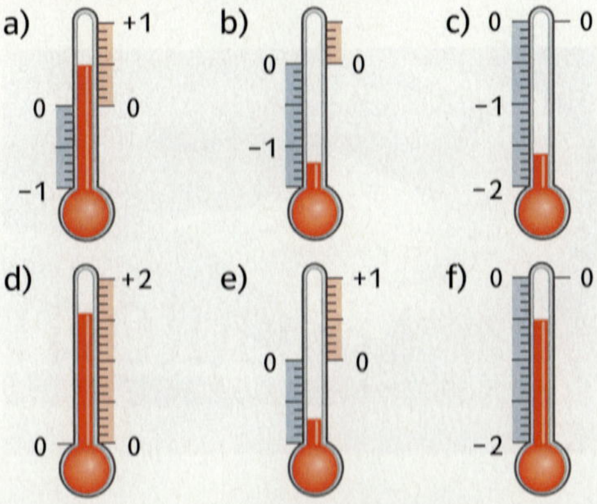

4 Zeichne zu jeder Teilaufgabe ein Thermometer und trage die Temperaturen ein. Wähle die Skala jeweils geschickt.

a) +3,2 °C b) −0,9 °C
c) −4,3 °C d) +0,7 °C
e) +3,1 °C f) −1,9 °C

5 Setze <, > oder = ein.

a) $\frac{3}{8}$ ■ 0,38 b) −0,01 ■ −0,009
c) $\frac{1}{9}$ ■ −0,1 d) −2,876 ■ −2,8760
e) $\frac{8}{9}$ ■ $\frac{7}{8}$ f) −9,110 ■ −9,1011

6 Auf welche Zahlen zeigen die Pfeile?

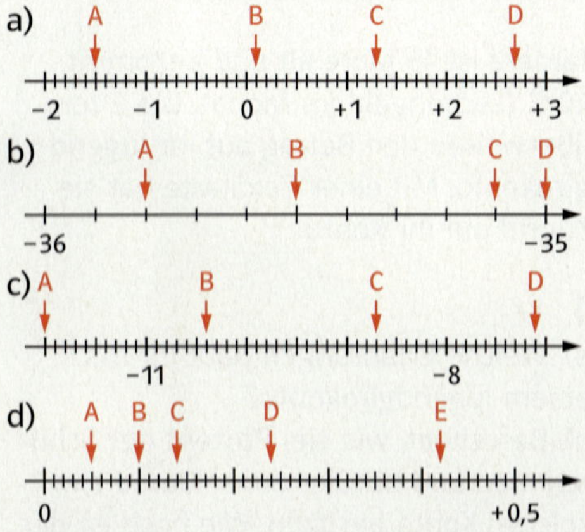

7 Zeichne jeweils eine Zahlengerade und trage die Zahlen ein.

a) 0; −3; 4; −0,7; −4,8; 5,6
b) 1,8; −2; 3,6; −6,5; −0,5; −5
c) 0; 0,01; −0,05; 0,07; −0,1
d) 0; $-\frac{1}{2}$; $-2\frac{1}{2}$; $2\frac{1}{10}$; $\frac{7}{10}$

8 Ordne die Zahlen der Größe nach.

a) −4,2; −0,8; 3,2; −4,1; 0,2
b) −36,4; 3,6; 364; −3,64; 3,64
c) −0,01; 0,11; 1,01; −0,10; −1,11; −11

Zeitzonen

Lesen

Die Karte zeigt die **Zeitzonen** der Erde. Jeder Ort innerhalb einer Zeitzone hat dieselbe Uhrzeit. Bei uns in Mitteleuropa gilt die Mitteleuropäische Zeit (MEZ).

1 Erkläre, warum Vorzeichen bei den Zeitangaben verwendet werden.

2 Gib fünf europäische Städte an, die außerhalb der MEZ-Zone liegen. Wie viel Zeitunterschied herrscht jeweils?

3 a) Wann würde man von Deutschland aus in den USA anrufen, ohne jemanden nachts zu wecken?
b) „Ich habe am Donnerstag aus dem Ausland in Deutschland angerufen. Dort war es schon Freitag." Erkläre.

Kontoführung

Tamara ist 15 Jahre alt und bekommt 40 € Taschengeld im Monat. Die Eltern überweisen den Betrag auf ihr Jugendgirokonto. Mit einer Geldkarte hat sie Zugriff auf ihr Konto.

1
a) Welche Erfahrungen habt ihr mit einem Jugendgirokonto?
b) Berechnet, wie viel Prozent der Schülerinnen und Schüler eurer Klasse ein solches Konto besitzen. Wie hoch ist der Anteil derjenigen, die es regelmäßig nutzen?
c) Stellt die Ergebnisse aus Aufgabe b) in geeigneten Schaubildern dar.

2 Tamara hat eine Zeitschrift abonniert. Daher werden ihr monatlich 6,70 € abgebucht. Da man ein Jugendgirokonto nicht überziehen darf, muss mindestens dieser Betrag auf dem Konto vorhanden sein. Damit das gewährleistet ist, zahlt sie alle Geldeinnahmen auf ihr Konto ein.

Sparbank	Kontostand alt:	24,97 €
Buchungstag	Vorgang	Betrag
01.07.	Zeitschrift	−6,70 €
09.07.	Bareinzahlung	+21,80 €
15.07.	Gutschrift	+40,00 €
21.07.	Barauszahlung	−20,00 €
23.07.	Einzahlung	+29,60 €
	Kontostand neu:	

a) Wie lautet Tamaras neuer Kontostand?
b) Im nächsten Monat hat Tamara neben ihren laufenden Kosten noch folgende Ausgaben: Kinobesuch 7,50 €, Drogerieeinkauf 12,87 €, Samstagabend mit Niko 4,80 €, Kiosk 3,89 €. Kann sie sich dann noch eine CD für 12,99 € leisten?

3 Wenn man volljährig ist und ein regelmäßiges Einkommen besitzt, kann man sein Konto auch überziehen. Die Bank gewährt einen *Dispositionskredit*, für den man aber Zinsen zahlen muss.

Sparbank	Kontostand alt:	143,85 €
Buchungstag	Vorgang	Betrag
08.04.	Barauszahlung	− 150,00 €
11.04.	Zeitung	− 58,90 €
13.04.	Rechnung	− 270,50 €
	Kontostand neu:	

a) Das Konto wurde überzogen. Gib den aktuellen Kontostand an.
b) Am 15. des Monats erhält Herr Marten 2260 € Gehalt. Gleichzeitig wird sein Konto noch mit 56,98 € und 43,65 € belastet. Berechne den neuen Kontostand.

4 Familie Sorg baut ein Zimmer im Keller als Jugendzimmer für ihren Sohn Max um. Es entstehen folgende Kosten:
- Wand- und Deckenfarbe: 75,89 €
- Laminatboden ($12\,m^2$): 9,79 € pro m^2
- notwendiges Werkzeug: 137,87 €
- Fensterrollos: 35,74 €

a) Max beteiligt sich mit seinen Ersparnissen am Umbau und steuert 57 € bei. Berechne die verbleibenden Kosten.
b) Frau Sorgs aktueller Kontostand beträgt 307,97 €. Die Kosten werden abgebucht. Berechne den neuen Kontostand.

2 Rationale Zahlen addieren und subtrahieren

In ganz Deutschland verteilt befinden sich Wetterstationen, die Daten zu Temperaturen, Niederschlägen und anderen Wetterphänomenen rund um die Uhr erheben. So lassen sich Wettervorhersagen erstellen, aber auch Daten miteinander vergleichen.

→ In der Tabelle sind die durchschnittlichen Monatstemperaturen von Köln und von der Zugspitze angegeben. Suche die zwei Orte im Atlas. Erkläre, wie die deutlichen Temperaturunterschiede zu Stande kommen.

→ 👥 Vergleicht die Daten miteinander. Stellt eure Ergebnisse der Klasse vor. Erklärt, wie ihr gerechnet habt.

→ @ Ermittelt die Daten eures Wohnortes und vergleicht sie mit einem der beiden Orte.

Durchschnittliche Monatstemperatur in °C

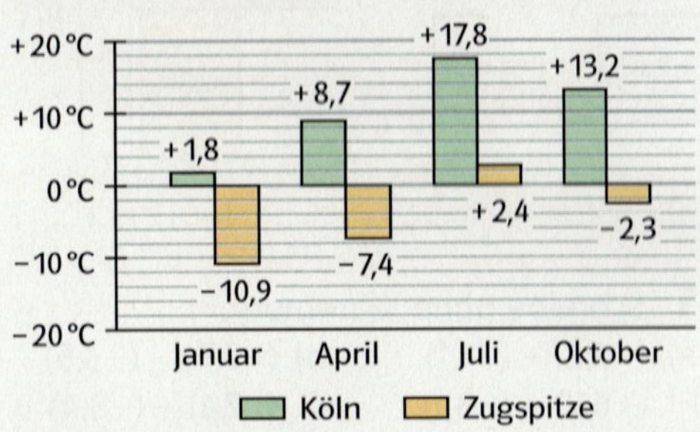

Durchschnittliche Monatstemperaturen in °C												
Monat	Jan.	Feb.	März	April	Mai	Juni	Juli	Aug.	Sept.	Okt.	Nov.	Dez.
Köln	1,8	2,4	5,2	8,7	13,2	16,2	17,8	14,4	14,2	13,3	5,6	2,9
Zugspitze	-10,9	-11,3	-9,9	-7,4	-2,8	+0,1	+2,4	+2,4	+0,4	-2,3	-6,9	-9,5

→ 👥 Ben und Lara überlegen, wie die Temperaturunterschiede berechnet werden könnten. Erklärt ihre Vorgehensweise.

Ben macht eine Skizze.

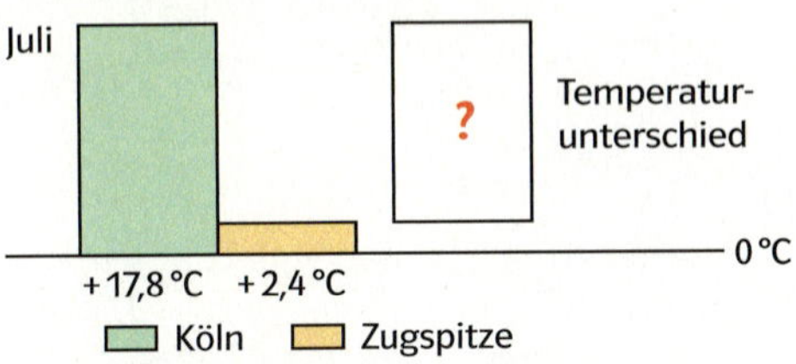

Er rechnet: +17,8 − ▢ = +2,4
Lara rechnet sofort aus:
+17,8 − (+2,4) = +15,4
Sie schreibt kürzer: 17,8 − 2,4 = 15,4

Skizze für den Monat März:

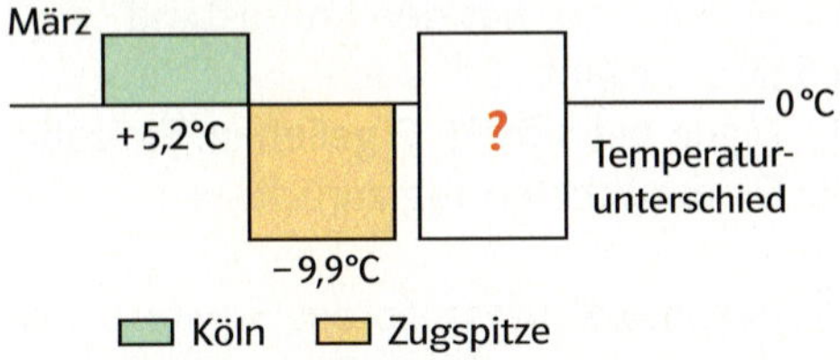

Ben rechnet: +5,2 − ▢ = (−9,9)
Lara rechnet: +5,2 − (−9,9) = +15,1
→ Gib auch hier die kürzere Schreibweise an.

Vorzeichen

(+5) + (−8)

Rechenzeichen

Rationale Zahlen schreibt man in Rechenausdrücken streng genommen in Klammern. Um die Schreibweise zu vereinfachen, kann man die Rechenausdrücke mit folgenden Regeln auch ohne Klammern schreiben.

$(-2{,}5) + (+1{,}7) = -2{,}5 + 1{,}7 = -0{,}8$

$(-2{,}5) + (-1{,}7) = -2{,}5 - 1{,}7 = -4{,}2$

$(-2{,}5) - (+1{,}7) = -2{,}5 - 1{,}7 = -4{,}2$

$(-2{,}5) - (-1{,}7) = -2{,}5 + 1{,}7 = -0{,}8$

Kurzschreibweise Addition
+ + wird ersetzt durch +
+ − wird ersetzt durch −

Kurzschreibweise Subtraktion
− + wird ersetzt durch −
− − wird ersetzt durch +

Weiter geht's

➜ Schreibe als Aufgabe.

a)

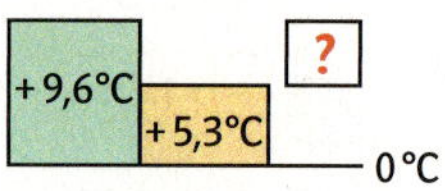

b)

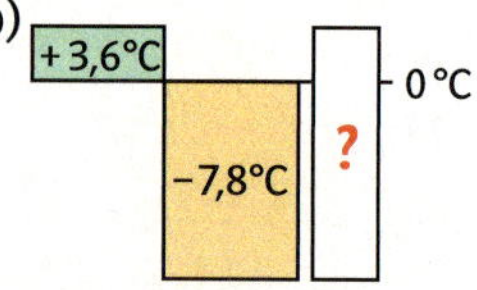

➜ Zeichne.

a) (+13) − (−5)
b) (+4,0) − (+0,5)
c) (+5,6) − (−6,9)
d) (+2,4) − (−11,3)

1 Schreibe ohne Klammern.

a) (−3,2) + (−1,1)
(+6,2) − (−3,1)
(−9,3) + (+6,5)
(+7,7) + (+7,5)

b) (−2,6) − (−3,5)
(+7,4) + (−3,4)
(−5,1) − (−2,4)
(−3,5) − (+7,7)

2 Schreibe als Aufgabe ohne Klammern und berechne dann.

a) Mario hat 36 €. Er gibt 25,99 € aus.
b) Frau Grözer hat nur 20 Euro dabei. Sie muss sich noch 35 Euro leihen.
c) Max hat 12 €. Eine DVD kostet 17,99 €. Wie viel Geld muss er sich leihen?
d) Paula hat 14,80 € Schulden. Sie zahlt 10,50 € zurück.
e) Herr Merzer hat den Kontostand 65,50 €. Er gibt 70 € aus.
f) Merle hat sich 35 € geliehen. Sie zahlt 22 € am nächsten Tag zurück.

3 Bestimme zuerst, ob das Ergebnis positiv oder negativ ist. Rechne dann.

a) 4,5 − 6,9
6,2 − 14
−14,3 + 36,5
−14,5 − 12,6

b) 26,3 − 30
25,36 − 35,01
−15,32 − 11,39
−25,01 + 36,10

4 Berechne.

a) −7,5 − 2,5
−6,5 − 4,5

b) −2,2 + 1,5
2,3 − 7,8

c) −66,5 + 57,3
6,5 − 19,3

d) 25,63 − 62,25
−32,54 + 25,63

5 Übertrage das Rechennetz ins Heft und ergänze.

a)

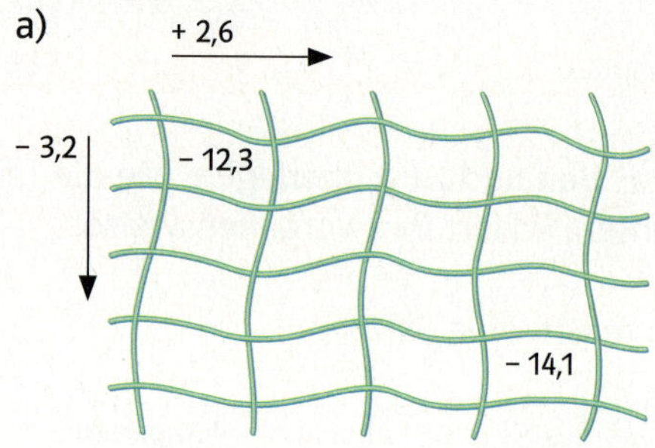

b)

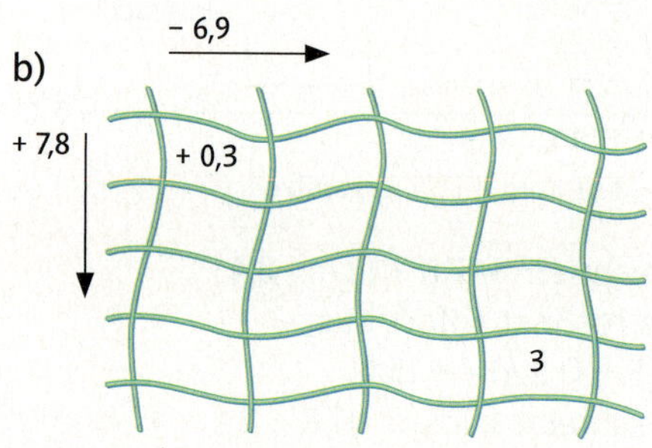

6 Ergänze die fehlenden Vorzeichen in deinem Heft.

a) ■ 1,1 + ■ 1,1 + ■ 1,1 + ■ 1,1 = 0

b) ■ 1,1 − ■ 1,1 − ■ 1,1 + ■ 1,1 = 0

c) ■ 1,1 − ■ 1,1 + ■ 1,1 − ■ 1,1 = +4,4

d) ■ 1,1 + ■ 1,1 + ■ 1,1 − ■ 1,1 = −2,2

7 Ergänze im Heft.

(■)	+ (−8,3)	=	(■)
+	+		+
(−3,7) +	(■)	=	(−6,1)
=	=		=
(−6,2) +	(■)	=	(■)

8 Berechne.

a) 1,1 $\xrightarrow{-3,5}$ $\xrightarrow{+2,2}$ $\xrightarrow{-8,8}$ $\xrightarrow{-4,7}$ ■

b) −9,7 $\xrightarrow{-5,4}$ $\xrightarrow{+2,9}$ $\xrightarrow{-8,8}$ $\xrightarrow{+5,3}$ ■

c) ■ $\xrightarrow{-4,5}$ $\xrightarrow{+9,7}$ $\xrightarrow{-5,7}$ $\xrightarrow{+66}$ −6,7

9 Ergänze die fehlenden Zahlen.

a)

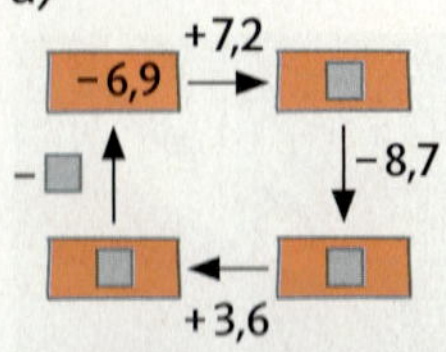

b)

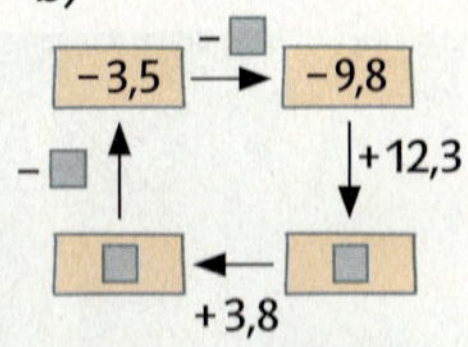

10 Beim Skiweltcupslalom der Damen in Val d'Isère wird bei Zielankunft der Läuferinnen immer die erreichte Endzeit eingeblendet.

Name	Land	Endzeit
Öster	A	1:23,36
Schild	A	1:22,48
Zurbriggen	CH	1:22,38
Ertl	D	1:22,63
Wiberg	SWE	1:23,04
Duval	F	1:22,77

a) Ermittle die Reihenfolge.
b) Wie viel Sekunden Rückstand hat jede Läuferin zur Bestzeit?

Zahnräder — Knobeln

1 Das große Zahnrad (A) ist das antreibende Rad und hat 40 Zähne, das kleine ist das getriebene Rad (B) und hat 20 Zähne.

a) In welche Richtung bewegt sich das Zahnrad B, wenn man A im Uhrzeigersinn dreht?
b) A dreht sich viermal um 360°. Wie oft dreht sich B?
c) Was müsste man verändern, damit sich beide Räder in dieselbe Richtung drehen?

2 a) In welche Richtung dreht sich das Zahnrad C, wenn A das antreibende Rad ist?

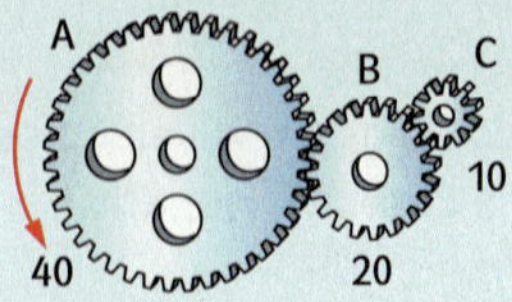

b) Wie oft drehen sich B und C, wenn A sich $2\frac{1}{2}$-mal dreht?

3 Das Rad B dreht sich dreimal gegen den Uhrzeigersinn. Wie drehen sich A, C und D?

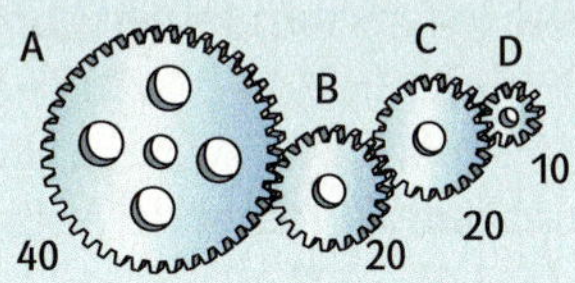

3 Rationale Zahlen multiplizieren und dividieren

Der Blütenstand der Titanenwurz wächst am Tag durchschnittlich 10 bis 15 cm. Er wurde am 19.10.05 in der Wilhelma in Stuttgart 2,94 m hoch.

Rekorde aus den verschiedensten Lebensbereichen haben die Menschen schon immer fasziniert.

➜ Welche Rekorde werden in den Zeitungsmeldungen beschrieben?

➜ Einige Daten sind unvollständig. Berechnet die fehlenden Größen. Vergleicht eure Lösungen in der Klasse und stellt euch gegenseitig die Rechenwege vor.

➜ @ Sucht weitere Rekorde im Internet.

Je höher man sich in die Luft begibt, desto kälter wird es. Durchschnittlich erfolgt eine Temperaturänderung um –5 °C je 1000 m Höhe. Die größte jemals gemessene Flughöhe eines Vogels liegt bei 11 300 m.

Am 23.01.1916 notierte man in Browning (USA) eine durchschnittliche Temperaturänderung von –11,2 °C pro Stunde. Bei Beginn herrschten +7 °C. Nach 5 Stunden war die tiefste Temperatur erreicht.

Am 22.01.1943 stieg die Temperatur in Spearfish (USA) von 7.30 Uhr bis 7.32 Uhr morgens alle 10 Sekunden um ungefähr 2,2 °C an. Zuletzt wurde 7 °C gemessen.

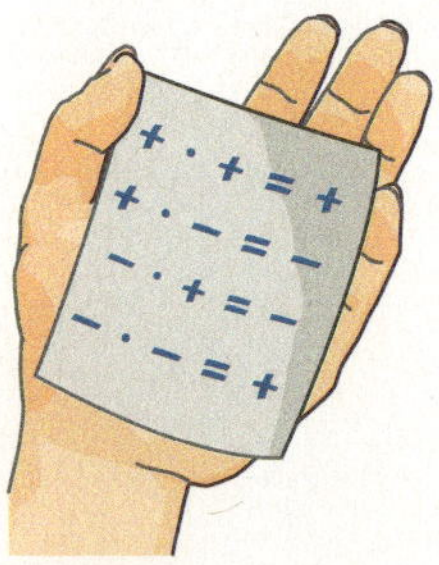

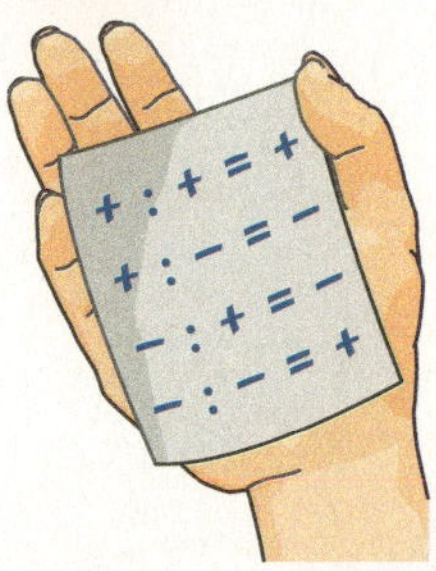

!

Multiplikation
Haben zwei Faktoren das gleiche Vorzeichen, so ist das Ergebnis positiv.
$(+3) \cdot (+4) = (+12)$
$(-3) \cdot (-4) = (+12)$
Haben zwei Faktoren verschiedene Vorzeichen, so ist das Ergebnis negativ.
$(+3) \cdot (-4) = (-12)$
$(-3) \cdot (+4) = (-12)$

Division
Für die Division gilt Entsprechendes.
$(+12) : (+4) = (+3)$
$(-12) : (-4) = (+3)$
$(+12) : (-4) = (-3)$
$(-12) : (+4) = (-3)$

Weiter geht's

➜ Bestimme nur, ob das Ergebnis positiv oder negativ ist.

a) $(-1) \cdot (+0{,}1)$ b) $(-1) : (-0{,}1)$ c) $(+1{,}1) : (+0{,}1)$ d) $(-0{,}1) \cdot (+0{,}1)$

➜ Welche Vorzeichen fehlen? Ergänze im Heft.

a) $(\square 6) \cdot (-4) = (-24)$
$(-6) \cdot (-4) = (\square 24)$

b) $(-30) \cdot (\square 2{,}2) = (+66)$
$(+30) \cdot (\square 2{,}2) = (-66)$

c) $(\square 56) : (-7) = (-8)$
$(-56) : (-7) = (\square 8)$

➜ Warum hat die folgende Aufgabe zwei mögliche Ergebnisse?

$(\square 1{,}1) \cdot (\square 2{,}2) = (-2{,}42)$

1 Rechne im Kopf.

a) (−6)·(−12)
(+20)·(−3,5)
(+2,2)·(−3)
(−15)·(−3)

b) (−12)·(+12)
(−11)·(−11)
(+1,1)·(−1,1)
(+20)·$\left(\frac{1}{2}\right)$

c) (−27):(+9)
(+56):(−8)
(−400):(−20)
(−40):(+0,2)

d) (+1,44):(+0,12)
(−60):(+0,3)
(+50):(−2,5)
(−6):(−12)

2 Suche jeweils vier verschiedene Aufgaben zu den folgenden Lösungen.

a) (+60)
b) (−24)
c) (−2,4)
d) (−5,5)

3

a) Bildet aus den Zahlen Kopfrechenaufgaben und stellt sie euch gegenseitig.

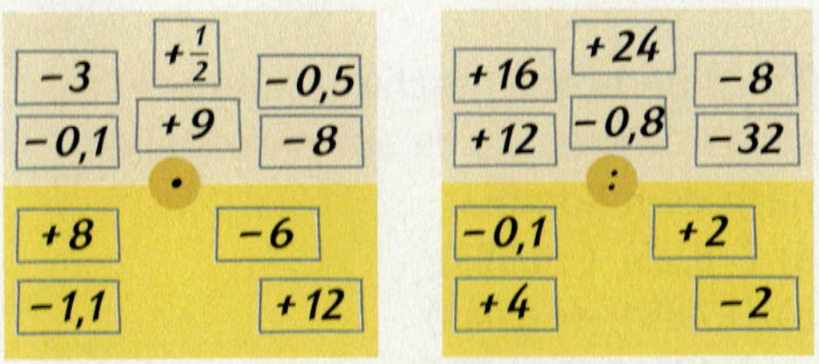

b) Gib die Aufgabe mit dem größtmöglichen und dem kleinstmöglichen Ergebnis an.

4 Übertrage die Tabelle in dein Heft und ergänze die fehlenden Zahlen.

a)

·	0,3	−5	1,7	−2,4
4		−20		
−10				
15				
300				

b)

:	$-\frac{1}{2}$	$-\frac{3}{4}$	$\frac{3}{8}$	$-1\frac{1}{3}$
$-\frac{1}{2}$				
$\frac{3}{4}$	$-\frac{3}{2}$			
$1\frac{1}{2}$				
$-1\frac{1}{4}$				

5 Rechne im Kopf.
Übertrage die Aufgaben ins Heft und setze für die Platzhalter <, > oder = ein.

a) (−8)·(+19) ■ (+15)·(−11)
b) (−6)·(−19) ■ (+12)·(+12)
c) (−5)·(−14) ■ (−375):(+5)
d) (−12)·(−4) ■ (−3)·(+16)
e) (−5)·(+7) ■ (+105):(−3)
f) (−108):(−9) ■ (+24)·(+4)
g) (+72):(−12) ■ (−120):(+24)

6 Mit welchen Zahlen wurde jeweils multipliziert?

a) −4 —■→ −0,8 —▲→ +1,6 —●→ +4,8

b) +5 —■→ −2,5 —▲→ +1,25 —●→ −0,625

7 Durch welche Zahlen wurde dividiert?

a) +800 —■→ −400 —▲→ −200 —●→ 100

b) −500 —■→ −100 —▲→ −50 —●→ +10

8 Dividiere immer durch (−0,5). Wie viele Rechnungen sind es, bis du die (−100) überschreitest?

a) 2
b) 7
c) 8
d) 0,5

9 Dividiere immer durch (−0,5). Wie viele Rechnungen sind es, bis du die −100 überschreitest? Gib zuerst die Anzahl der Schritte an und prüfe dann durch Rechnen.

a) 5
b) 10
c) 15
d) 9

10 Bei den Zahlenreihen wird multipliziert. Setze sie jeweils um vier Schritte fort.

a) (+5), (−10), (+20), (−40), …
b) (−0,001), (0,01), (− 0,1), …
c) (−7), (+21), (−84), (+420), …

11 Bei den Zahlenreihen wird dividiert. Setze sie jeweils um vier Schritte fort.

a) (+600), (−300), (+150), (−75), …
b) (+4), (−2), (+1), (−0,5), (+0,25), …
c) (−1), (+0,1), (−0,01), (+0,001), …

12 Setze die richtige Zahl ein.

a) $(+72) : ■ = (-9)$
$(-72) : ■ = (-9)$
$(-72) : ■ = (+9)$
$(+72) : ■ = (+9)$

b) $■ : (+12) = (-7)$
$■ : (-12) = (+7)$
$■ : (+12) = (+7)$
$■ : (-12) = (-7)$

13 Setze die Ziffern 3; 6 und 9 ein.

$(-\square\square) : \square$

a) Das Ergebnis soll möglichst groß werden.
b) Das Ergebnis soll möglichst klein werden.
c) Das Ergebnis soll (−23) werden.

14 Wähle die Ziffern und Vorzeichen aus und setze sie im Heft ein.

$(\square\ \square\square) \cdot (\square\ \square)$

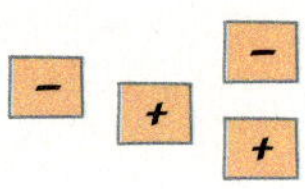

a) Das Ergebnis soll möglichst groß werden.
b) Das Ergebnis soll positiv und möglichst klein werden.
c) Das Ergebnis soll negativ werden und möglichst nahe bei Null liegen.

15

a) Frau Wegener betreibt eine Kartbahn. Wie viele Fahrten wurden in dieser Woche abgerechnet?

	Di.	Mi.	Do.	Fr.	Sa.	So.
€	391,60	578,50	436,10	587,40	747,60	694,20

b) Am Ende eines Tages werden die Einnahmen gezählt. Gelegentlich kommt es vor, dass der Geldbetrag wegen Kassiererfehler nicht stimmt. Um wie viel Euro weicht der Betrag in der Woche durchschnittlich ab?

	Di.	Mi.	Do.	Fr.	Sa.	So.
€	−3,55	+0,71	−1,25	+2,79	+0,83	−3,10

16 Berechne.

a) $\left(-\frac{1}{2}\right) \cdot \left(+\frac{1}{2}\right)$
b) $\left(+1\frac{1}{2}\right) \cdot \left(-\frac{3}{4}\right)$
c) $\left(-\frac{3}{8}\right) : \left(+\frac{1}{2}\right)$
d) $\left(-1\frac{1}{5}\right) \cdot \left(-1\frac{1}{4}\right)$
e) $\left(+\frac{7}{10}\right) : \left(-\frac{7}{8}\right)$
f) $\left(-4\frac{1}{2}\right) : \left(+\frac{3}{5}\right)$

17 Berechne. Beachte dabei die Regel „Punkt vor Strich".

a) $(-3{,}9) + (-2{,}5) \cdot (-5)$
b) $(-5) \cdot (+2{,}4) - (+2{,}2)$
c) $(-25{,}1) + (-2{,}5) \cdot (-8{,}3)$
d) $\left(-1\frac{3}{4}\right) - \left(+\frac{1}{2}\right) \cdot \left(+\frac{1}{4}\right)$

18 Berechne. Beachte dabei die Regel „Klammer zuerst".

a) $-\frac{1}{2} \cdot \left(-\frac{1}{2} - \frac{1}{4}\right)$
b) $(-12 - 4) : (-2)$
c) $+2 \cdot (-9{,}5 - 12)$
d) $(-30 + 65{,}4) : (-2)$
e) $-6 \cdot \left(\frac{3}{4} \cdot \frac{4}{3}\right)$
f) $\left(\frac{3}{4} : \frac{1}{2}\right) \cdot (-6)$

19 Berechne geschickt mit dem Taschenrechner. Runde auf zwei Stellen nach dem Komma.

a) $(-3{,}25) \cdot (-6{,}583)$
b) $(+7{,}851) \cdot (-6{,}444)$
c) $(+19658{,}1) : (-55{,}5)$
d) $(-33{,}3375) : (+3{,}75)$
e) $(-95{,}8) \cdot (-0{,}2145)$

20 Viele Taschenrechner verfügen über eine Konstanten-Automatik. Damit kann man gleich bleibende Zahlen immer wieder abrufen, ohne sie neu eingeben zu müssen. Finde heraus, ob dein Taschenrechner diese Funktion hat und wie sie funktioniert.

a) Setze die Reihen um jeweils sieben Zahlen fort.

(1) 30 [·(−2)] −60 [·(−2)] ■ [ ] …
(2) 30 000 [·(−1,1)] −33 000 [·(−1,1)] ■ [ ] …
(3) −39 366 [:(−3)] 13 122 [:(−3)] ■ [ ] …

b) Überprüfe mit der Konstanten-Automatik dein Ergebnis von Aufgabe 7 auf Seite 17.

c) Stelle deiner Partnerin bzw. deinem Partner weitere Aufgaben.

1 Entnimm dem Schaubild die Temperaturwerte des Südpols und berechne den Jahresdurchschnitt.

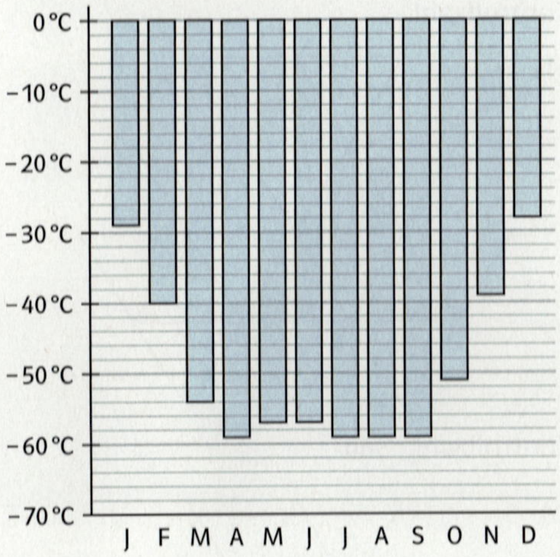

2 Auf welche Zahlen zeigen die Pfeile?

a)
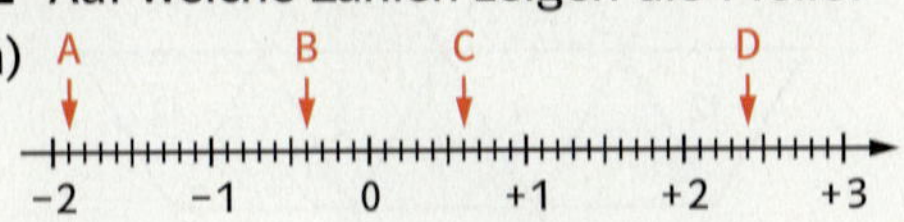

b)
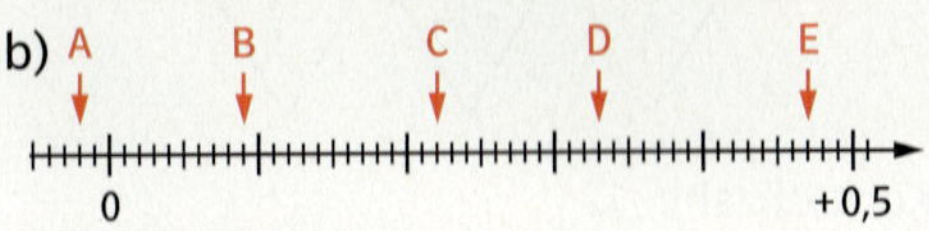

3 Setze <, > oder = ein.

a) −5,5 + 10 □ 11,1 − 4,5
b) (−0,5)·(+6) □ (−18):(+6)
c) (+5)·(−2,5) □ −30 − 15,3
d) (+49):(−7) □ (+98):(+7)
e) −0,1 − 0,01 □ (+0,1)·(−0,01)
f) (+725,25):(−25) □ (+225):(−15)
g) (−2,5)·(+2,5) □ (−625):(−25)

4 Ergänze die fehlenden Vorzeichen und Rechenzeichen im Heft.

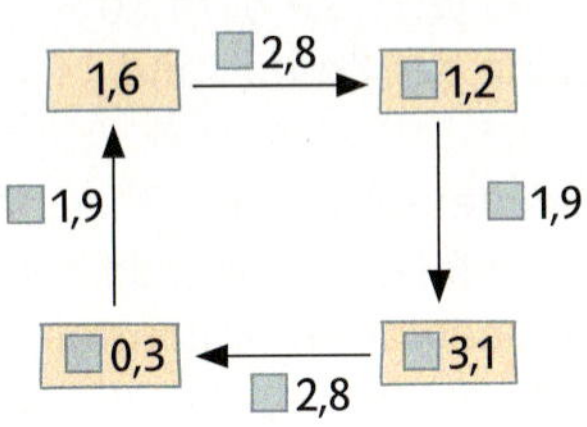

5 Im Meer leben nur wenige Tiere in großer Tiefe. Bei einer Forschungsfahrt mit einem Tauchboot wurden die genauen Positionen der angetroffenen Tiere bestimmt. Angegeben ist immer der senkrechte Abstand vom Tauchboot zum Tier.

	Position Tauchboot (km)	Abstand zum Tier (km)
Quastenflosser	−0,354	−0,142
Riesenkalamar	−0,662	−0,054
Anglerfisch	−1,134	+0,134
Pelikanaal	−0,345	+0,076

a) Was bedeutet ein negativer bzw. positiver Abstand des Tieres zum Boot?
b) Bestimme die Tauchtiefen der Tiere.
c) Runde die Zahlen so, dass du den Tauchabstand der Tiere zum Boot in ein Schaubild einzeichnen kannst.
d) @ Sucht Informationen zu den genannten Tieren. Vergleicht die Angaben auch mit denen anderer Fische.

6 Ergänze im Heft.

a) (□)·(−9) = (−54)
b) (□)·(+13) = (−91)
c) (−18)·(□) = (+108)
d) (+7)·(□) = (−105)
e) (−□)·(−11) = (□132)
f) (+2,5)·(□) = (−1,25)

7 Ergänze im Heft.

a) (−128):(□16) = (−□)
b) (+72):(+□) = (□18)
c) (□390):(−□) = (−15)
d) (□):(−12) = (+2,5)
e) (−□):(+25) = (□12)

8 In der Tabelle sind Extremtemperaturen verschiedener Orte aufgeführt.

Ort	Gemessene Temperatur (°C)
Deutschland	Höchste Temperatur: +40,3 Niedrigste Temperatur: −45,0
Al Aziziyah (Lybien)	+57,8
Krakau (Polen)	−33,3
Mosul (Irak)	+51,1
Multan (Pakistan)	+50,5
Wostok (Antarktis)	−89,2
Eismitte (Grönland)	−64,9
Kuusamo (Finnland)	−40,0

a) Vergleiche die angegebenen Höchst- und Tiefsttemperaturen miteinander. Wähle dabei die Angaben so aus, dass du zu jedem Vergleich ein geeignetes Schaubild zeichnen kannst.
b) Entnimm der Tabelle die höchste und tiefste je gemessene Temperatur. Berechne den Temperaturunterschied.

9 Zahlenzauber
a) Berechne die ersten drei Ergebnisse. Kannst du das vierte Ergebnis vorhersagen? Prüfe nach.
987 654 321 · (−9) = ☐
987 654 321 · (−18) = ☐
987 654 321 · (−27) = ☐
987 654 321 · (−36) = ☐
Wie geht es wohl weiter? Rechne bis 987 654 321 · (−81) = ☐ weiter.
b) Wie lautet das Ergebnis, wenn du die Reihenfolge der Ziffern des ersten Faktors vertauschst? 123 456 789 · (−9) = ☐
c) Setze bis zu 123 456 789 · (−81) fort.

10 Multipliziere jeweils die drei Zahlen, deren Felder an ein farbiges Feld angrenzen. Notiere die Aufgaben im Heft. Wenn du richtig gerechnet hast, ergibt die Summe der Einzelergebnisse die Kontrollzahl.

a)

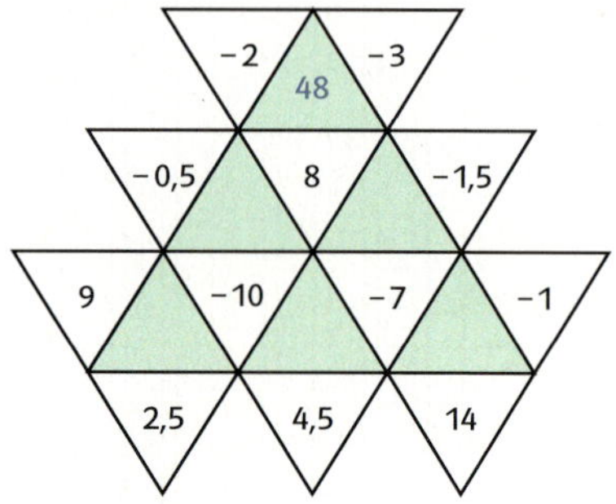

Kontrollzahl: 360

b)

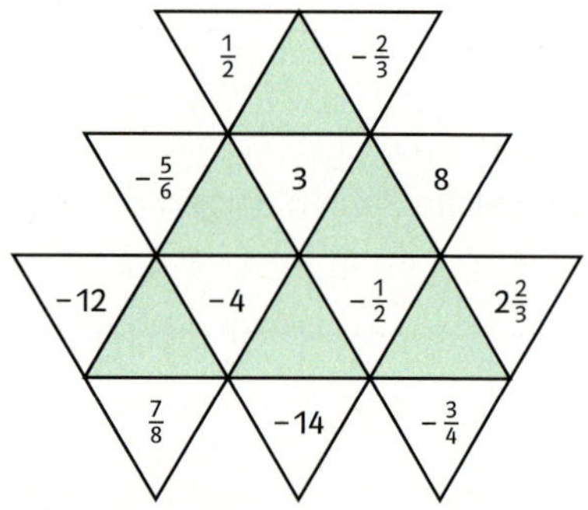

Kontrollzahl: 12

11 Auf einem Konto gibt es folgende Kontobewegungen:
Gutschrift: 1346,63 €
Lastschrift: 65,98 €
Lastschrift: 265,87 €
Gutschrift: 2317,89 €
Lastschrift: 45,25 €
Gutschrift: 2236,54 €
a) Welche Vorzeichen musst du bei einer Gutschrift und bei einer Lastschrift jeweils setzen?
b) Wie viel Geld ist jetzt auf dem Konto, wenn zu Beginn der Kontostand −325,43 € war?
c) Erfinde weitere Aufgaben zur Kontobewegung und lass sie von deiner Partnerin bzw. deinem Partner kontrollieren.

Test

Leicht
Jede Aufgabe: 2 Punkte

Mittel
Jede Aufgabe: 3 Punkte

Schwierig
Jede Aufgabe: 4 Punkte

Leicht

1 Berechne die Differenz des höchsten und niedrigsten Wertes.

Mittel

1 Gib den Temperaturunterschied der beiden Orte im Januar, April, August und November an.

Schwierig

1 Berechne die Jahresdurchschnittstemperatur der beiden Orte.

Monatsdurchschnittstemperaturen in °C												
Monat	Jan.	Feb.	März	April	Mai	Juni	Juli	Aug.	Sept.	Okt.	Nov.	Dez.
Moskau	−10,2	−8,5	−4,6	+4,3	+13,2	+16,1	+18,8	+16,9	+11,3	+4,6	−2,3	−7,5
Warschau	−3,1	−2,3	+1,6	+8,3	+14,3	+17,4	+18,9	+18,6	+14,3	+8,1	+3,5	-1,1

Leicht

2 Setze die Zahlenreihen um jeweils 4 Schritte fort.
a) (−7,3), (−4,3), (−1,3), …
b) (+1,6), (−3,4), (−8,4), …

3 Berechne.
a) 6,5 − 7,8
b) −6,6 + 3,5
c) −2,3 − 4,9
d) 5,3 − 14,9

4 Berechne.
a) (−9)·(−8)
b) (−0,5)·(+2)
c) (+120):(−0,6)
d) (−225):(−1,5)

5 Herr Krämer hat ein Konto bei der Bank. Zur Zeit hat er ein Guthaben von 492,45 €. Für eine geplante Anschaffung hebt er 1250 € ab. Berechne den neuen Kontostand.

Mittel

2 Setze die Zahlenreihen um jeweils 4 Schritte fort.
a) (−10,3), (−8), (−5,7), …
b) (−10,5), (+21), (−42), …

3 Berechne.
a) −4,9 − ▢ = −16,4
b) −6,5 + ▢ = 14,9
c) ▢ − 45,9 = −25,3

4 Setze die fehlenden Vorzeichen und Zahlen ein.
a) (−0,6)·(▢ 0,5) = (−0,3)
b) (+12)·(−▢) = (▢144)
c) (▢):(−2) = (−1,1)

5 Frau Simmers Konto hat einen Stand von −60,50 €. Es werden folgende Buchungen ausgeführt:
- Telefonrechnung 70,20 €
- Kosten für eine Reise 1450,50 €
- Gehalt 2247,80 €

Berechne den neuen Kontostand.

Schwierig

2 Setze die Zahlenreihen um jeweils 4 Schritte fort.
a) (+2,6), (−0,5), (−3,6), …
b) (−235,80), (−110,55), (+14,70), …

3 Berechne.
a) −25,3 + 32,4 − 65,3
b) 25,45 − 36,06 + 14,63
c) −▢ − 36,2 + 145,2 = 65
d) 36,2 + ▢ − 65,24 = −43,8

4 Berechne. Beachte auch die Regel „Punkt vor Strich".
a) (+1,2)·(−6) + (−100)
b) (−400) + (+600)·(−500)
c) (+2,2) − (−300):(−0,5)
d) (−17,3) + (−600):(+3)

5 Auf einem Konto werden folgende Buchungen durchgeführt:
- Einzahlung: 732 €
- Auszahlung: 4825,50 €
- Einzahlung: 3149,80 €
- Auszahlung: 72,50 €
- Auszahlung: 865,70 €

a) Der ursprüngliche Kontostand betrug +249 €. Berechne den neuen Kontostand.
b) Wie viel Euro müssen eingezahlt werden, damit das Konto nicht überzogen ist?

Die Lösungen zum Test findest du auf Seite 151.

Auch in Deutschland wird eine Vielzahl von Kornkreisen gefunden. So wurde in Bedersdorf, einem kleinen Ort im Saarland, am 20. Juni 2004 das Muster im Weizenfeld entdeckt. Der Durchmesser betrug etwa 60 Meter.

Kornkreis in Wiltshire (England), 1995

2 Kreise und Vielecke

Kornkreise

Als der Bauer Ian Stevens 1978 mit dem Mähdrescher seine Ernte einholen will, traut er seinen Augen nicht: Mitten im Kornfeld entdeckt er einen Kreis. Noch im selben Jahr werden an verschiedenen anderen Orten weitere Kornkreise entdeckt. Zu den anfänglichen Kreisen kommen Kreise mit Ringen und aus mehreren Kreisen zusammengesetzte Muster hinzu. In den 90er-Jahren entstehen sogar Kreismuster.
Bis heute ist es rätselhaft, woher die geheimnisvollen Kornkreise kommen. Manche glauben, dass sie von Menschen geplant und nachts in die Felder gedrückt werden. Andere vertreten die Meinung, dass Außerirdische an ihrer Entstehung beteiligt seien. Wieder andere sehen natürliche Ursachen.

Kornkreis in Wiltshire (England), 2000

Ausblick

In diesem Kapitel findest du:
- Kreiszahl π
- Berechnungen an Kreisen und Vielecken: Umfang und Flächeninhalt
- Berechnungen mit dem Computer
- Zeichnen mit einer Dynamischen Geometrie-Software (DGS)

1 Kreisumfang

Wenn sich das Rad eines Fahrrads einmal dreht, legt es eine bestimmte Strecke zurück. Diese Strecke entspricht dem Umfang des Rades.

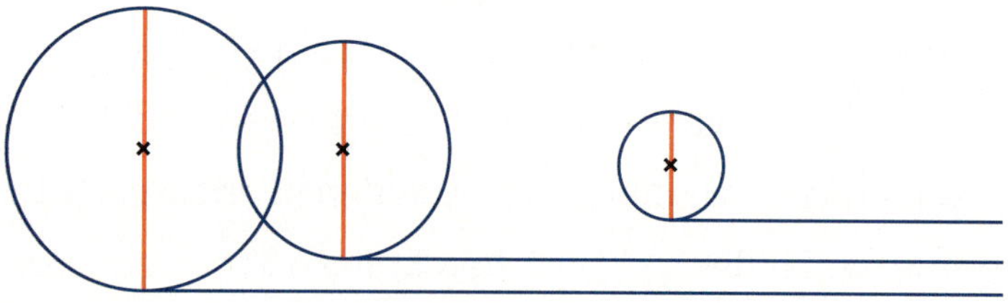

→ Messt an verschieden großen Fahrrädern jeweils den Raddurchmesser und den -umfang.

→ Lege eine Tabelle an, in die du die ermittelten Maße überträgst.

→ Bestimmt auch für andere kreisförmige Gegenstände Umfang und Durchmesser. Erkennt ihr einen Zusammenhang?

	Umfang (u)	Durchmesser (d)
Kens Rad	220 cm	70 cm
Leas Rad		
...		

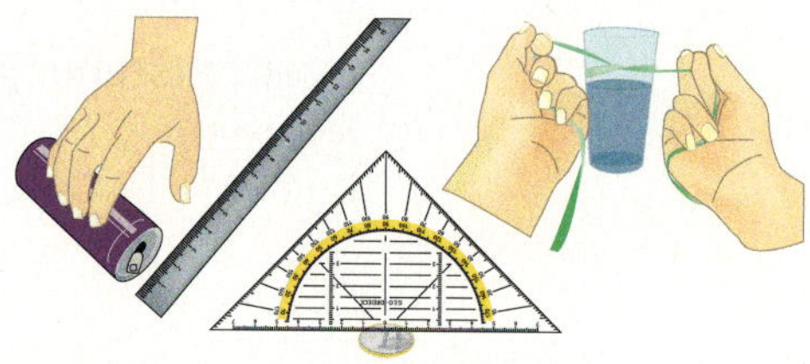

→ Eines der größten Räder der Welt ist das Riesenrad im Prater in Wien. Es ist 55,80 m hoch. Vermutet und begründet, wie lang der Weg ist, den man bei einer Umdrehung in der Gondel zurücklegt.

→ Wievielmal größer ist bei den gemessenen Gegenständen der Umfang gegenüber dem Durchmesser? Berechne mit dem Taschenrechner die genauen Werte.

Der **Kreisumfang u** lässt sich mithilfe der **Kreiszahl** π berechnen.

$$u = \pi \cdot d$$

π hat den Wert 3,14159265...

Es reicht aber meist aus, mit dem Näherungswert $\pi = 3{,}14$ zu rechnen.

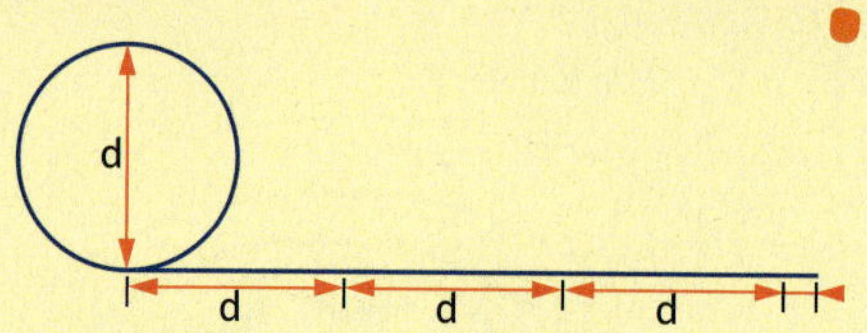

Weiter geht's

→ Trage in ein Koordinatensystem auf der x-Achse den Umfang und auf der y-Achse den Durchmesser ein. Zeichne einige eurer ermittelten Werte ein.
Kannst du anhand des Schaubildes bestätigen, dass ein doppelt (dreimal, viermal, ...) so großer Kreis etwa den doppelten (dreifachen, vierfachen, ...) Umfang hat?

1 Bei einem Hochrad hat das Vorderrad einen Durchmesser von 1,40 m und das Hinterrad einen Durchmesser von 45 cm. Bestimme die Umfänge.

2 Welchen Umfang haben die Kreise?

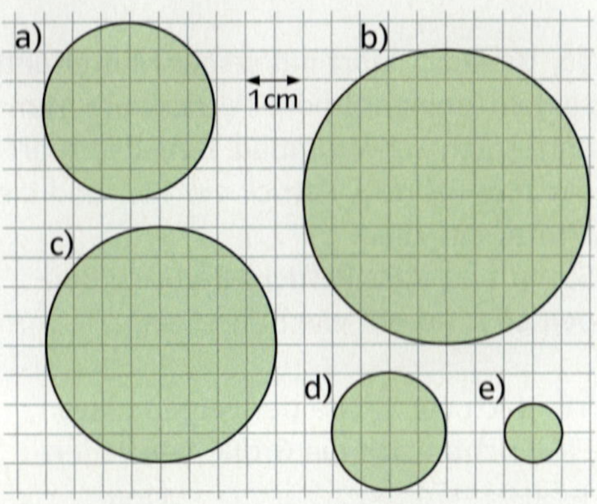

3 Berechne den Umfang des Kreises
a) mit dem Durchmesser d = 4 cm (7 mm; 15 m)
b) mit dem Radius r = 3 cm (12 m; 3,5 km)
c) Erkläre, wie du in Teilaufgabe b) gerechnet hast. Kannst du eine passende Formel mit dem Radius r angeben?

4 Wie groß ist der Kreisdurchmesser?

a) u = 82 cm   b) u = 41 km
c) u = 8,5 m   d) u = 23,55 m

5 Wie groß ist der Kreisradius?

a) u = 82 cm   b) u = 8,5 m
c) u = 0,41 m   d) u = 12,9 km

6 Berechne die fehlenden Angaben und ergänze die Tabelle im Heft.

	Radius r	Durchmesser d	Umfang u
a)	5 cm	□	□
b)	□	16 m	□
c)	3,25 cm	□	□
d)	□	650 cm	□
e)	□	□	6,28 cm
f)	□	□	7,85 m
g)	□	□	15,7 m

7 Der dickste Baum der Welt ist der *Big Tree* in Amerika. Er hat einen Umfang von rund 20,6 m.

a) Stellt den Umfang des Baumstamms wie im Bild nach.
b) Welchen Durchmesser hat der Baumstamm, wenn man von einem annähernd kreisrunden Baumstamm ausgeht?

8 In Châtillon im Schweizer Kanton Wallis steht die dickste Eiche Europas mit einem Umfang von rund 12,60 m.
a) Wie viele Jugendliche könnten den Baum umfassen?
b) Berechne den ungefähren Durchmesser des Baumstammes.

9 Neun Jugendliche können einen Baumstamm gemeinsam umfassen. Welchen Umfang und welchen Durchmesser hat der Baum ungefähr?

Bei den meisten Taschenrechnern steht die Kreiszahl π als Konstante zur Verfügung.

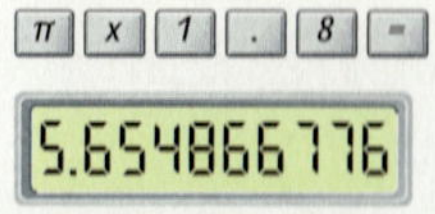

Wenn du mit dieser Taste arbeitest, ist es sinnvoll das Ergebnis zu runden, z. B. $\pi \cdot 1{,}8 \approx 5{,}7$

Zoll

1 Zoll = 1″
= 25,4 mm

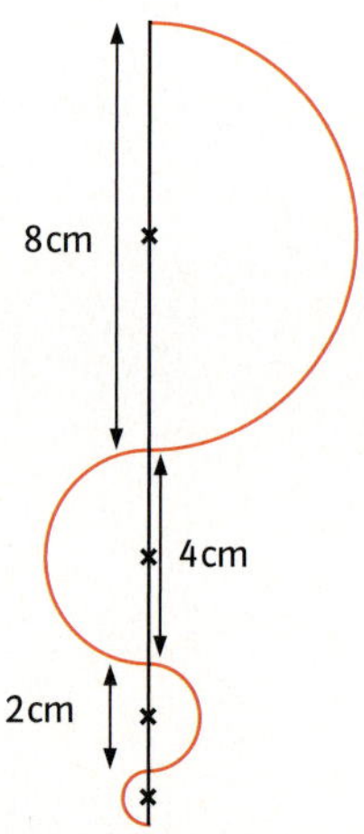

Wie lang ist die Schlangenlinie aus 2; 3; 4; 5 Halbkreisbögen? Welche Vermutung gewinnst du aus den aufeinander folgenden Ergebnissen?

10 Handwerker berechnen den Kreisumfang mit folgender Faustformel häufig im Kopf:

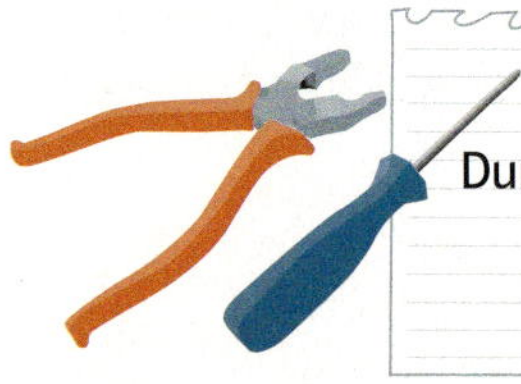

Umfang =
Durchmesser mal 3
plus 5%

a) Berechne den Umfang wie ein Handwerker:
d = 100 cm (200 cm; 500 cm)
b) Berechne die Umfänge genau und vergleiche mit den Ergebnissen aus Teilaufgabe a).
c) Welcher Näherungswert für π wird bei der Formel verwendet?

11 a) Berechne die Längen der Kreisbögen der Figuren.

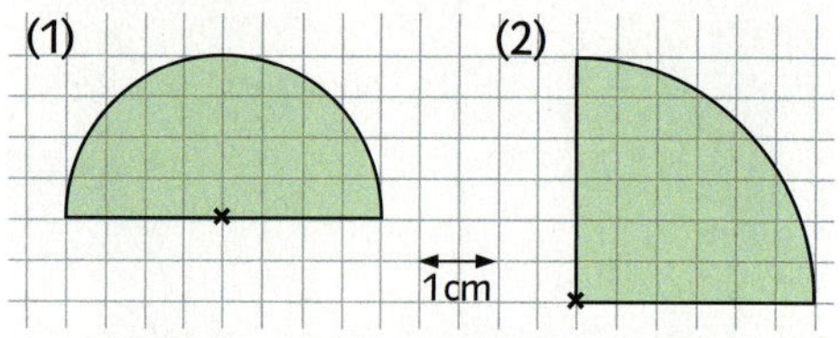

b) Berechne die Umfänge der Figuren.

12 Berechne die Umfänge der Figuren.

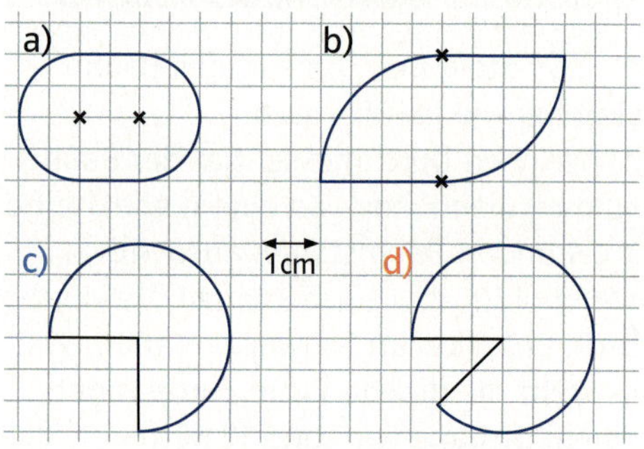

13 a) Der Stundenzeiger einer Turmuhr ist 1,20 m lang. Welche Strecke legt die Zeigerspitze in 12 h (6 h, 1 Tag) zurück?
b) Welche Strecke legt die Spitze des 1,60 m langen Minutenzeigers in 1 h (30 min, 15 min, 20 min, 5 min, 1 min) zurück?

14 Obwohl die Längeneinheit Zoll veraltet ist, hat sie sich in manchen Bereichen bis heute gehalten. Neben dem Fahrradhandel findest du Längenangaben in Zoll beispielsweise noch im Computerbereich (Disketten, Monitore).

		d (cm)	u (cm)
Rennrad	28″		
Mountainbike	26″		
Kinderrad	24″		
Lernrad	20″		

a) Was beschreibt die Größenangabe?
b) Berechne für die angegebenen Radgrößen jeweils den Durchmesser und den Umfang in Zentimeter. Runde auf ganze Zahlen.

15 Benedict fährt mit seiner Mutter und seinem kleinen Bruder Patrick zum 4 km entfernten Schwimmbad. Benedict fährt ein 26er-Fahrrad, Patrick ein 18er und die Mutter ein 28er.
Stimmt es, dass Patricks Rad sich doppelt so oft dreht wie Benedicts?

16 Nach der Größe der Felgen eines PKW richtet sich die Größe der Reifen.

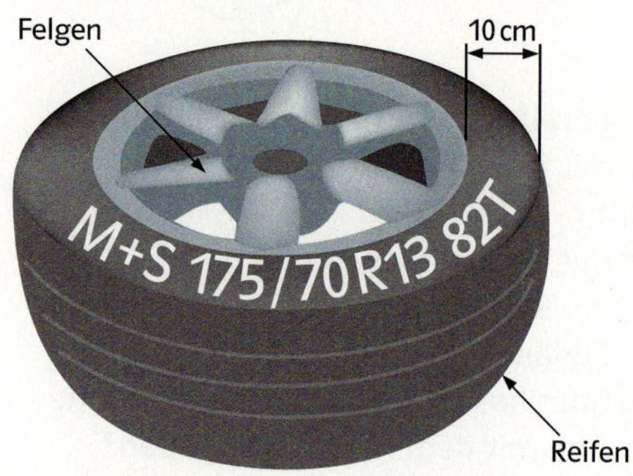

a) Welche Angabe auf dem Reifen weist auf den Felgendurchmesser hin?
b) Berechne den Felgendurchmesser auf ganze Zentimeter.
c) Laut Hersteller kann man mit dem Reifen 30 000 km fahren. Wie oft hat er sich dann gedreht?

2 Kreisfläche

Der abgebildete See liegt in der Eifel. Sein Durchmesser beträgt etwa 700 m.

➜ Bestimme mithife des Quadratgitters die Gesamtfläche des Sees so genau wie möglich.

➜ Zeichne drei Kreise mit dem Radius 6 cm auf Papier und schneide sie aus.

a) Teile den ersten Kreis in Viertel. Halbiere eines der Viertel noch einmal.

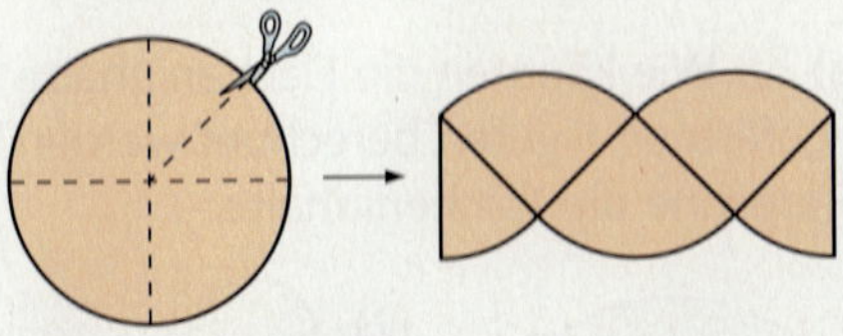

Setze die Stücke wie in der Abbildung zusammen. Stelle Vemutungen über den Flächinhalt an.

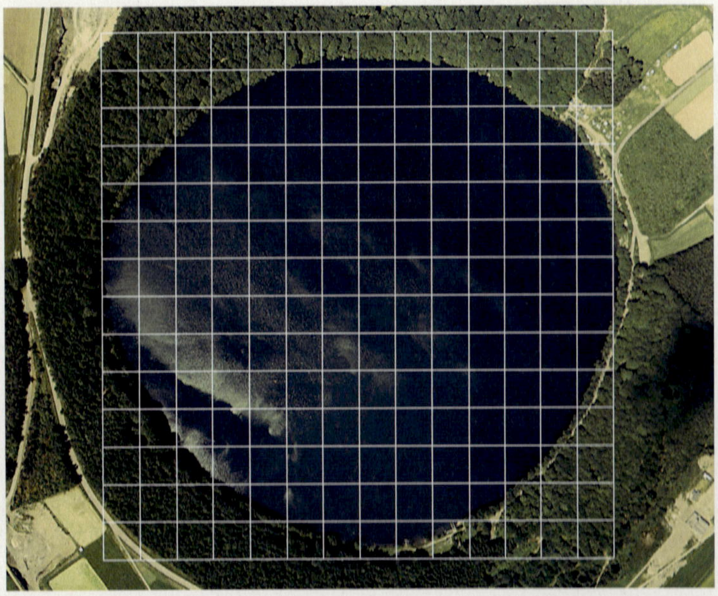

Pulvermaar, Eifel

b) Teile den zweiten Kreis in Achtel. Halbiere eines der Achtel noch einmal. Setze die Teile wie in Aufgabe a) zusammen.

c) Durch mehrfaches Halbieren kannst du die Fläche des dritten Kreises in viele gleich große Stücke zerteilen. Halbiere eines dieser Stücke wieder zusätzlich. Lege die Stücke dann wie in Aufgabe a) und b) zusammen.

➜ Seht euch eure zusammengesetzten Flächen an und überlegt gemeinsam, wie die Kreisfläche berechnet werden könnte.

Für den **Flächeninhalt A eines Kreises** mit dem Radius r gilt:

$$\mathbf{A = \pi \cdot r \cdot r}$$
$$\mathbf{= \pi \cdot r^2}$$

Weiter geht's

➜ Berechne die Fläche des Sees mithilfe der Formel für den Flächeninhalt. Vergleiche mit deinem Wert, den du mithilfe der Kästchen ermittelt hast.

➜ Ein Kreis hat einen Radius von 3 cm. Wie groß ist die Kreisfläche?

1 Berechne die Flächeninhalte.

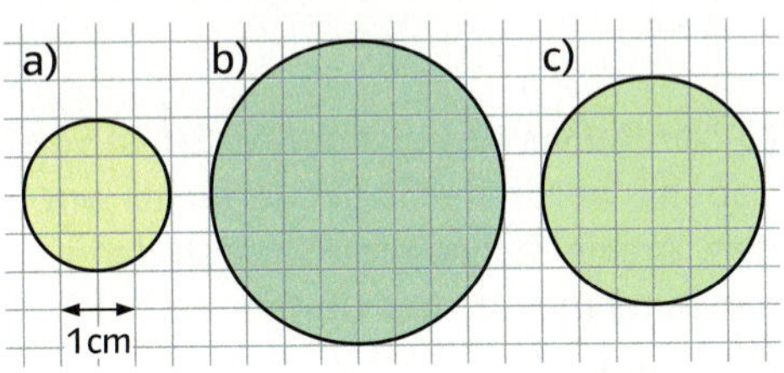

2 Welchen Flächeninhalt haben die Kreise?

a) Radius r = 2,5 cm (5 cm; 1,20 m; 12,50 m)

b) Durchmesser d = 2 cm (12 cm; 1,80 m; 8,60 m)

c) Erkläre, wie du bei Teilaufgabe b) gerechnet hast. Kannst du eine Formel mit dem Durchmesser d angeben?

75,40 cm²

75,43 cm²

75,429 639 61 cm²

75 cm²

75,391 4 cm²

3 Der Flächeninhalt eines Kreises mit dem Radius 4,9 cm sollte berechnet werden. Verschiedene Schülerinnen und Schüler haben verschiedene Ergebnisse aufgeschrieben (siehe Randspalte). Nehmt Stellung zu den verschiedenen Ergebnissen.

4 Berechne die Flächeninhalte der abgebildeten Figuren.

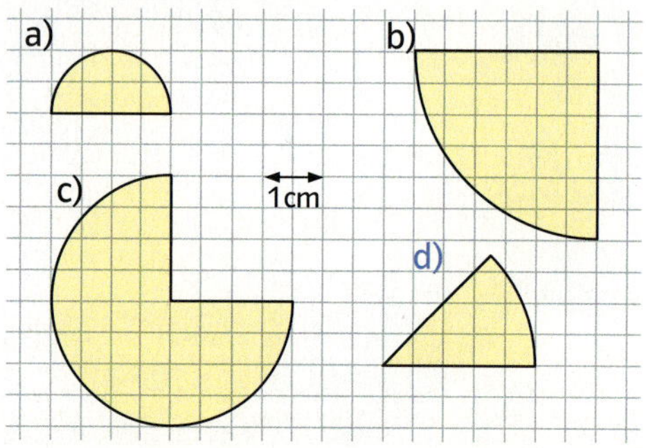

5 Übertrage die Tabelle in dein Heft und ergänze die fehlenden Werte.

	r	d	u	A
a)	4 cm			
b)	6,5 cm			
c)	$\frac{1}{2}$ m			
d)		15 cm		
e)		3,7 cm		
f)			31,4 cm	
g)			37,7 m	

6 Draht wird in verschiedenen Stärken angeboten. Unter der Stärke eines Drahtes versteht der Fachmann den Durchmesser der Querschnittsfläche. Berechne die Flächeninhalte der Querschnitte folgender Stärken.
(Runde auf zwei Stellen hinter dem Komma.)

Drahtstärke (mm)	1	2	1,6	0,2	0,15
Querschnittsfläche (mm²)					

7 Berechne die größtmögliche Querschnittsfläche eines Rundholzes, das man aus einem Balken mit einer quadratischen Querschnittsfläche von 400 cm² herstellen kann. Mache eine Skizze.

8 a) Aus einem Din-A4-Blatt (210 mm × 297 mm) soll ein möglichst großer Kreis ausgeschnitten werden.
b) Schätze, welches Stück größer ist: die Kreisfläche oder der Abfall? Rechne nach.

9 a) Wie könnten die Flächeninhalte der gefärbten Figuren berechnet werden?
b) Berechne die Flächeninhalte.

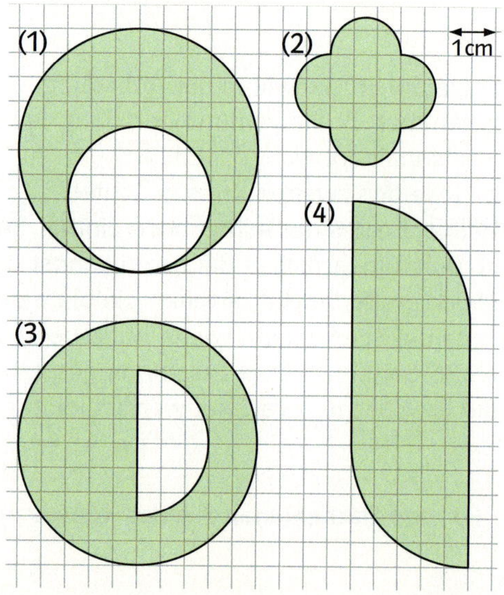

10 a) Übertrage die Tabelle in dein Heft und ergänze die fehlenden Werte.

r	d	u	A
1 cm			
2 cm			
3 cm			
4 cm			

b) Der Radius des ersten Kreises ist verdoppelt (verdreifacht, vervierfacht) worden. Wievielmal so groß wurden dann der Durchmesser, der Umfang und der Flächeninhalt?

11 Ein sich drehender Rasensprenger bewässert eine kreisförmige Fläche. Seine Reichweite beträgt 6 m. Wie groß ist die bewässerte Fläche? Skizziere.

12 Moderne Bewässerungsanlagen können Kreisflächen von über 500 000 m^2 bewässern. Wie lang müssen die Bewässerungsarme dieser Anlagen mindestens sein?

13 Ein Fernsehsender hat eine Reichweite von 45 km. Wie viel km^2 beträgt sein Empfangsgebiet?

14 Berechne den Flächeninhalt A des Kreises.

a) r = 9,6 cm
b) r = 4,82 m
c) u = 3752 mm
d) u = 90 m

15 a) Berechne den Flächeninhalt des großen Kreises und den der beiden kleinen Kreise. Vergleiche.
b) Vergleiche den Umfang des großen Kreises mit den Umfängen der beiden kleinen Kreise.

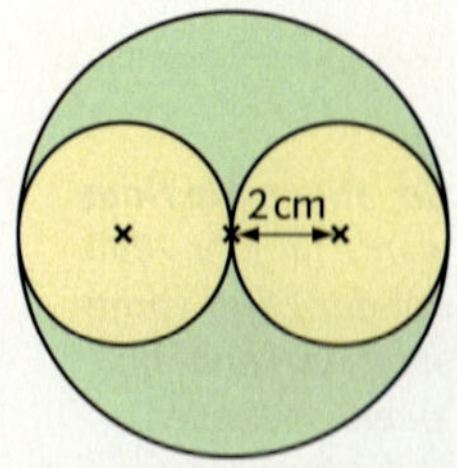

16 Aus einer quadratischen Metallplatte werden Kreise ausgestanzt. Die Seitenlänge der Platte beträgt 12 cm.
a) Schätze den jeweiligen Abfall in Prozent.
b) Berechne den jeweiligen Abfall in Quadratzentimeter.
c) Wie viel Prozent beträgt der Abfall jeweils?
d) Was fällt dir auf?

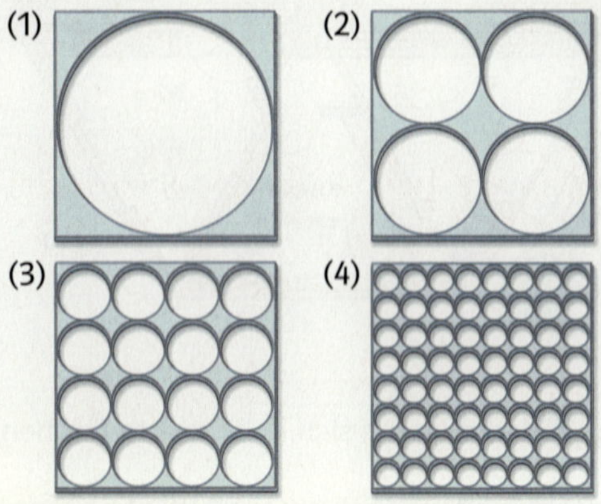

Achtung: Die zum Ausstanzen notwendigen Stege zwischen den Kreisen können unberücksichtigt bleiben!

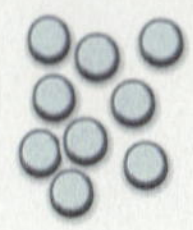

Trainingsmatte

1 Ordne die richtigen Prozentzahlen zu (25 %; 33 $\frac{1}{3}$ %; 50 %; 75 %).

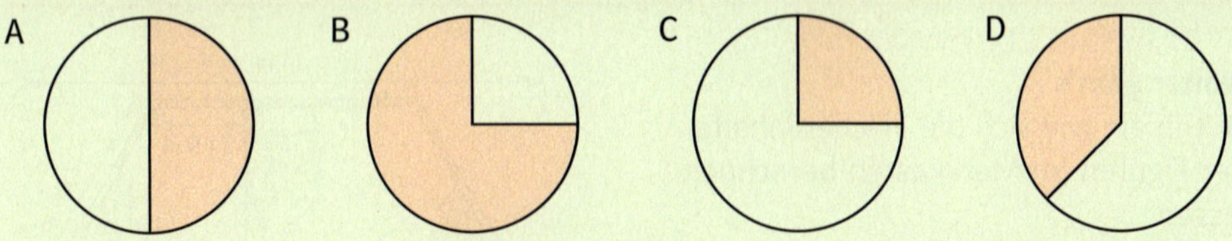

2 Berechne den Prozentwert.
a) 25 % von 92 m
b) 80 % von 240 g
c) 76 % von 75 l
d) 115 % von 92 €

3 Berechne den Prozentsatz.
a) 16 l von 25 l
b) 64 € von 400 €
c) 168 m von 700 m
d) 9 kg von 125 kg

4 Berechne den Grundwert.
a) 20 % sind 15 Personen
b) 80 % sind 72 km
c) 45 % sind 315 m^2
d) 77 % sind 3,85 €

Die Lösungen zur Trainingsmatte findest du auf Seite 151.

3 Vielecke

*Das **fliegende Haus** wurde im Jahr 2000 auf der EXPO vorgestellt. Es kann mit einem speziellen Hubschrauber von Ort zu Ort transportiert werden.*

Normalerweise werden Wohnhäuser an einem festen Ort erbaut, ganz anders das **fliegende Haus**. Jeder Etage liegt ein Sechseck zu Grunde. In der Mittelsäule und in den Decken befinden sich Rohre, die mit Wasser gefüllt werden, um das Haus schwer und damit standfest zu machen. Gleichzeitig dient es als Heizungs- und Kühlsystem.

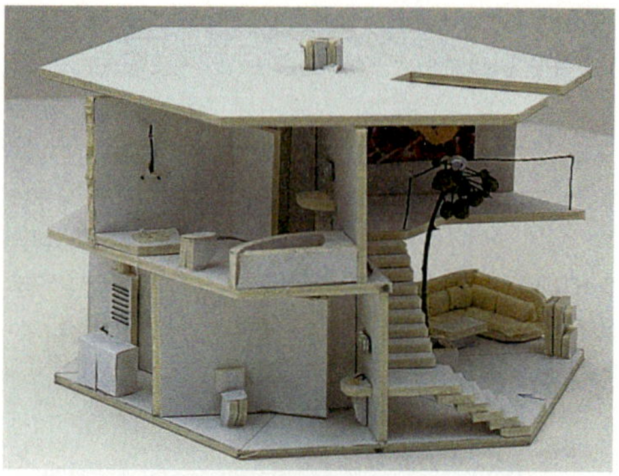

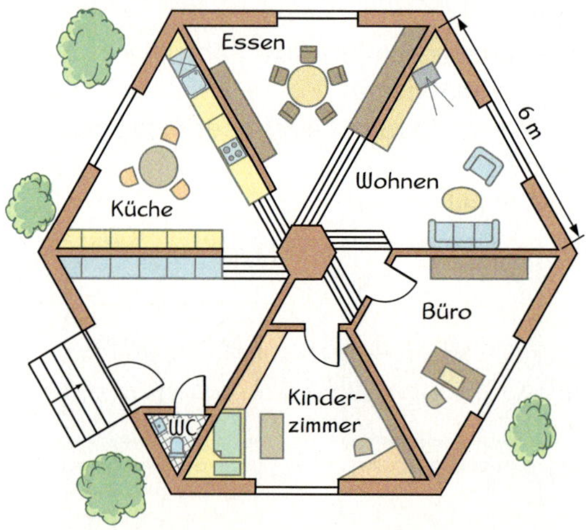

→ Was gefällt euch an der Idee des fliegenden Hauses gut? Welche Probleme könnten sich ergeben?
→ Überlegt, welche Zimmerformen bei solchen sechseckigen Häusern möglich sind. Fertigt Skizzen dazu an.
→ Wie lassen sich bei euren Zimmerformen die Grundflächen berechnen?

Vielecke lassen sich in bekannte Flächen zerlegen, z. B.

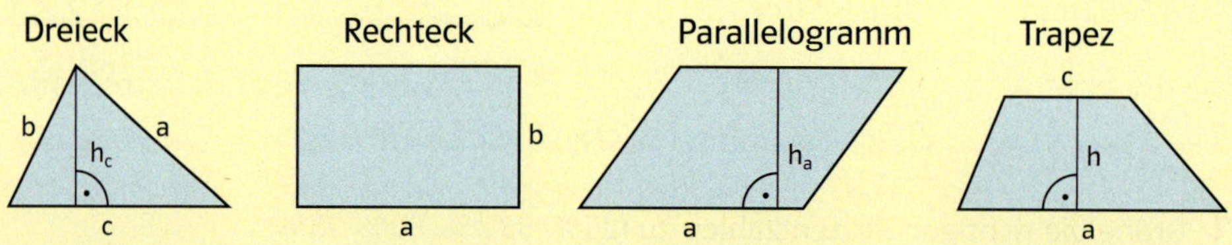

Weiter geht's

→ Gib an, wie sich die Flächeninhalte der Figuren im Merkkasten berechnen lassen.
→ Zeichnet zu jeder Fläche aus dem Kasten ein Beispiel mit selbst gewählten Maßen ins Heft und berechnet die Flächeninhalte.
Lasst die Partnerin bzw. den Partner kontrollieren.
→ Berechne die Zimmerflächen der auf dieser Seite abgebildeten Grundrisse.

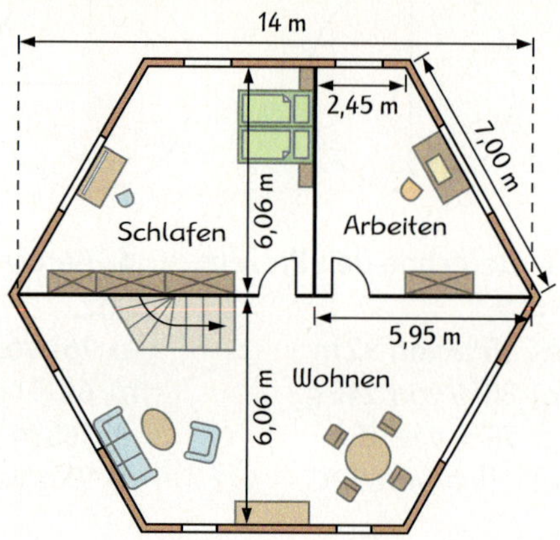

1 Berechne die Flächeninhalte. Ermittle die Längen durch Messen.

a)

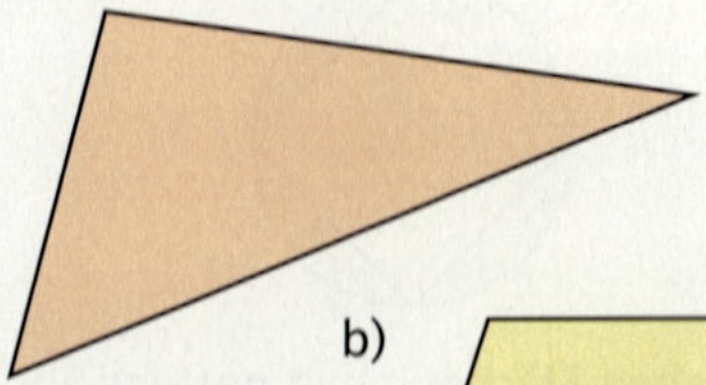

b)

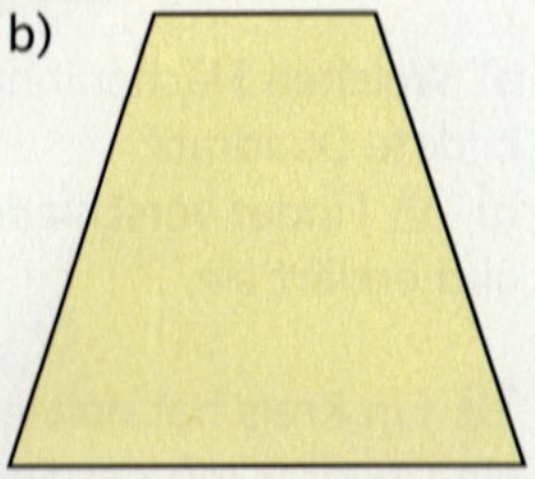

c)

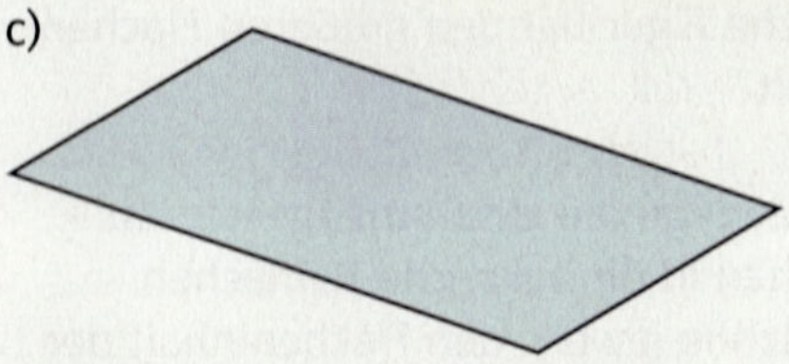

2 Berechne die Flächeninhalte und die Umfänge der Vielecke.

a)

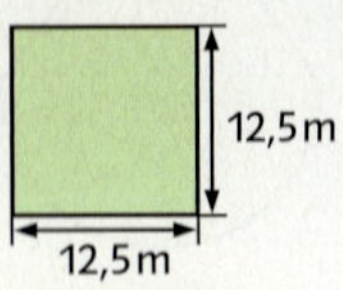

b)

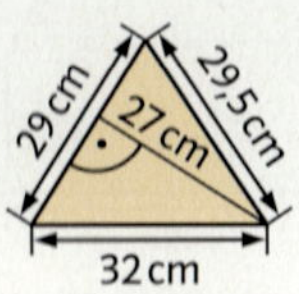

c)

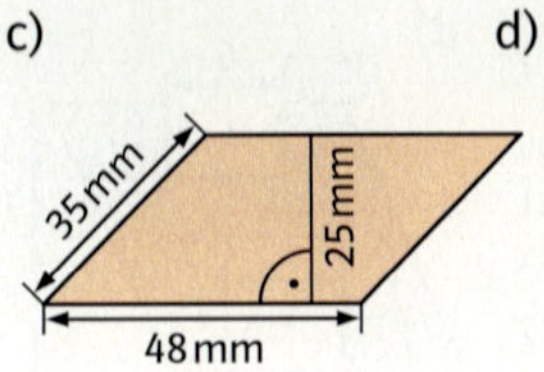

d)

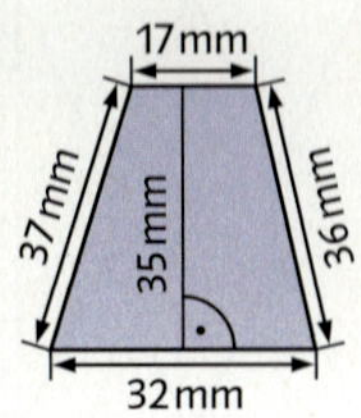

e)

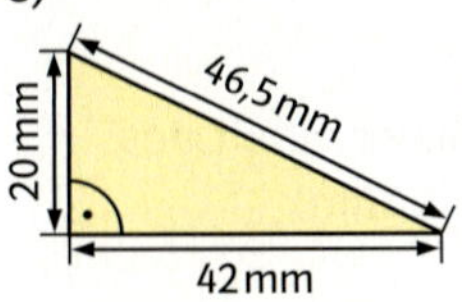

f)

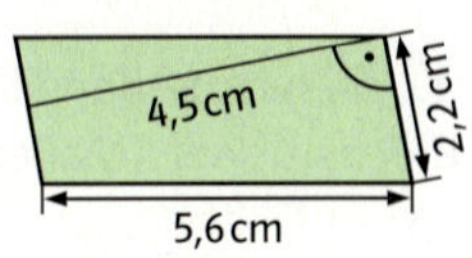

g)

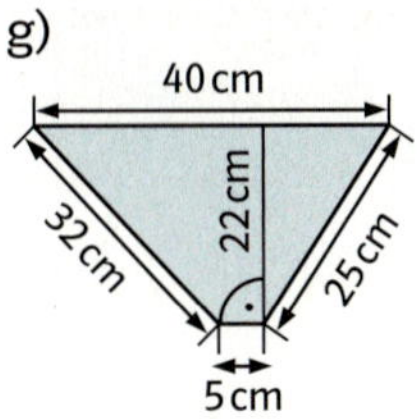

h)

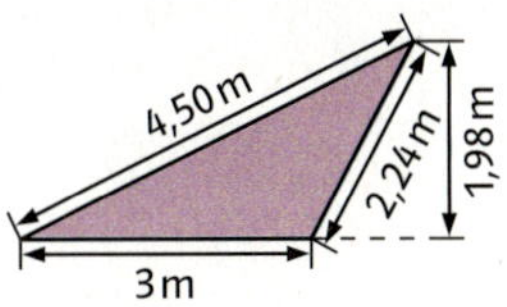

3 Berechne den Flächeninhalt folgender Figuren. Beachte den angegebenen Maßstab.

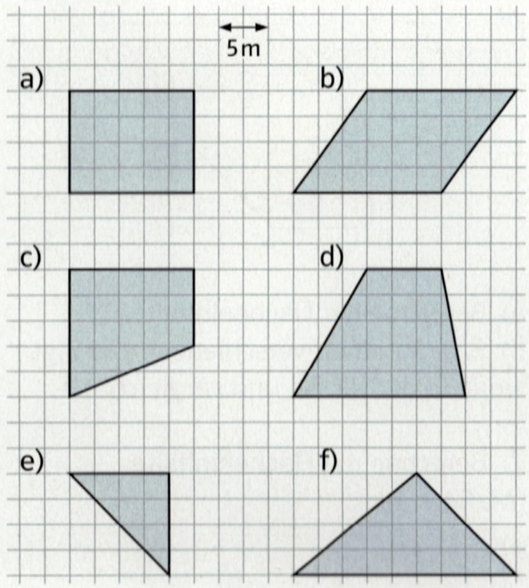

4 Zeichne die Punkte jeweils in ein Koordinatensystem (LE = 1cm) und verbinde sie. Welche Figur entsteht? Berechne jeweils den Flächeninhalt.

a) A(1|1); B(7|1); C(1|6)
b) A(0|0); B(6|0); C(2|4); D(5|4)
c) A(2|3); B(5|3); C(5|7); D(2|5)
d) A(1|2); B(6|4); C(6|9); D(1|7)

5 Übertrage die Figuren in dein Heft und berechne ihre Flächeninhalte. Vergleicht eure Lösungswege.

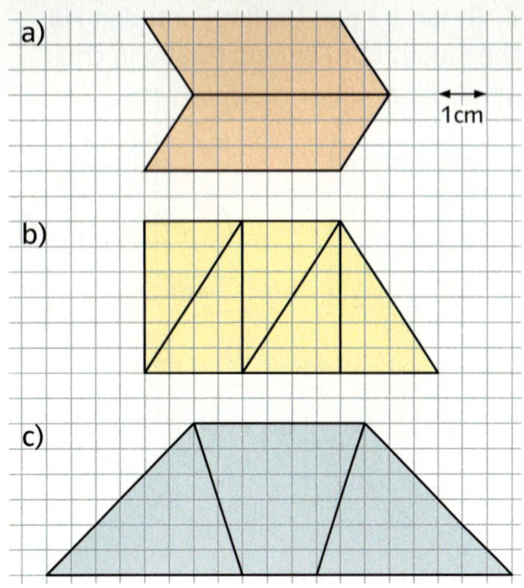

6 Übertrage die Figuren in dein Heft.

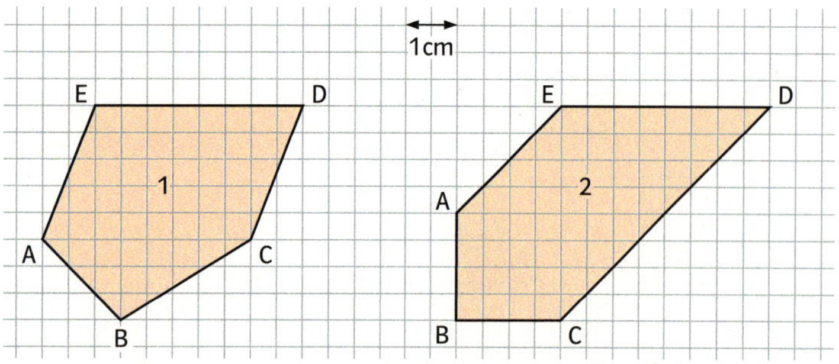

a) Berechne die Flächeninhalte.
b) Sammelt verschiedene Lösungswege in der Klasse und vergleicht sie.

7 Berechne die Flächeninhalte. (Maße in cm)

a)

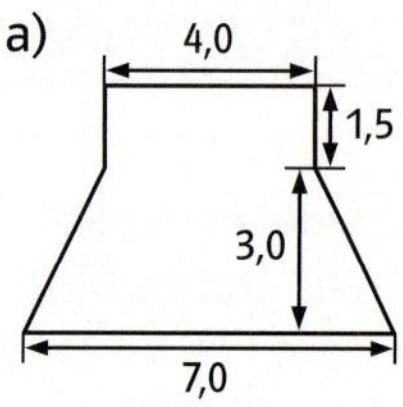

b)

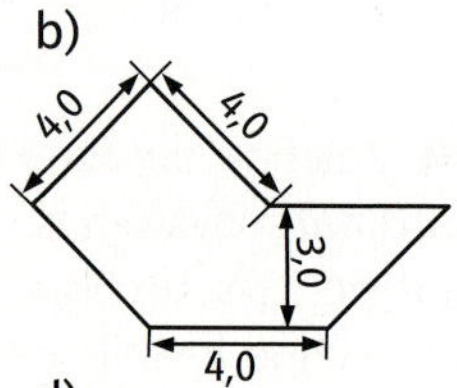

c)

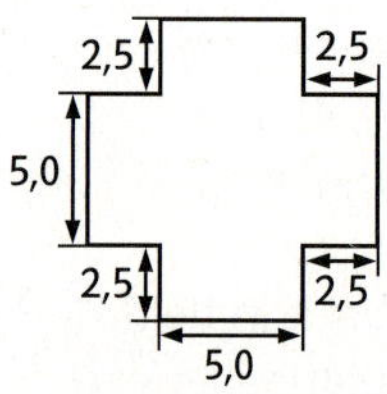

d)

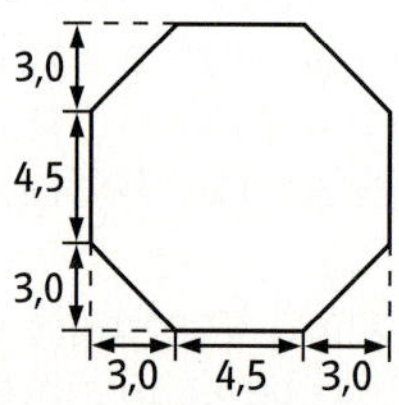

8 Berechne den Umfang und den Flächeninhalt der Figuren. (Maße in cm)

a)

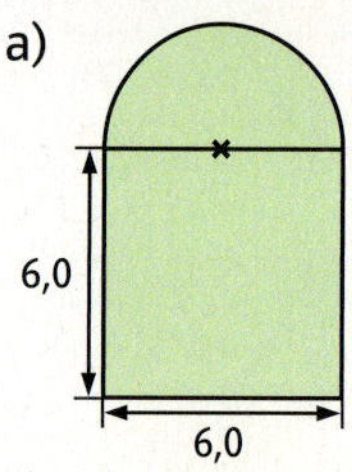

b)

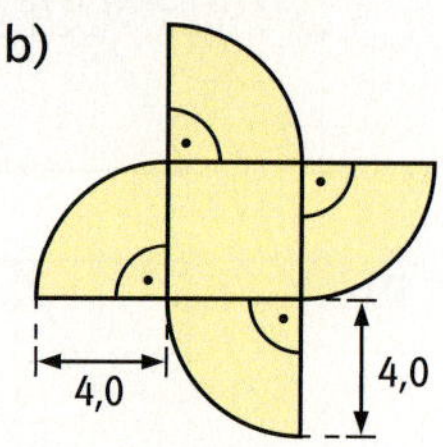

c)

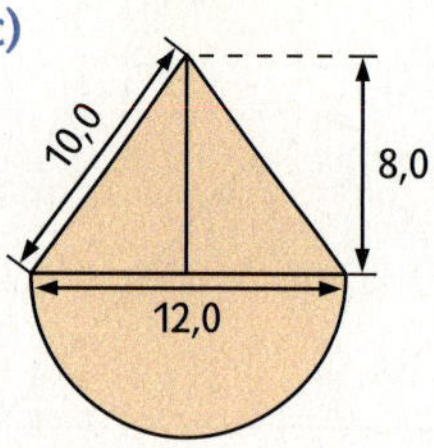

d)

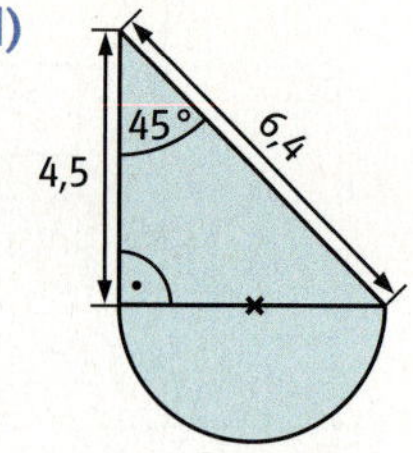

Du kannst den Umfang und den Flächeninhalt der Figuren auch mit einer Tabellenkalkulation berechnen. Welche Berechnungsformeln gibst du ein?

9 In einen Kreis mit dem Radius 3,5 cm wurde ein Quadrat gezeichnet.

a) Welchen Flächeninhalt hat das abgebildete Quadrat?
b) Findet verschiedene Lösungswege und erklärt sie.

10 Ein Kreis hat denselben Umfang wie ein Quadrat mit der Seitenlänge 4 cm. Welche Figur hat den größeren Flächeninhalt?

11 Zerlege die zusammengesetzten Flächen in dir bekannte Teilflächen. Berechne jeweils den Flächeninhalt der Gesamtfigur. (Maße in cm)

a)

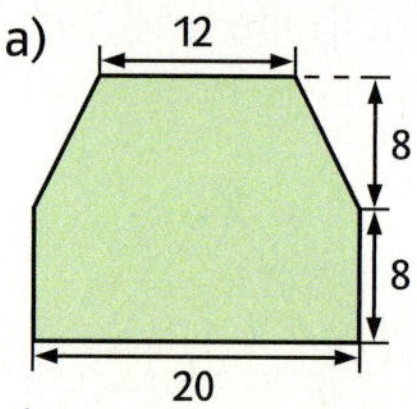

b)

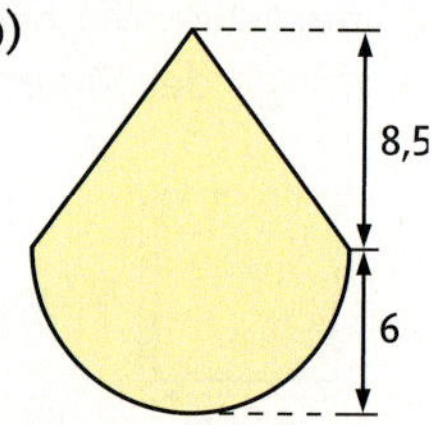

c)

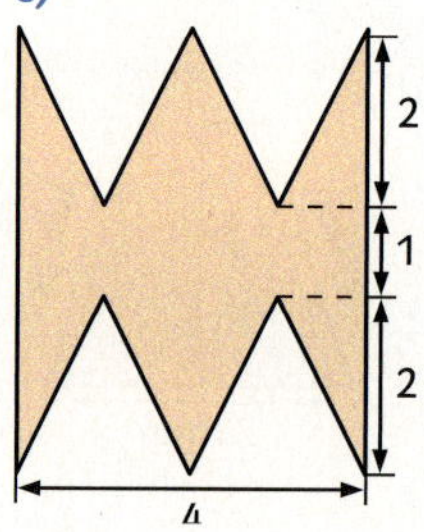

d)

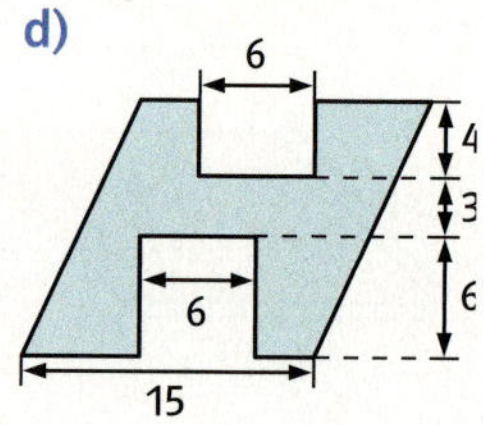

12 Berechne den Flächeninhalt des Blechstückes. (Maße in mm)

a)

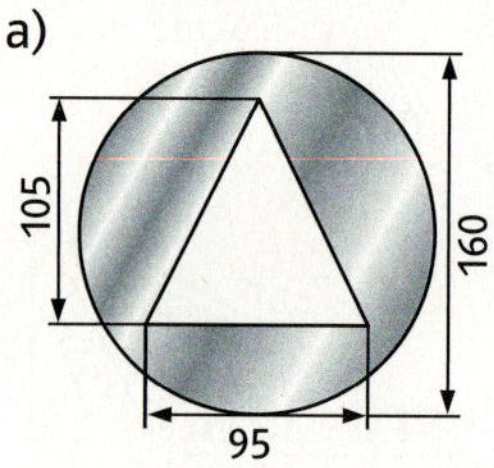

b)

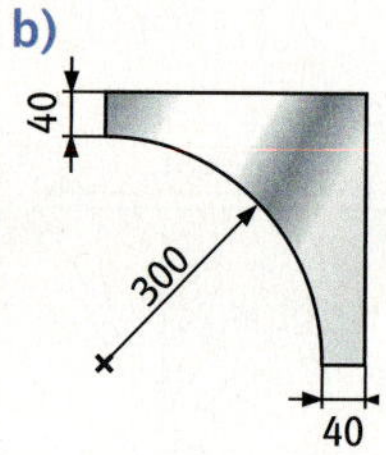

13 Berechne den Flächeninhalt der Figuren.

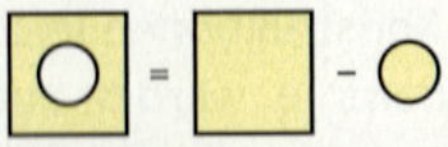

a)

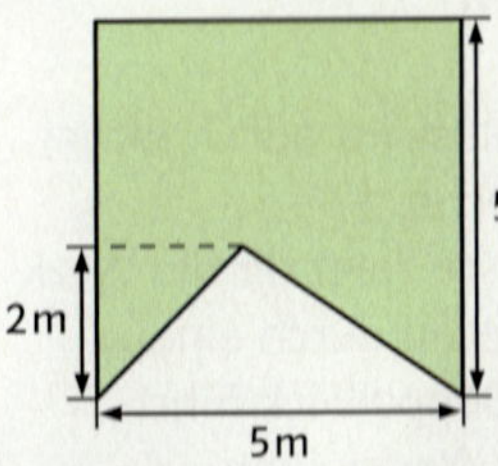

b)

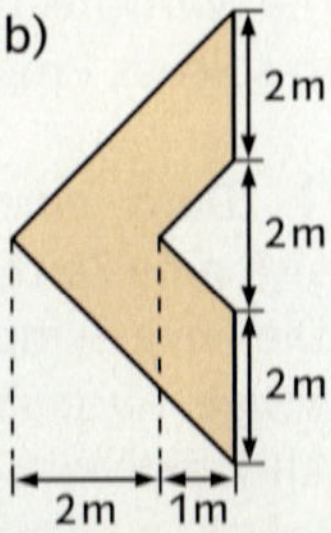

c)

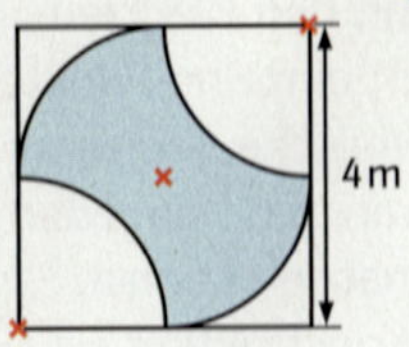

d)

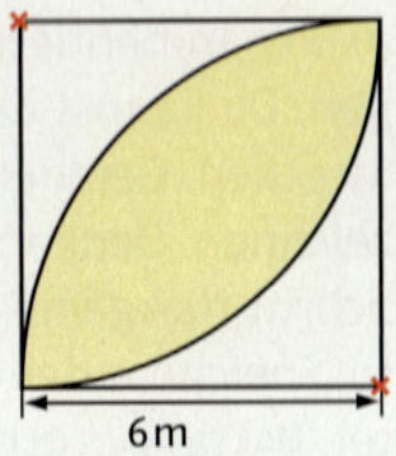

14 Die Abbildung zeigt den Grundriss eines Sportplatzes.

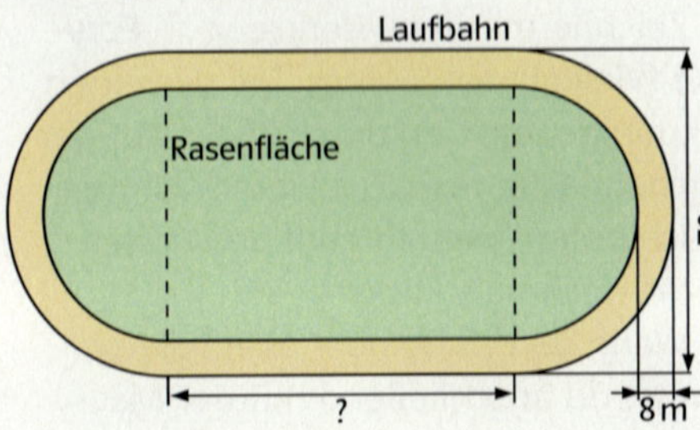

a) Wie lang müsste die gerade Strecke der Laufbahn sein, wenn die Innenbahn 400 m lang sein soll?
b) Wie viel Platz hätten dann die Fußballspieler auf dem rechteckigen Fußballfeld auf der Rasenfläche?

15 Berechne den Flächeninhalt für $a = 2\,cm$ (5 cm; 8 cm).

a)

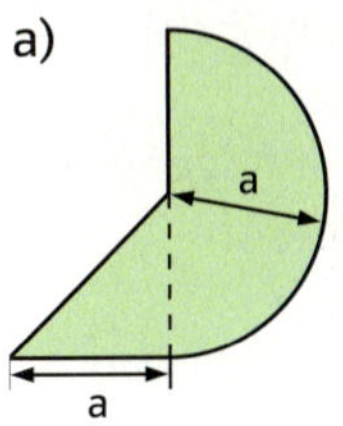

b)

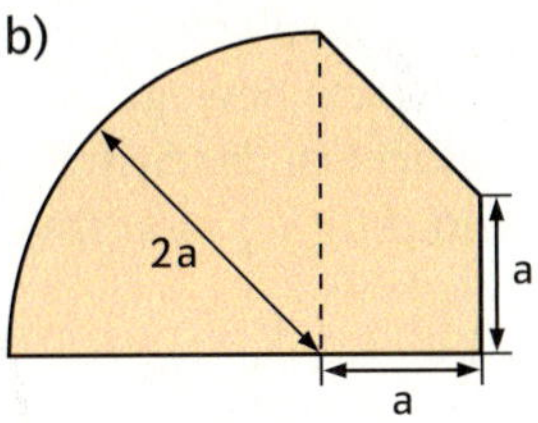

Tabellenkalkulation — Computer

Berechne den Flächeninhalt der abgebildeten Figur für $r = 2\,cm$. Die Figur besteht aus zwei Teilflächen.

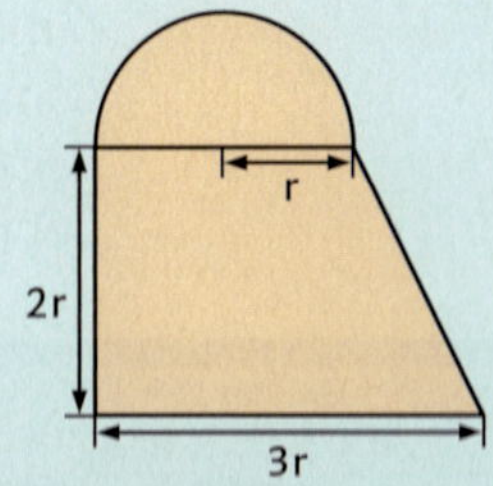

Schritt 1: Gib die gegebene Größe $r = 2\,cm$ ein.

	A	B
1	**gegeben:**	
2	r(cm)	2,0

Schritt 2: Stelle die Formel zur Berechnung des Flächeninhalts des Halbkreises in Abhängigkeit von r (Feld B2) auf.

	A	B
1	**gegeben:**	
2	r(cm)	2,0
3		
4	**Halbkreis**	Flächeninhalt (cm2)
5		=3,14*B2*B2/2

Schritt 3: Berechne den Flächeninhalt des Trapezes.

	A	B
1	**gegeben:**	
2	r(cm)	2,0
3		
4	**Halbkreis**	Flächeninhalt (cm2)
5		6,28
6		
7	**Trapez**	Flächeninhalt (cm2)
8		=

Schritt 4: Zum Schluss addiere die Teilflächen.

10	**Gesamtfigur**	Flächeninhalt (cm2)
11		=B5+B8

1 Erklärt euch Schritt für Schritt, wie die Aufgabe mithilfe einer Tabellenkalkulation gelöst werden kann.

2 Ihr könnt die Fläche der Gesamtfigur jetzt auch leicht für jeden beliebigen Radius r berechnen. Gebt für r andere Werte ein und beobachtet, wie sich das Ergebnis verändert.

Zeichnen mit Geometrie-Software

Mit einer Geometrie-Software kannst du geometrische Konstruktionen leicht am Computer ausführen. Die verschiedenen Geometrieprogramme werden auch mit DGS abgekürzt. DGS steht für *Dynamische Geometrie Software*. Unter diesem Stichwort findet man sie auch im Internet. GEONExT ist ein solches Programm.

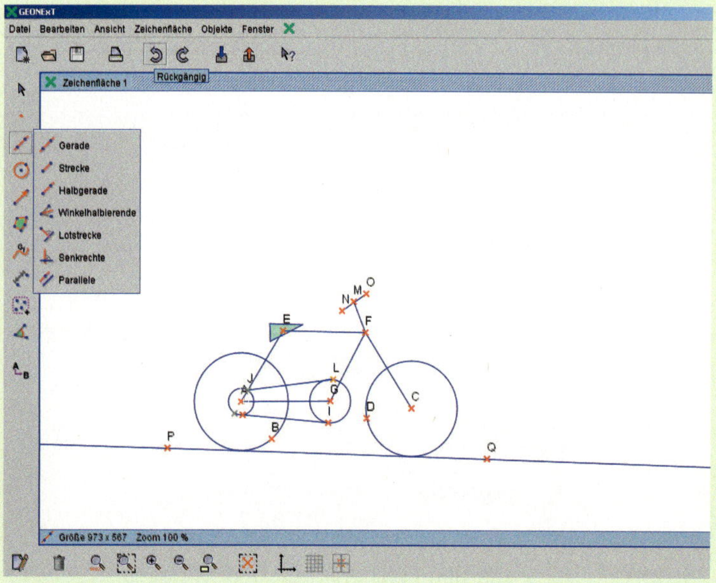

1 Durch einen Mausklick auf öffnet sich eine Zeichenfläche.
Die linke Symbolleiste zeigt dir die Werkzeuge. Auch sie werden durch einen Klick aktiviert. Ein Doppelklick führt jeweils zu weiteren Werkzeugen.
a) Experimentiere mit den Werkzeugen. Du kannst damit einzelne Punkte, Strecken, Geraden, Vielecke, Kreise usw. zeichnen. Denke daran, dass du jeden Schritt rückgängig machen kannst.
b) Speichere deine Konstruktion als Datei **Datei/Speichern unter**. Dabei gibst du ihr einen passenden Namen.

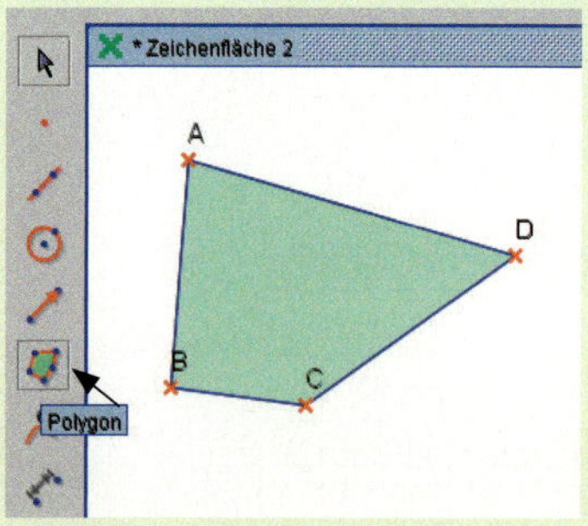

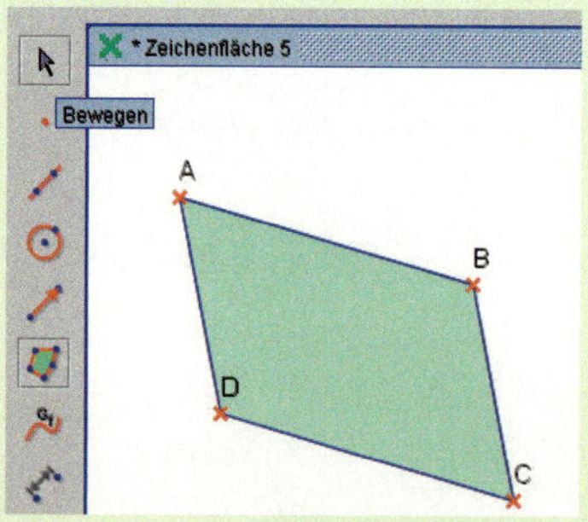

2 Öffne eine neue Zeichenfläche.
a) Zeichne mit dem Werkzeug ***Polygon*** (Vieleck) ein Viereck. Die einzelnen Eckpunkte legst du durch Klicks auf der Zeichenfläche fest. Das Viereck ist erst geschlossen, wenn du auf den ersten Punkt nochmals klickst.
b) Wenn du das Symbol aktivierst, kannst du anschließend mit der Maus die einzelnen Punkte verschieben. Gehe dabei so vor, dass ein Drachen, ein Parallelogramm, ein Rechteck, ein Quadrat oder ein gleichschenkliges Trapez entsteht.

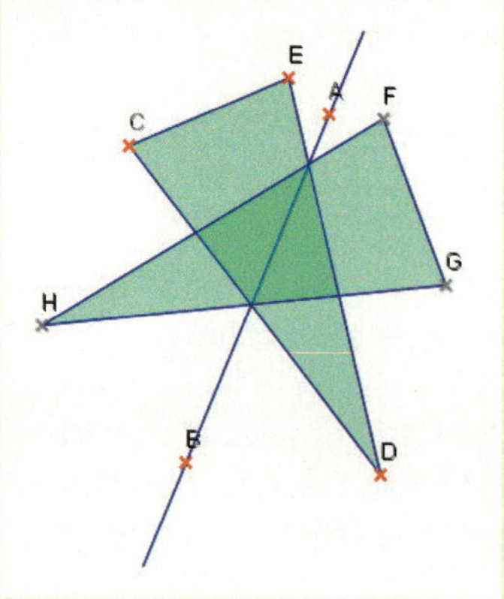

Konstruktionsbeschreibung

1. Öffnet eine neue Zeichenfläche.
2. Zeichnet eine Gerade (AB).
3. Zeichnet als Polygon ein Dreieck CDE.
4. Klickt zweimal auf das Symbol „*Punkt*" und dann auf das Symbol „*Achsenspiegelung*".
5. Klickt jedes Mal zuerst auf die Gerade (AB) und dann auf die Punkte C,D,E.
6. Zeichnet das Dreieck FGH.

3
a) Führt die Konstruktion nach der Beschreibung durch. Welche Eigenschaften hat die entstandene Figur?
b) Verändert die Figur, indem ihr einzelne Punkte bewegt.
c) Sucht in der Symbolleiste folgendes Werkzeug **Punkt (Punktspiegelung)**.

Findet heraus, welche Konstruktionen damit möglich sind.

4

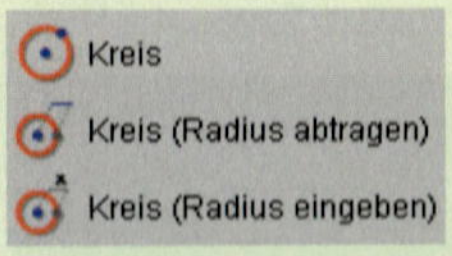

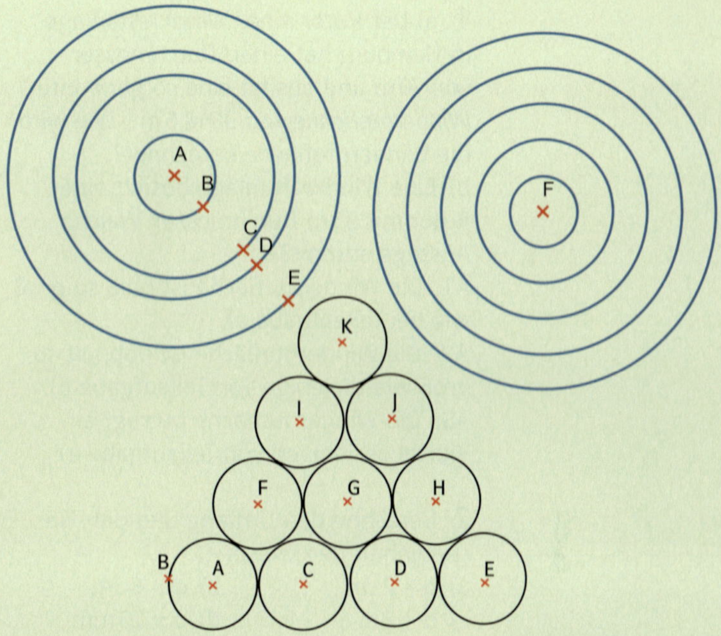

a) Experimentiert mit dem Werkzeug **Kreis**. Dabei können schöne Muster entstehen. Vergleicht eure Ergebnisse.

b) Zeichnet mehrere Kreise mit demselben Mittelpunkt A. Solche Kreise nennt man *konzentrisch*. Wie müsst ihr dabei vorgehen?

c) Wodurch unterscheiden sich die Abbildungen der konzentrischen Kreise rechts?

Mit **Kreis (Radius eingeben)** könnt ihr die gewünschte Länge der Radien angeben, nachdem ihr den Mittelpunkt festgelegt habt. Zeichnet dann jeweils konzentrische Kreise.

d) Was fällt euch an der „Kreispyramide" auf? Auf welchem Weg könnte sie entstanden sein?

Zeichnet zuerst einen Kreis und verwendet anschließend das Werkzeug **Kreis (Radius abtragen)**.

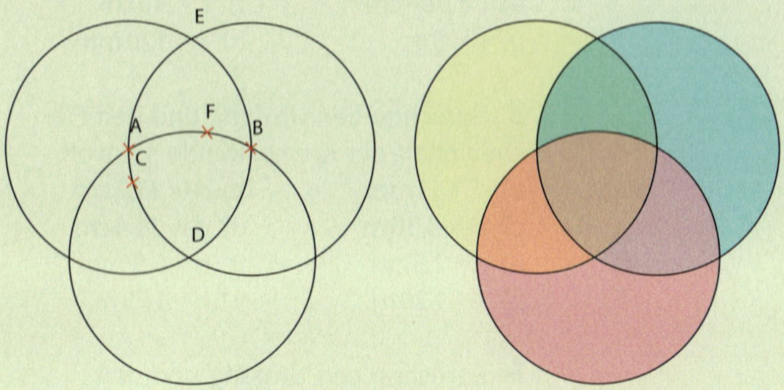

5 Durch einen Klick auf das Symbol **Objekteigenschaft** am unteren Rand der Zeichenfläche erhältst du eine Übersicht über alle Objekte deiner Zeichnung. Wenn du ein Objekt markierst (linke Maustaste festhalten), dann kannst du es verstecken oder einfärben.

Entwirf ein Muster und verändere es mit diesen Hilfmitteln.

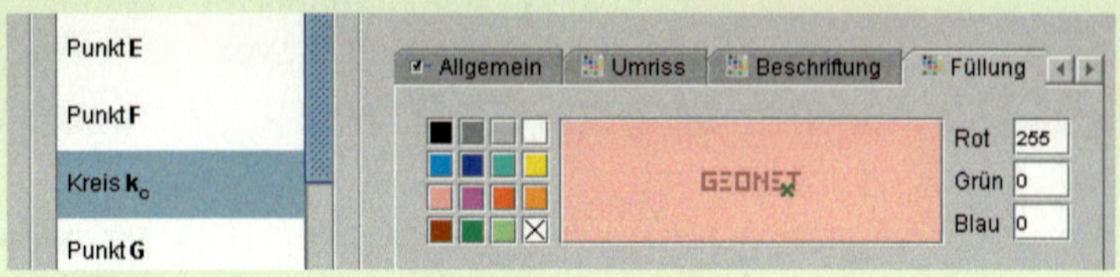

6 **Gitter ...** **Einrasten**

Du kannst auch ein Gitternetz einblenden. Das erleichtert das genaue Zeichnen. Wenn du es einrastest, triffst du die Gitterpunkte leichter.

Fertige Zeichnungen im Gitternetz an.

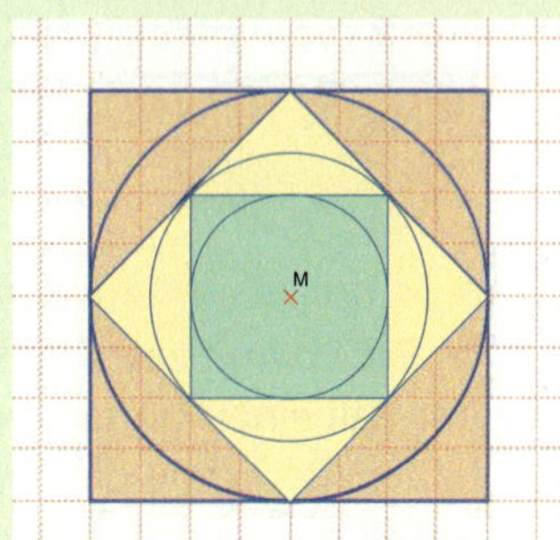

Einblicke – Rückblicke

1 a) Der Rotor einer Windkraftanlage in Hamburg hat einen Durchmesser von 70 m und besitzt eine so genannte *Windernteflläche* von 3848,5 m^2. Wie wird die Windernteflläche berechnet?
b) Eine Windkraftanlage besitzt einen Rotor mit 35 m Durchmesser. Welche Aussage stimmt?
A1: Die Windernteflläche ist halb so groß wie bei Teilaufgabe a).
A2: Die Windernteflläche ist doppelt so groß wie diejenige von Teilaufgabe a).
A3: Die Windernteflläche beträgt ein Viertel derjenigen von Teilaufgabe a).

2 Berechne den Umfang und den Flächeninhalt der Kreise.

a) d = 2 cm	b) d = 6 dm
c) d = 8 m	d) d = 20 mm
e) r = 100 cm	f) r = 30 cm
g) r = 5 m	h) r = 120 mm

3 Berechne den Umfang und den Flächeninhalt der Kreise. Runde sinnvoll.

a) d = 11 mm	b) d = 13,2 cm
c) d = 8,50 m	d) d = 14,4 cm
e) r = 2,5 cm	f) r = 0,55 cm
g) r = 1,20 m	h) r = 1,75 m

4 Berechne den Umfang und den Flächeninhalt der eingefärbten Figuren. Gehe möglichst geschickt vor.

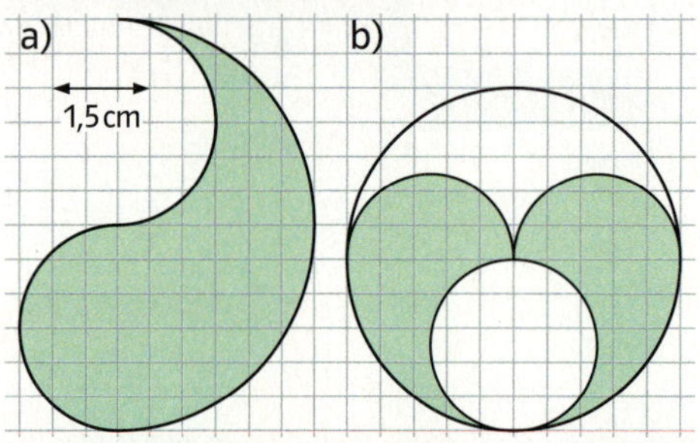

5 Bei Beginn eines Fußballspiels muss der Ball einen Umfang von 68 bis 71 cm haben. Berechne den kleinstmöglichen (größtmöglichen) Durchmesser.

6 Das Treibrad einer Dampflokomotive hat einen Durchmesser von 2 m.

a) Wie weit rollt die Lok bei einer Radumdrehung?
b) Wie viele Umdrehungen macht das Rad auf einer Strecke von 10 km?

7 Der Durchmesser des Rades einer Elektro-Lok beträgt 1,25 m.
a) Welche Strecke legt die Lok bei einer Radumdrehung zurück?
b) Wie viele Umdrehungen macht das Rad auf einer Strecke von 10 km?
c) Vergleiche mit dem Ergebnis der vorigen Aufgabe.

8 Die erste Dampflokomotive war die *Adler*. Sie fuhr erstmals 1835 auf der 6,05 km langen Strecke zwischen Nürnberg und Fürth. Das Treibrad hatte einen Durchmesser von 1372 mm.

a) Wie oft drehte sich das Rad von Nürnberg bis Fürth?
b) Die Fahrzeit betrug 14 Minuten. Wie viele Umdrehungen machte das Rad pro Minute?

9 Die Karte aus dem Kloster Ebstorf in der Nähe von Lüneburg stellt die damals bekannte Welt innerhalb eines Kreises dar. Im Mittelpunkt der Karte ist Jerusalem zu sehen. Gezeichnet wurde die Karte auf einem quadratischen Papier mit einer Seitenlänge von 3,2 m.

a) Berechne die reine Landkartenfläche.

b) Wie viel cm^2 Fläche blieben auf der Karte für Erläuterungen übrig?

10 Berechne die Flächeninhalte der Figuren.

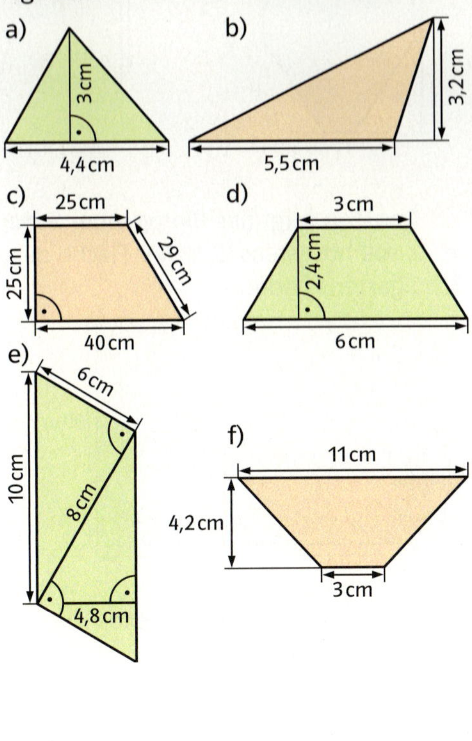

11 Berechne den Flächeninhalt

a) des Rechtecks mit $a = 23\,m$; $b = 18\,m$

b) des Parallelogramms mit $a = 8{,}5\,cm$; $h_a = 4{,}4\,cm$

c) des Trapezes mit $a = 9\,m$; $h_a = 3{,}5\,m$; $c = 4\,m$

12 Um den Wassereimer aus dem alten Brunnen heraufzuholen, muss die Winde 13-mal gedreht werden. Dabei wickelt sich das Seil um die Trommel. Sie hat einen Durchmesser von 20 cm. Wie tief ist der Brunnen?

13 Wie groß ist der Flächeninhalt?

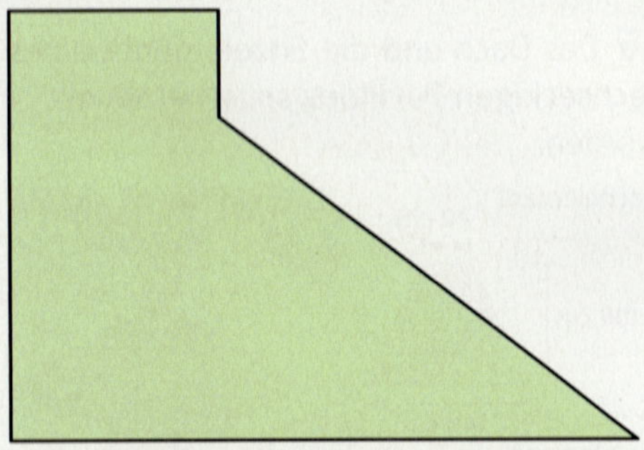

14 Die spanischen Inseln Mallorca und Ibiza locken jedes Jahr viele tausende Urlauber. Bestimme näherungsweise die Größe der Inseln.

@ Informiere dich im Atlas oder Internet über die tatsächlichen Flächeninhalte und vergleiche mit deinen Werten.

15 Die Seitenwand des Hauses soll gestrichen werden.

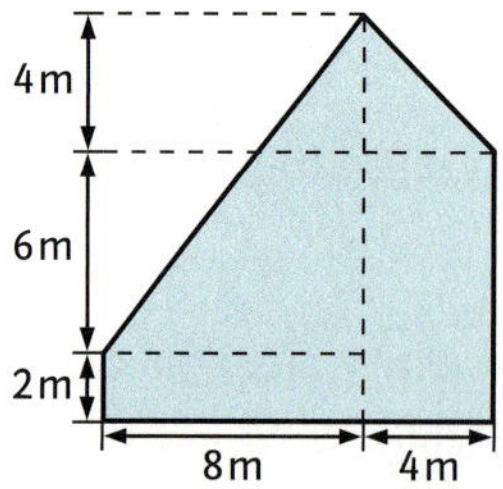

a) Berechne den Flächeninhalt der Wand. Gibt es verschiedene Möglichkeiten, diese Fläche zu berechnen?
b) Wie viele Eimer Farbe werden für einen zweifachen Anstrich benötigt?

16 Das Dach und die Sitzelemente eines sechseckigen Pavillons sollen erneuert werden.

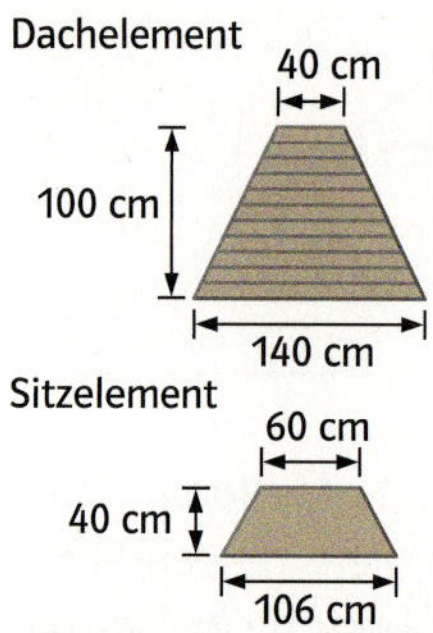

a) Bei der Erneuerung der Dachelemente muss wegen der Überdeckungen mit einem Mehrbedarf an Holz von 30 % gerechnet werden. Berechne den Holzbedarf für das Dach.
b) Berechne den Holzbedarf für die Sitzelemente.
c) 1 m² des verwendeten Materials kostet 21,70 €. Berechne die Materialkosten.

17 Berechne den Flächeninhalt.

a)

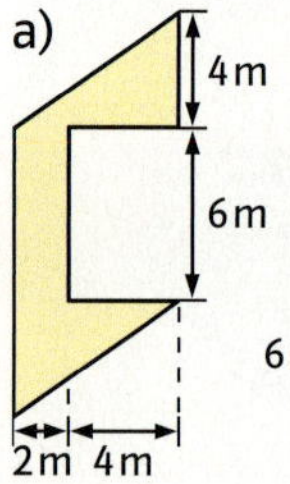

b)

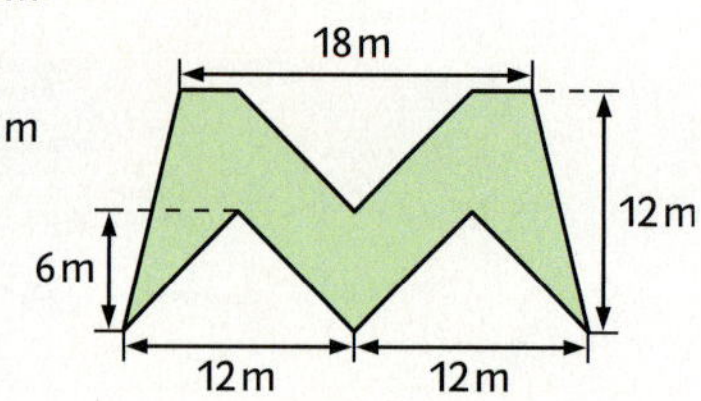

18 Berechne den Flächeninhalt der gefärbten Fläche. (Maße in cm)

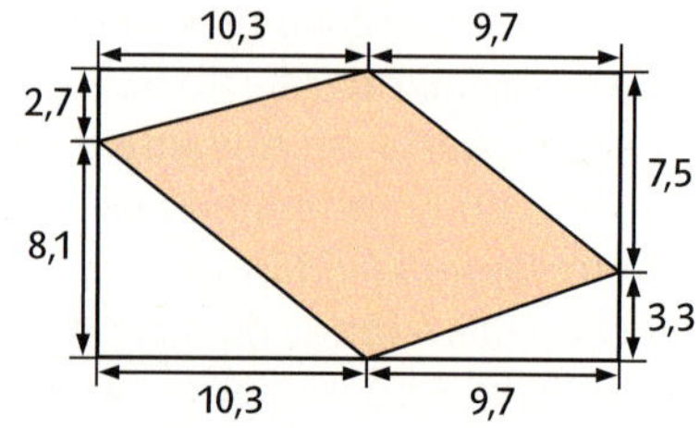

19 Zerlege die Figuren in geeignete Teilflächen und berechne den Flächeninhalt der Gesamtfigur. (Angaben in cm)

a)

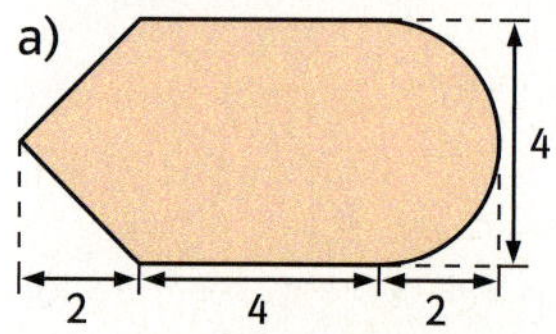

b)

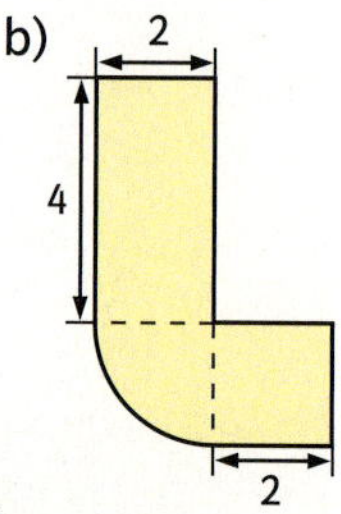

c)

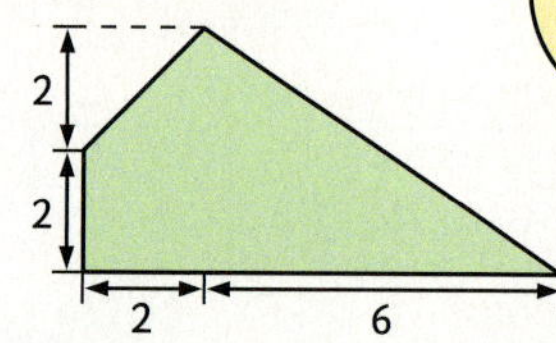

d)

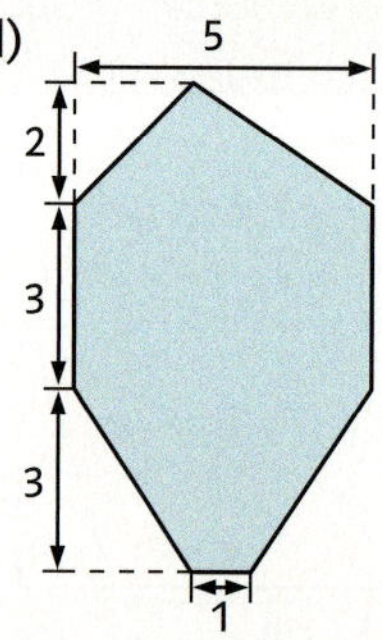

e)

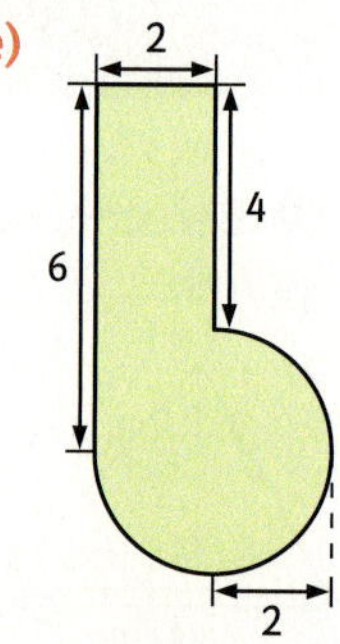

20 Der Plan zeigt das Biotop einer Schule. Es soll höchstens 25 % der Fläche des Schulgartens bedecken.

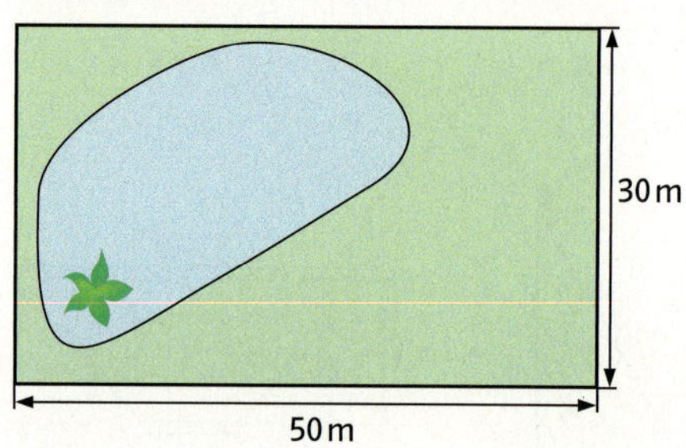

Erfüllt das eingezeichnete Biotop die Vorgabe? Begründe.

Test

Leicht
Jede Aufgabe: 2 Punkte

1 Welchen Umfang hat ein Kreis mit dem Radius 4,5 cm?

2 Für einen kreisrunden Tisch mit dem Durchmesser von 1,30 m soll eine Tischdecke genäht werden, die ringsum 15 cm überhängt. Wie viel m² Stoff werden mindestens benötigt?

3 Welche Länge hat der Kreisbogen?

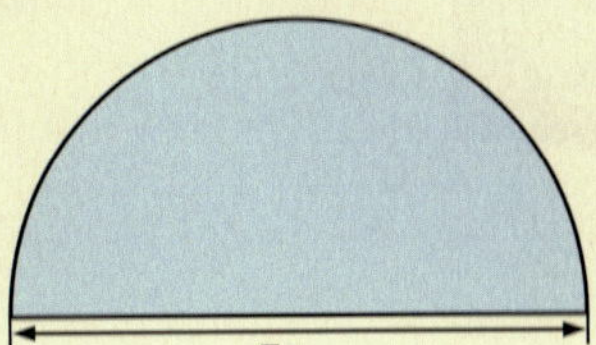

4 Berechne Umfang und Flächeninhalt des Parallelogramms.

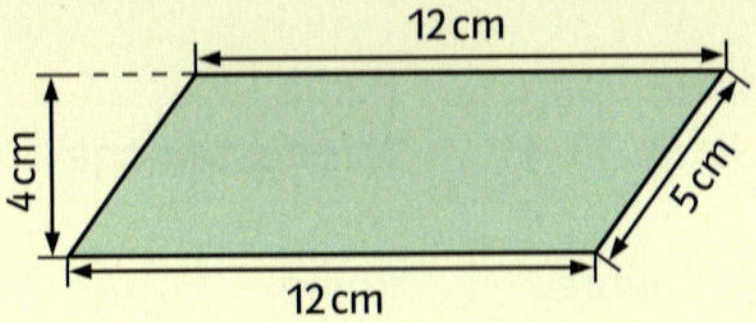

5 Berechne den Flächeninhalt der Figuren. (Maße in cm)

a) 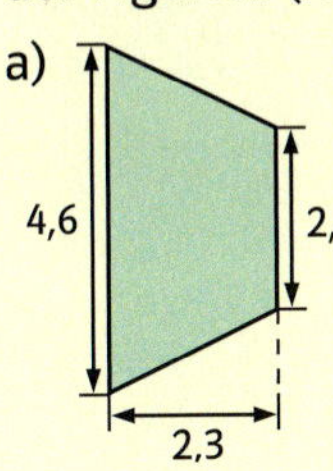

b) 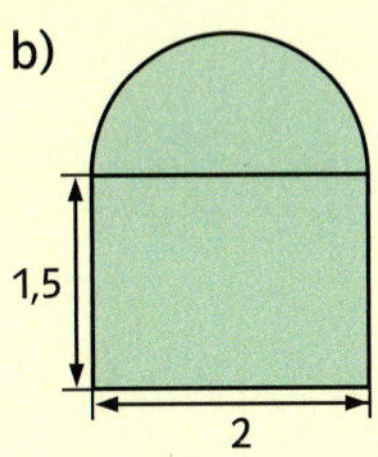

Mittel
Jede Aufgabe: 3 Punkte

1 Ein 26er Rad hat einen Durchmesser von 26 Zoll (1 Zoll = 2,54 cm).
a) Berechne den Radumfang. Runde auf ganze cm.
b) Wie viele Umdrehungen macht das Rad auf einer Strecke von 1 km? Runde sinnvoll.

2 Ein Sportplatz besteht aus einem 120 m langen und 80 m breiten Rechteck, an dessen kürzeren Seiten Halbkreise angesetzt sind. Berechne den Flächeninhalt des Platzes.

3 Welchen Umfang hat die Figur?

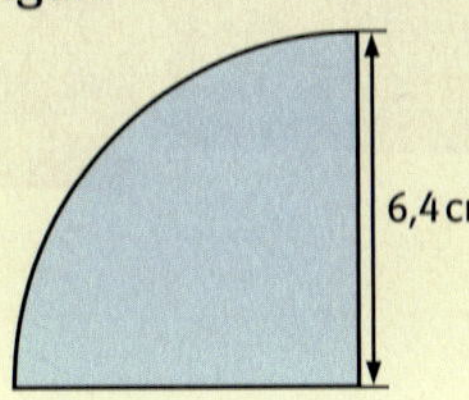

4 Die parallelen Seiten eines trapezförmigen Grundstücks (AB || CD) haben einen Abstand von 25 m. Die parallelen Seiten sind 18,50 m und 29,50 m lang. Wie groß ist das Grundstück?

5 Berechne den Flächeninhalt durch geschicktes Zerlegen.

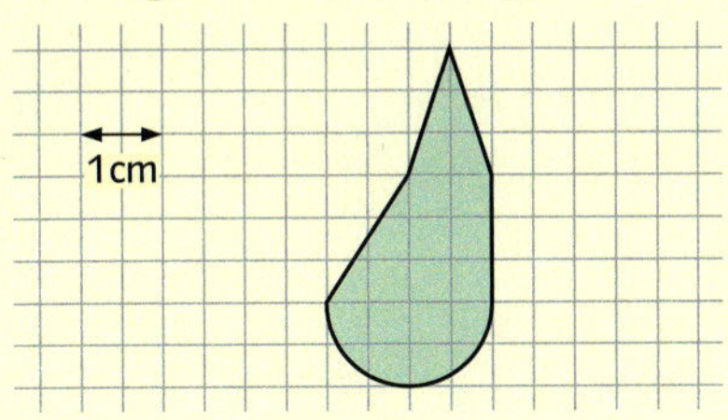

Schwierig
Jede Aufgabe: 4 Punkte

1 Der Äquator hat eine Länge von etwa 40 075 km. Berechne den Äquatorradius. Runde sinnvoll.

2 Ein kegelförmig aufgeschütteter Sandhaufen hat einen Umfang von 12,56 m. Welche Bodenfläche bedeckt der Sandhaufen?

3 Berechne den Flächeninhalt und den Umfang der Figur.

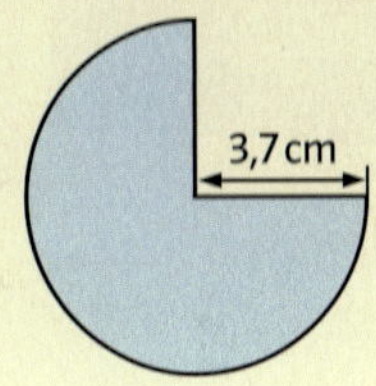

4 Ein trapezförmiges Grundstück hat einen Quadratmeterpreis von 140 €. Es wird für 98 000 € verkauft. Die beiden parallelen Seiten sind 22,50 m und 33,50 m lang. Wie breit ist das Grundstück?

5 Berechne den Flächeninhalt der grünen Fläche.

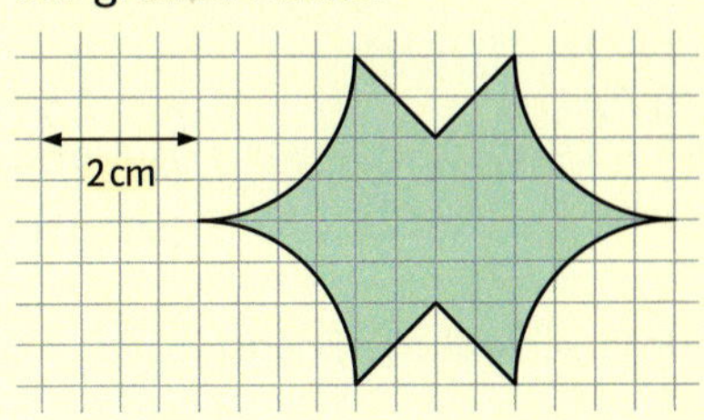

Die Lösungen zum Test findest du auf Seite 151.

Banken bieten ihren Kunden verschiedene Sparformen an. Für Spareinlagen zahlt die Bank den Sparern Zinsen.

Die gewährten Zinssätze sind von Bank zu Bank meist unterschiedlich hoch. Die Zinssätze richten sich auch nach der Höhe der Spareinlagen, nach verschiedenen Laufzeiten von Sparverträgen und nach unterschiedlichen Kündigungsfristen.

Häufig gilt: Je länger die Bank mit dem Geld des Sparers wirtschaften kann, um so höher ist der Zinssatz. Dies bringt dem Sparer zwar mehr Zinsen, aber er kann über eine längere Zeit nicht über sein erspartes Geld verfügen.

Sparbuch	Zuwachssparen	Flexsparen	Zielsparen	Jugendgirokonto
keine Mindestanlage	Mindestanlage: 1500,- €	monatliche Sparrate, z. B. ab 15,- €	monatliche Sparrate, z. B. ab 15,- €	keine Mindestanlage
gesetzliche Kündigungsfrist von 3 Monaten	zuerst Kündigungssperrfrist von 12 Monaten, danach 3-monatige Kündigungsfrist	die Laufzeit ist flexibel, 3-monatige Kündigungsfrist	Laufzeit 5 Jahre	keine Kündigungsfrist, keine Gebühren
0,75 %	1. Jahr 2,5 %, 2. Jahr 2,75 %, 3. Jahr 3 %	1,25 %	3 %	1 %

Unterschiedliche Sparmodelle

3 Prozent- und Zinsrechnen

Das eigene Girokonto

Banken und Sparkassen bieten jungen Leuten ein kostenfreies Jugendgirokonto an. Mit einer BankCard und einer Geheimnummer können Jugendliche an Geldautomaten ihrer Bank in ganz Deutschland Bargeld abheben. Das geht aber nur, wenn auf dem Konto Guthaben vorhanden ist. Häufig überweisen Eltern das Taschengeld für ihr Kind auf das Jugendgirokonto. Bei vielen Banken erhält man für das Guthaben Zinsen.

An Automaten der Bank erhält man sowohl Bargeld als auch Kontoauszüge. Man benötigt dafür eine BankCard und eine Geheimnummer.

Ausblick

In diesem Kapitel findest du:
- Prozentrechnen
- Vermehrter/verminderter Grundwert
- Zinsen, Zinssatz, Kapital
- Zinsrechnen mit dem Taschenrechner und der Tabellenkalkulation

1 Prozentrechnen

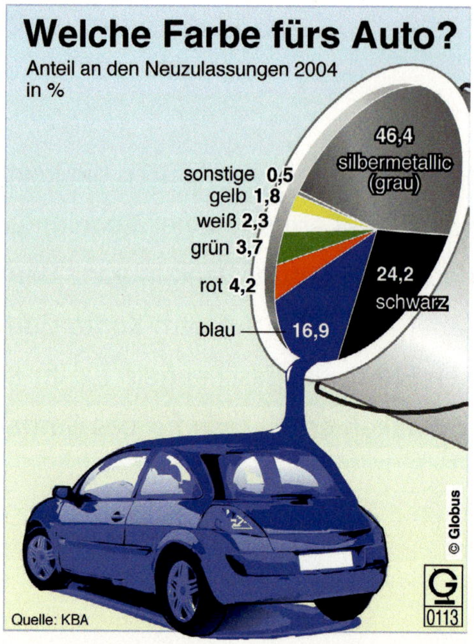

Beim Kauf eines neuen Autos stellt sich neben dem Typ und der Ausstattung auch die Frage nach der Farbe. Die beliebtesten Farben waren an neu zugelassenen Fahrzeugen im Jahr 2004 silbermetallic, schwarz und blau. In jenem Jahr wurden etwa 3 200 000 neue Autos verkauft.

→ Jessica sagt: „Drei Viertel aller neu zugelassenen Autos waren silbermetallic oder schwarz." Hat sie Recht?
→ Arne stellt die Behauptung auf: „Von einer Million neu zugelassener Autos waren 420 000 rot." Hat er sich verrechnet?
→ Überschlage, wie viele der neu verkauften Autos silbermetallic und schwarz waren. Erläutere, wie du die beiden Ergebnisse ermittelt hast.

Prozent bedeutet Hundertstel.

$1\% = \frac{1}{100}$

Beim **Prozentrechnen** wird mit folgenden Begriffen gerechnet:

Prozentwert	kurz **P**
Prozentsatz	kurz **p %**
Grundwert	kurz **G**

Die Werte können mit dem Dreisatz berechnet werden.

Weiter geht's

→ Schüler einer achten Klasse haben die Farben von 60 vorbeifahrenden Autos notiert:

Farbe	silber	schwarz	blau	rot	sonstige
Anzahl	27	15	9	3	6

Mustafa berechnet mit dem Dreisatz zunächst den Prozentsatz der Farbe Silber.
Führe Mustafas Rechnung im Heft zu Ende.
Ermittle die Prozentsätze jeder Farbe.
Wie kannst du leicht prüfen, ob du richtig gerechnet hast? Erstelle ein Streifendiagramm.

60 Autos — 100 %

1 Auto — $\frac{100\%}{60}$

27 Autos — $\frac{100\% \cdot 27}{60} = \square\,\%$

1 Wie viel Prozent sind farbig?

a) 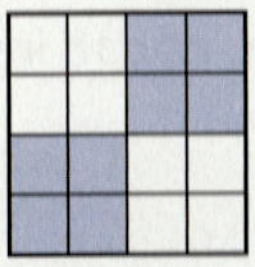
b) 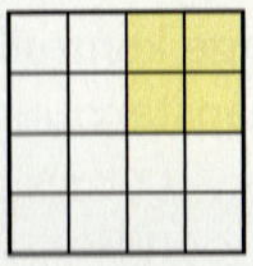
c) 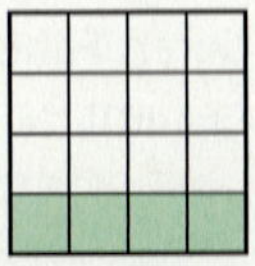

2 Zeichne ins Heft vier gleich große Rechtecke. Schraffiere in den Rechtecken auf unterschiedliche Arten 40 %. Gibt es „günstige" Rechteckmaße?

3 Wonach wird jeweils gesucht (P, p % oder G)? Bestimme die gesuchten Werte.

a)
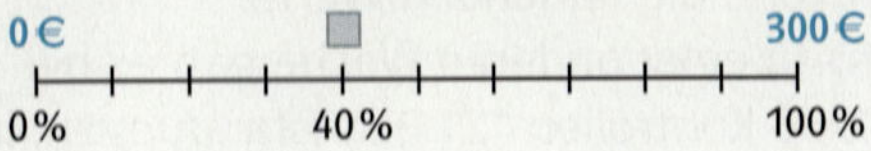

b)
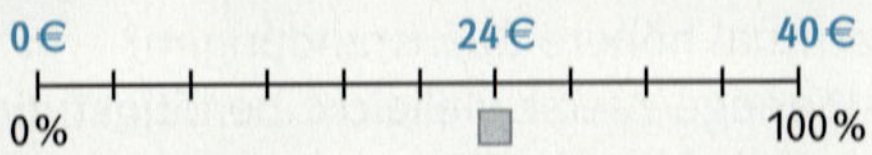

c)
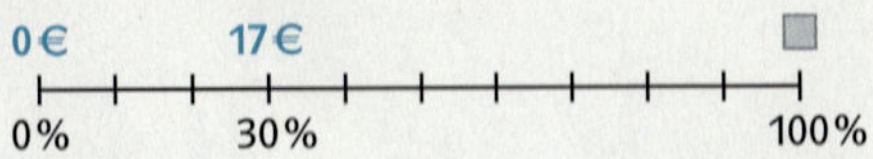

4 Berechne den Prozentwert im Kopf.

a) 50 % von 22 €
25 % von 80 m
60 % von 300 g

b) 18 % von 200 €
3 % von 400 m²
99 % von 900 ml

5 Berechne den Prozentsatz im Kopf.

a) 90 € von 180 €
12 € von 120 €

b) 12 € von 240 €
48 € von 240 €

6 Berechne den Grundwert im Kopf.

a) 40 kg entsprechen 50 %
24 km entsprechen 25 %

b) 2 % entsprechen 2,20 €
$\frac{1}{4}$ entspricht 15 mg

7 Berechne die fehlenden Größen.

	P	p %	G
a)	■	17 %	152 €
b)	55,2 kg	■	240 kg
c)	315 km	45 %	■
d)	■	1,5 %	1230 €

8 Wie viel Prozent sind farbig?

a) 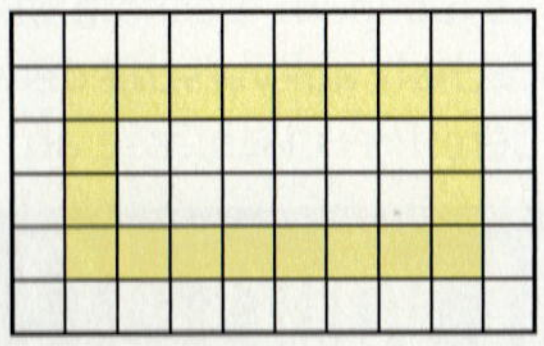

b) 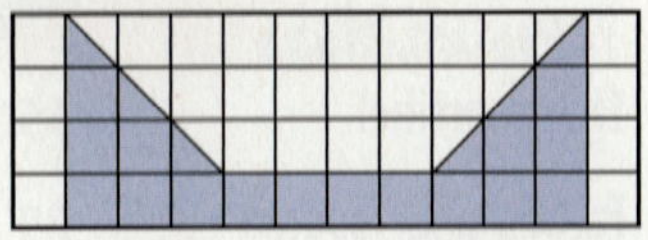

9 Berechne.

a) 3 % von 250 €
b) 25 % von 80 €
c) Frau Rot verdient monatlich 1800 €. Sie erhält eine Gehaltserhöhung von 2,5 %. Wie viel Euro bekommt sie nun mehr?
d) Auf einen Rechnungsbetrag in Höhe von 430 € wird bei Barzahlung 2 % Skonto gewährt.
e) 17 € von 1700 €
f) 170 € von 1700 €
g) Eine Hose wird um 30 € reduziert. Der bisherige Preis betrug 75 €. Um wie viel Prozent wurde die Hose billiger?
h) 5 % entsprechen 70 €
i) 0,5 % entsprechen 70 €
j) Seyit bekommt eine Lohnerhöhung von 2,5 %; dies sind 26 Cent. Wie viel verdient er nun?
k) In einer Klasse sind 60 % Mädchen, es gibt in der Klasse 10 Jungen. Wie viele Mädchen sind in der Klasse?
l) Eine Jacke kostete 98 €. Ihr Preis wird um 20 % ermäßigt. Wie viel kostet sie?

Die richtigen Ergebnisse ergeben ein Lösungswort.

8,60 €	M
78,40 €	T
40 %	E
10 %	G
7,50 €	P
14 000 €	A
1 %	A
10,66 €	C
20 €	R
1400 €	M
45 €	I
15 M.	H

10 Die St. Petersglocke im Dom zu Köln ist die größte freischwingende Kirchenglocke der Welt. Sie wiegt rund 24 000 kg, das Material ist Bronze. Glockenbronze besteht meist aus 78 % Kupfer und 22 % Zinn.

a) Berechne die benötigten Kupfer- und Zinnmengen für die St. Petersglocke.
b) Stelle die Bronzelegierung in einem Streifen- oder Kreisdiagramm dar.

11 Der Baumarkt *Do it yourself* feiert sein 10-Jähriges Jubiläum. Deshalb bietet er seiner Kundschaft auf verschiedene Artikel besondere Preisnachlässe an.

a) Nadine benötigt eine neue Lampe. Sie entscheidet sich für ein Strahlerset zum Preis von 119 Euro. Wie viel muss sie bezahlen? Wie viel hat sie gespart?

b) Herr Mey braucht einen neuen Rasenmäher. Sein Favorit ist mit 398,00 € ausgezeichnet. Herr Mey hat den gleichen Mäher in einem anderen Baumarkt für 349 Euro gesehen.
Wo soll er einkaufen?

Farben	*49,00*
Tapeten	*86,50*
Pinsel	*12,50*
	148,00
– Nachlass	*27,10*
Betrag	*120,90*

c) Herr Hermann kauft Farben. Er rechnet nach und meint, dass auf dem Kassenbon ein Fehler ist. Soll er reklamieren?

d) Der Fußboden einer Küche wird neu gefliest. Die rechteckige Küche ist 4,40 m lang und 2,95 m breit. Es sollen Fliesen im Format 25 cm × 25 cm verlegt werden. Im Baumarkt gefällt Familie Braun eine bestimmte Sorte, die mit 17,50 € pro m^2 ausgezeichnet ist. Es werden nur ganze Schachteln mit je 1 m^2 Fliesen verkauft. Außerdem brauchen sie noch Fliesenkleber für 29,90 €, Ausfugmaterial für 24,95 € und eine Zahnspachtel für 8,90 €. Sie überschlagen die Kosten. Herr Braun meint, dass 270 Euro reichen. Frau Braun behauptet: „Leider hast du nicht Recht, alles zusammen kostet etwa 285 €. Haben vielleicht beide falsch gerechnet? Helft!

12 Bei Verkehrskontrollen wurden in einer Woche insgesamt 926 Fahrer und deren Fahrzeuge kontrolliert, es gab insgesamt 94 Beanstandungen.

	Mo.	Di.	Mi.	Do.	Fr.
Kontrollen (Anzahl)	176	204	229	185	
Beanstandungen (Anzahl)	20	19			17
Beanstandungen (%)			8,3		

a) Übertrage die Tabelle ins Heft und berechne die fehlenden Werte.

b) In einer anderen Woche gab es bei 1235 Kontrollen 121 Beanstandungen. In welcher der beiden Wochen gab es prozentual höhere Beanstandungen? Überlege zuerst, vielleicht benötigst du dann keine schriftliche Lösung.

13 Die Großeltern von Pit erhalten eine Lebensversicherung ausbezahlt. Sie verteilen den Betrag folgendermaßen: 15 000 Euro behalten die Großeltern selbst. Pits Eltern bekommen $\frac{1}{4}$, Pit erhält 15 % der Lebensversicherung.

a) Wie hoch war der Auszahlungsbetrag der Lebensversicherung?

b) Wie viel Euro bekommt Pit?

14 „Du brauchst zwölf Muskeln, um die Stirn zu runzeln, aber nur zwei, um zu lächeln. Warum anstrengen?"
Carina behauptet, dass in diesem Text etwa 30 % der Buchstaben Vokale sind. Hat sie Recht?

15 Bewohner von Großstädten wurden befragt, wie lebenswert ihre Stadt sei.

Stadt	Anzahl der Befragten	mit „lebenswert" antworteten
Stuttgart	812	723
Hamburg	623	567
Berlin	728	619
München	958	843
Bremen	1002	872

a) Wie viel Prozent der Befragten antworteten in jeder Stadt mit „lebenswert"?
b) Stelle eine Rangliste auf, beginne mit der lebenswertesten Stadt.
c) Überlege Kriterien, die für eine lebenswerte Stadt sprechen.

16 In Deutschland werden jährlich viele PKWs neu zugelassen. Im Jahre 2002 waren dies 3 253 000 Stück. Die Neuzulassungen in den folgenden beiden Jahren entwickelten sich so:

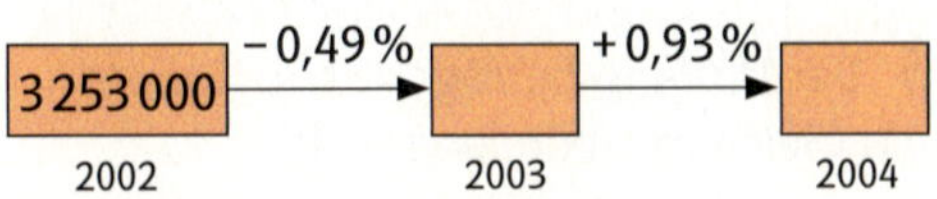

a) Berechne die Zulassungszahlen des Jahres 2004. Runde auf Tausender.
b) @ Suche die Zulassungszahlen der Folgejahre. Übertrage obiges Schaubild ins Heft und ergänze es mit deinen gefundenen Ergebnissen.

17 a) Erkläre die Bedeutung dieser beiden Verkehrszeichen.

13 % Steigung bedeutet: Das Gelände steigt auf 100 m waagrechter Entfernung um 13 m an.

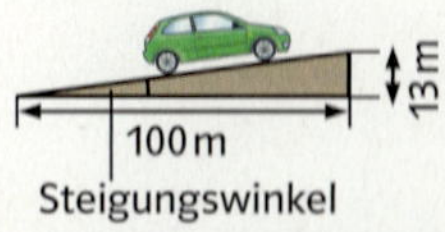

b) Berechne den Höhenunterschied für 700 m bei 15 % Steigung. Zeichne ein maßstabsgetreues Dreieck und miss den Steigungswinkel.
c) Eine Autofirma wirbt mit folgender Aussage: „Unser Geländefahrzeug schafft eine Steigung von 100 %." Ist das möglich, was meinst du dazu?

18 Markus hält ein Referat über Ängste in der Schule. Er legt die rechts abgebildete Statistik vor.
a) Was fällt an den Prozentsätzen auf?
b) Wie beurteilt ihr die Prozentsätze, wenn ihr erfahrt, dass Markus nur 20 Schülerinnen und Schüler befragt hat?
c) Führt eine solche Umfrage in eurer Klassenstufe durch und gebt die Ergebnisse in Prozent an.

Angst vor:

Lehrkräften	*25 %*
Eltern	*20 %*
Mitschülern	*30 %*
dem Versagen	*55 %*
der Zukunft	*40 %*
dem Alter	*5 %*

19 Mithilfe eines Tabellenkalkulationsprogramms können Aufgaben zum Prozentrechnen schnell gelöst werden und Prozentsätze in Diagrammen leicht veranschaulicht werden.
a) Berechne am PC, wie viel Prozent Mädchen und Jungen in deiner Klasse sind und stelle das Ergebnis in einem geeigneten Diagramm dar.
b) Wie ändern sich die Werte und das Diagramm, wenn in deiner Klasse ein Mädchen dazukommt (ein Junge wegzieht).
c) Ermittelt die prozentualen Anteile der Mädchen und Jungen in verschiedenen Klassen eurer Schule. Erstellt Diagramme. Vielleicht dürft ihr sie an geeigneter Stelle im Schulgebäude aushängen.

20 In einer Schule wird ein Schlagzeug benötigt. Im Katalog ist es mit 775 € zzgl. Mehrwertsteuer ausgezeichnet. Die Schulleiterin Frau Buhl handelt einen Nachlass von 8 % heraus. Wie viel Euro sind für das Schlagzeug zu bezahlen?

Prozent von Prozent:
Der zuerst berechnete Prozentwert wird zum Grundwert der zweiten Rechnung.

21 Die Burgschule wird von 550 Schülern besucht. 40 % dieser Schüler gehen in die Hauptschule. Von den Hauptschülern sind 45 % Mädchen.
Wie viele Schülerinnen besuchen die Hauptschule?

22 Im Jahr 2004 hat der Bund insgesamt rund 190 Mrd. Euro eingenommen. Von diesen Steuereinnahmen entfielen 9,5 % auf Verbrauchssteuern. Verbrauchssteuer wird bei Genussmitteln wie Kaffee, Schnaps, Zigaretten erhoben. 75 % der Verbrauchssteuern entfiel auf die Tabaksteuer.
a) Wie viel Mrd. Euro entfielen etwa auf die Verbrauchssteuern?
b) Wie viel Mrd. Euro davon entfielen ungefähr auf die Tabaksteuer?

23 Ursachen für Lungenkrebs

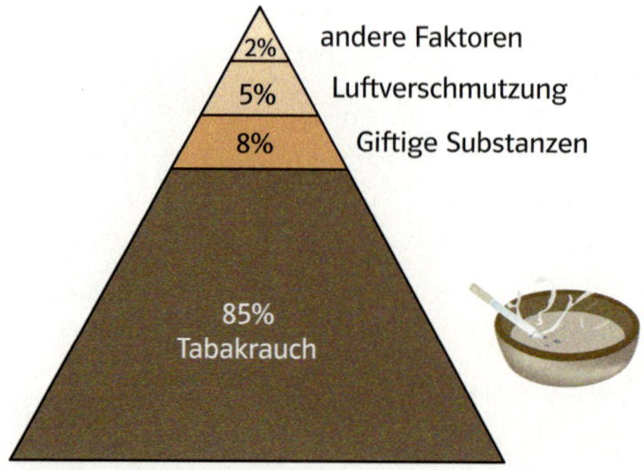

Es ist nachgewiesen, dass Rauchen sich negativ auf den menschlichen Körper auswirkt. Die Wahrscheinlichkeit, an Lungenkrebs zu erkranken, liegt bei Rauchern drastisch höher als bei Nichtrauchern.
a) Erstelle ein Kreisdiagramm mit den oben ersichtlichen Prozentsätzen zu den Ursachen für Lungenkrebs.
b) @ Sucht im Internet nach Prozentangaben zum Thema „gesundheitliche Folgen des Rauchens" und stellt die gefundenen Informationen in Diagrammen dar.

Trainingsmatte

1 Notiere die Gesamtlänge des Umfangs mit einem Term.

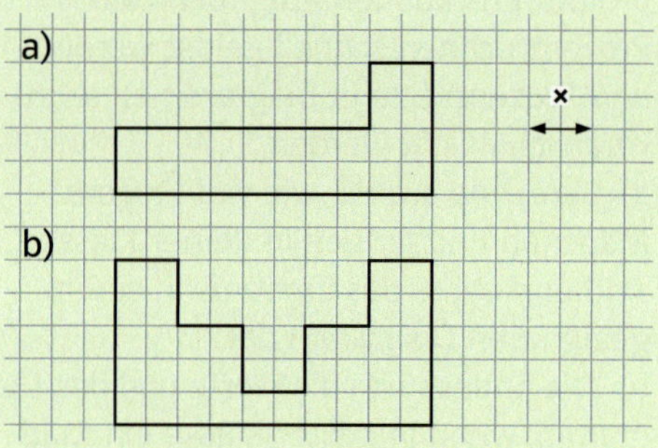

2 Vereinfache folgende Terme.
a) $4x + 5x + 6x - 10x$
b) $2a + 2b + 4a - b + 5a + 3b$
c) $3x \cdot 3y + x \cdot y$
d) $12ab : 3b + 6a$

3 Ergänze im Heft.
a) $5a \cdot \square = 35a$
b) $4b \cdot \square = 24ab$
c) $\square \cdot 6x = 18x$
d) $\square \cdot 4y = 28xy$

4 Löse die Gleichungen durch Probieren.
a) $5x + 3 = 13$
b) $4x - 2 = 10$
c) $40 - 2x = 24$
d) $66 + 3x = 90$

5 Der Umfang beträgt 48 cm. Notiere die Gleichung. Wie lang ist b?

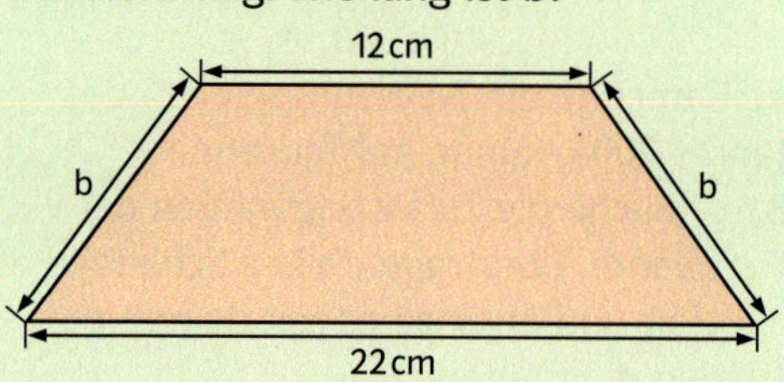

Die Lösungen zur Trainingsmatte findest du auf Seite 152.

2 Verminderter und vermehrter Grundwert

Häufig reduzieren Textilgeschäfte am Ende der Sommer- oder Wintersaison die Preise ihrer Waren. Wer Glück hat und zur richtigen Zeit am richtigen Ort ist, kann vielleicht ein Schnäppchen machen. Manche Waren werden um 20 %, 30 % und manchmal um über 50 % billiger angeboten.

➜ Sandra probiert eine Hose an. Sie passt ihr prima. Deshalb überlegt sie, ob sie die Hose kaufen soll. Entscheidend ist nun noch der Preis.

➜ Ihrer Freundin Katja gefällt eine Bluse, die sie gerne kaufen möchte. Katja hat aber nur noch 25 Euro dabei. Um Peinlichkeiten an der Kasse zu vermeiden, rechnen beide zuvor nach.

➜ Die Verkäuferin muss im Geschäft sehr viele Artikel mit einem neuen Preisschild auszeichnen. Die Preise aller Winterpullis werden um 35 % reduziert.
Wie könnte sie die Endpreise schnell berechnen? Vergleicht eure Rechenwege.

!

Wird vom Grundwert der Prozentwert subtrahiert, spricht man vom **verminderten Grundwert.**

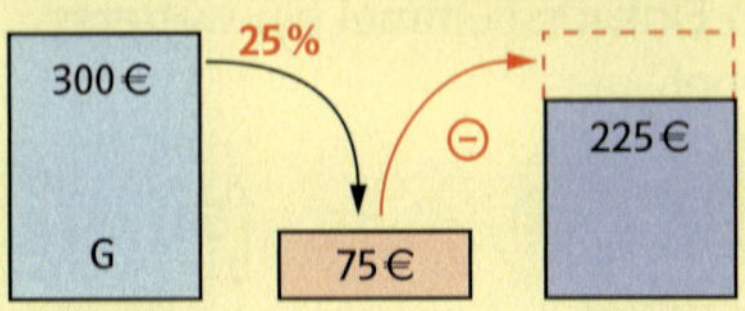

Wird zum Grundwert der Prozentwert addiert, spricht man vom **vermehrten Grundwert.**

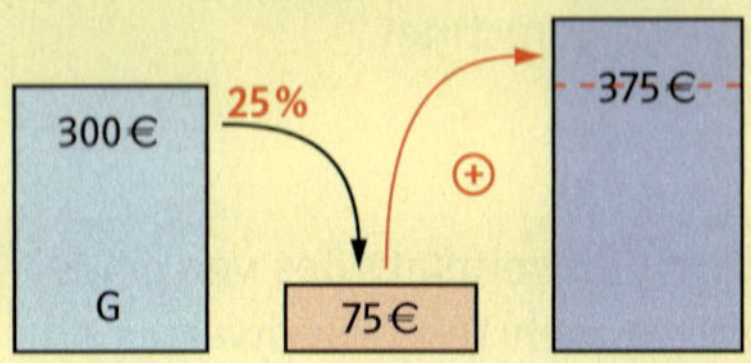

Weiter geht's

➜ Skizziere wie im Merkkasten je ein Schaubild zum verminderten und zum vermehrten Grundwert mit selbst gewählten Zahlen.

➜ Katjas Freund Martin jobbt in einer Sportartikelfirma. Er bekommt 10,50 Euro Stundenlohn. Aufgrund seines Fleißes erhält er ab sofort 10 % mehr Lohn.

1 ▦ Martin muss die Mehrwertsteuer addieren. Berechne die Endpreise.

a)	b)
100,00 €	10,00 €
200,00 €	20,00 €
50,00 €	15,00 €
150,00 €	60,00 €
125,00 €	180,00 €

2 ▦ Nicht mehr topaktuelle Artikel sollen rasch verkauft werden. Deshalb werden die Preise der Artikel um 30 % reduziert.

a)	b)	c)
19,00 €	49,00 €	79,00 €
29,00 €	59,00 €	89,00 €
39,00 €	69,00 €	99,00 €

3 Auf folgende Preise werden 2 % Skonto gewährt. Berechne den neuen Preis im Kopf.

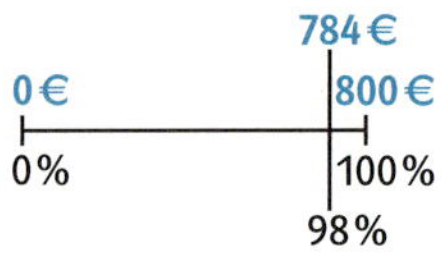

a)	b)
800 €	160 €
300 €	210 €
1200 €	520 €
750 €	5800 €

Berechnung des verminderten/vermehrten Grundwertes

Ein Preis in Höhe von 300 € wird um 19 % erhöht. Wie hoch ist der neue Preis?

Der Prozentsatz des vermehrten Grundwertes ist:
100 % + 19 % = 119 %

Dreisatz:

$100\,\% \text{ —— } 300\,€$

$1\,\% \text{ —— } \frac{300}{100}\,€$

$119\,\% \text{ —— } \frac{300 \cdot 119}{100}\,€ = 357\,€$

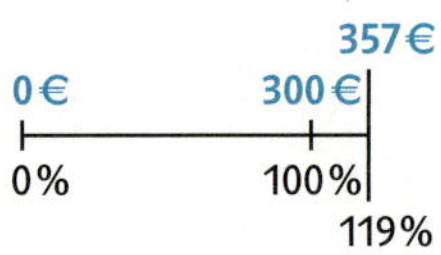

Der neue Preis beträgt 357 €.

Der verminderte Grundwert wird entsprechend berechnet.

4 Gib den Prozentsatz des verminderten bzw. vermehrten Grundwertes an.

a) Verminderung um

2 %	3 %	20 %	30 %
50 %	5 %	0,5 %	12,5 %

b) Vermehrung um

3 %	10 %	19 %	25 %
5 %	2,5 %	50 %	120 %

5 Lebensmittel werden nur mit 7 % Mehrwertsteuer besteuert.

a) Welcher Prozentsatz entspricht dem vermehrten Grundwert?

b) Auf folgende Preise kommen noch 7 % Mehrwertsteuer. Berechne die Endpreise.
20,00 €; 15,00 €; 9,00 €;
8,60 €; 0,84 €; 3,73 €

6 Um 1500 lebten im Amazonasbecken 6 Mio. Indianer. Bis heute ist ihre Anzahl in diesem Gebiet um 97,2 % gesunken. Wie viele Indianer leben heute noch dort?

7 Ergänze die Tabelle im Heft.

	Preis ohne Mehrwertsteuer	Preis inklusive 19 % Mehrwertsteuer
a)	16,72 €	
b)	20,59 €	
c)	10,76 €	
d)		79,00 €
e)		99,90 €

8 Ein LCD-Fernsehgerät kostet mit Mehrwertsteuer 595,00 €. Wie viel würde der Fernseher kosten, wenn man keine Mehrwertsteuer bezahlen müsste?

9 Sandra und Katja entdecken bei ihrem Einkaufsbummel ein weiteres Angebot.

Sandra hat ja bereits eine Hose, die ursprünglich 77 Euro gekostet hat, für 46,20 € gekauft. Hat sie voreilig eingekauft? Sie überlegt, wie viel die hier angebotenen Hosen früher kosteten.

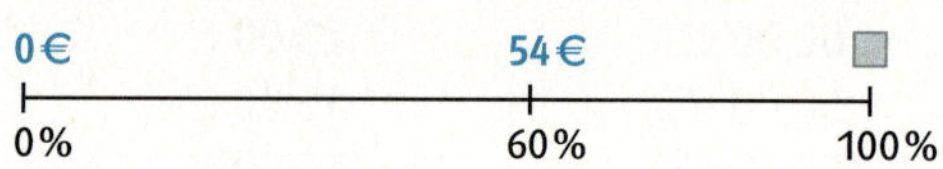

Wie würdest du rechnen?

10 Herr Stahl bekam vor vier Jahren pro Stunde 12,50 € Lohn. Mittlerweile hat er zweimal eine Lohnerhöhung erhalten. Zuerst 1,6 %, später noch 1,3 %. Wie hoch ist sein derzeitiger Lohn?

11 Ein Geschäft hatte Winterjacken für 148,00 € angeboten. Gegen Winterende wurden die Jacken zunächst um 20 % reduziert. Später wurden sie nochmals um 30 % heruntergesetzt.
Frau Rei liest das Preisschild und denkt: „Die Winterjacken kosten jetzt immer noch mehr als die Hälfte." Hat sie richtig überlegt?

12 Die Computerfirma Compwave verkauft der Wilhelm-Busch-Schule vier Drucker. Ein Drucker kostet 74,79 € ohne Mehrwertsteuer. Die Firma gewährt 12 % Schulrabatt und bei Zahlung innerhalb von 10 Tagen 2 % Skonto.
Wie viel muss die Schule für die vier Drucker bezahlen?

13 Berechne.
a) Ein Auto kostete im vergangenen Jahr 12 990 €, jetzt kostet es 2,6 % mehr.
b) Der frühere Preis eines Autos wurde um 2,5 % erhöht. Jetzt kostet es 15 170 €.
c) Auf ein Auslaufmodell eines Autos, das laut Listenpreis 17 130 € kostet, gewährt der Händler 18 % Nachlass.
d) Auf Grund einer kleinen Lackbeschädigung wird auf den Neupreis eines Autos ein Nachlass in Höhe von 650 € gewährt. Der Neupreis betrug 15 850 €.
e) 15 840 € ist der verminderte Grundwert, er entspricht 88 %. Formuliere zu diesen Angaben eine Aufgabe.
f) Der vermehrte Grundwert beträgt 19 342 €, dies entspricht 101,8 %. Formuliere zu diesen Angaben eine Aufgabe.
g) Formuliere zu diesem Rechenausdruck eine Aufgabe. Vervollständige die Aufgabe im Heft.

$$\frac{21390\,€ \cdot 92}{100}$$

Promille

Lesen

Anteile, die kleiner als 1% sind, werden häufig in **Promille** angegeben.
Das Wort kommt vom lateinischen „pro mille" und bedeutet „für tausend".

$1‰ = \frac{1}{1000} = 0{,}001 = 0{,}1\%$

Im Alltag wird Promille meist mit Alkohol in Zusammenhang gebracht. Da die Werte des Alkoholgehalts im Blut sehr gering sind, ist eine Angabe in Prozent nicht sinnvoll.

Aber auch in anderen Bereichen ist die Angabe in Promille gebräuchlich, beispielsweise bei Lebensversicherungen, Gebäudeversicherungen oder bei Versicherungen von sehr wertvollen Gegenständen.

Blutalkohol
Bei vielen Verkehrsunfällen ist Alkohol die Hauptunfallursache. Der Blutalkoholgehalt kann durch eine Blutprobe untersucht werden und wird stets in Promille angegeben. Die Angabe von 1‰ Blutalkohol bedeutet, dass 1 ml reiner Alkohol in einem Liter Blut vorhanden ist.

1 Ein erwachsener Mensch hat ungefähr 7 Liter Blut. Wie viel ml reiner Alkohol sind bei einem Blutalkoholgehalt von 0,5‰ enthalten?

2 Bereits ab 0,3‰ hat es rechtliche Konsequenzen, wenn man in diesem Zustand Auto fährt. Welche Gründe gibt es dafür? Betrachte die Tabelle.

Anteil im Blut in ‰	Wirkung des Alkohols auf den menschlichen Organismus
0,2	Abnahme der Reaktionsgeschwindigkeit
0,4	messbare Störungen der Gehirnströme
0,5	Verdopplung des Unfallrisikos
0,8	Verdopplung der Reaktionszeit
1,0	Sprachschwierigkeiten, Haltungsschwankungen, die Umwelt wird verschwommen oder doppelt wahrgenommen
1,6	deutliche Ausfallerscheinungen
4,0 bis 5,0	Narkose, Atemstillstand

Jugendliche als Sparer

Sparen
Warum soll ich sparen? Wie und wo soll ich mein Geld anlegen? Das sind Fragen, die sich jeder einmal stellt. Obgleich bei Jugendlichen ein spontaneres Kaufverhalten als bei Erwachsenen festzustellen ist, spielt Sparsamkeit auch bei ihnen eine wichtige Rolle. Ein Großteil der Jugendlichen spart auf besondere Anschaffungen, wie einen neuen Computer, den Führerschein oder auf ein eigenes Auto. Manche möchten später für ein paar Tage oder für mehrere Wochen ins Ausland reisen.
Erwachsenen ist das Ansparen zum einen für größere Anschaffungen wie zum Beispiel für Wohneigentum oder Möbel, zum anderen für eine Geldreserve zur Absicherung bei Krankheiten oder für die Altersversorgung bedeutsam.
Beim Sparen soll in möglichst kurzer Zeit viel Geld zusammenkommen. Um dies zu erreichen, sollte man sich über verschiedene Geldanlageformen informieren.

1 Lies den Artikel. Vergleiche mit deinen eigenen Vorstellungen.

2 Jugendliche im Alter zwischen 14 und 17 Jahren wurden in einer umfangreichen Untersuchung zum Thema „Umgang mit Geld" befragt.

	trifft zu	trifft nicht zu
Ich kümmere mich gerne um meine Geldangelegenheiten.	71 %	29 %
Geld ist mir nicht so wichtig.	27 %	73 %
Ich kaufe mir oft Dinge, ohne lange nachzudenken, ob ich mir das überhaupt leisten kann.	30 %	70 %
Ich habe ein Girokonto.	67 %	33 %
Ich habe ein Sparbuch.	87 %	13 %
Sparsamkeit ist mir wichtig.	69 %	31 %

Beurteile folgende Aussagen.
a) Fast $\frac{3}{4}$ aller Jugendlichen beschäftigen sich gerne mit ihren Geldangelegenheiten.
b) Kaum ein Jugendlicher hat ein eigenes Sparbuch.
c) Mehr als die Hälfte der 14- bis 17-Jährigen kauft sich irgendwelche Sachen, ohne darüber nachzudenken, ob ihr Geld ausreicht.
d) Ich gehöre zu den $\frac{7}{10}$ der Jugendlichen, denen Sparsamkeit wichtig ist.

3 Untersuchungen zum Sparverhalten haben gezeigt, dass Jugendliche bestimmte Sparformen bevorzugen. Für die Altersgruppe der 15-Jährigen sind das folgende:

Sparformen			
Sparbuch	Bausparvertrag	Lebensversicherung	Sparschwein
50 %	11 %	12 %	50 %

Erkläre, weshalb die Summe der Prozentanteile dieser Sparformen mehr als 100 % ergibt?

4 Es gibt verschiedene Möglichkeiten sein Geld anzulegen. Für seine Geldanlage erhält der Sparer von der Bank Zinsen. Diese sind je nach Anlageform unterschiedlich hoch.

a) Erkundige dich bei deiner Bank, welchen Zinssatz sie für ein Sparbuch mit gesetzlicher Kündigungsfrist momentan gewährt.
b) @ Was bedeutet *gesetzliche Kündigungsfrist*? Erkundige dich bei einer Bank oder im Internet.
c) Es gibt auch Sparbuchanlagen mit 12- bzw. 24-monatiger Kündigungsfrist. Hierbei zahlt die Bank einen etwas höheren Zinssatz als bei gesetzlicher Kündigungsfrist. Weshalb bieten die Banken hierfür mehr Zinsen?
d) Manche Banken oder Sparkassen bieten Jugendlichen für Geldanlagen höhere Zinsen an als Erwachsenen. Weshalb könnte das so sein?

5 Es gibt neben dem Sparbuch noch andere Möglichkeiten, Geld anzulegen, z. B.:
- Zuwachssparen
- flexibles Prämiensparen, Ratensparen oder Bonussparen
- Juniorsparen
- Festgeldanlage/Tagesgeldkonto
- Bausparen
- Fondsparen

a) @ Erkundigt euch genauer über diese Anlageformen.
b) Wählt zwei Anlageformen aus und erkundigt euch bei einer örtlichen Bank nach den aktuellen Zinssätzen und Anlagezeiten.
c) Wenn du bei einem Preisausschreiben 5000 € gewinnen würdest, mit welcher Anlageform würdest du dieses Geld anlegen? Weshalb?

6 Viele Jugendliche haben ein eigenes Girokonto. Ein solches Konto ist in der Regel für Schüler, Studenten und Auszubildende kostenlos.
a) Erkundigt euch bei einer Bank oder einer Sparkasse, zu welchen Bedingungen dort ein Jugendgirokonto angeboten wird.
b) Lasst euch die Kosten für ein Erwachsenengirokonto mitteilen und vergleicht mit denen eines Jugendgirokontos. Gibt es auch Unterschiede zwischen den verschiedenen Banken?

7 Von einem Girokonto kann Geld abgehoben, aber auch bargeldlos bezahlt werden:
- Bezahlung mit der BankCard
- Überweisung
- Dauerauftrag
- Lastschrift
- Bar- oder Verrechnungsscheck

In welchen konkreten Fällen könnten die einzelnen Zahlungsarten sinnvoll sein? Überlegt jeweils zwei Beispiele.

Girokonto für Jugendliche	
Kontoführung	gratis
BankCard	gratis
Ein- und Auszahlungen	gratis
Überweisungen	gratis
Daueraufträge	gratis
Kontoauszug am Auszugsdrucker	gratis
Homebanking	möglich
Guthabenverzinsung	ja
Handy-Aufladeservice per Telefon	ja
BANKCLUB	immer wieder Aktionen

3 Zinsrechnen

Viele Menschen träumen davon, ein eigenes Haus oder eine Eigentumswohnung zu besitzen. Doch ist die Erfüllung dieses Traumes mit hohen Kosten verbunden. Deshalb sparen diese Menschen zunächst einen höheren Betrag an. Das restliche Geld wird dann bei einer Bank oder bei einer Bausparkasse ausgeliehen. Sowohl beim Ansparen als auch beim Ausleihen von Geld spielt die Höhe der Zinsen eine Rolle.

➜ Wie viel Prozent Zinsen erhält man bei Banken für angelegtes Geld?
Wie viel Prozent Zinsen verlangen Banken für ausgeliehenes Geld?
Welcher Zinssatz ist wahrscheinlich höher? Was vermutest du?

➜ Erwachsene mit eigenem Einkommen dürfen bis zu einem bestimmten Betrag ihr Girokonto überziehen. Die Bank verlangt dafür Zinsen. Erkundige dich, wie viel Prozent die Bank verlangt.

➜ Jessica hat auf einem Konto genau 1000 €. Die Bank zahlt dafür 3 % Zinsen, das wären 30 €. Was vermutest du, wie lange muss Jessica ihre 1000 Euro auf der Bank lassen, um die 30 Euro Zinsen zu erhalten?

Aus dem lateinischen Wort „census" wurde das deutsche Wort „Zins". Man versteht heute darunter eine Leihgebühr für Geld.

Die **Zinsrechnung** ist eine besondere Anwendung der Prozentrechnung.
Beim Zinsrechnen sind jedoch andere Begriffe gebräuchlich.

Zinsrechnen		Prozentrechnen	
Kapital; Kredit	K	Grundwert	G
Zinsen	Z	Prozentwert	P
Zinssatz	p %	Prozentsatz	p %

Wenn nichts anderes angegeben ist, bezieht sich der Zinssatz immer auf 1 Jahr.

Weiter geht's

➜ Manuel hat 2000 € auf seinem Sparbuch angelegt. Er erhält eine 1%ige Verzinsung. Am Jahresende werden ihm von seiner Bank auf seinem Sparbuch 20 € gutgeschrieben. Ordne diese Werte den Zinsbegriffen Kapital, Zinsen, Zinssatz zu.

➜ Melanie hat auf ihrem Sparbuch 1500 €. Auch ihre Bank gewährt einen Zinssatz von 1 %. Am Jahresende bekommt sie 12 € Zinsen. Hatte sie ihre 1500 € genau ein Jahr, länger als ein Jahr oder kürzer als ein Jahr auf dem Sparkonto?

1 Berechne im Kopf die Zinsen.
a) 2% von 900€
b) 3% von 2500€
c) 12% von 4000€
d) 1,5% von 300€

2 Wie groß ist der Zinssatz?
a) 6€ von 300€
b) 80€ von 2000€
c) 660€ von 6000€
d) 6000€ von 120000€

3 Berechne das Kapital.
a) 3% sind 120€
b) 13% sind 390€
c) 2,5% sind 50€
d) 12,5% sind 6000€

4 Berechne die fehlenden Werte mit dem Dreisatz.

	K	p%	Z
a)	1725€	4%	■
b)	12600€	■	378€
c)	■	14%	476€
d)	25500€	6,5%	■
e)	890€	13,5%	■
f)	■	3,6%	1116€

5 Simon erhält zur Konfirmation insgesamt 850€, die er auf seinem neuen Sparbuch anlegt. Die Bank gewährt einen Zinssatz von 2,5%.
a) Wie viel Euro Zinsen bekommt er für sein Geld in einem Jahr?
b) Auf wie viel Euro ist das Geld nach einem Jahr angewachsen?

6 Herr Högerle kauft ein neues Auto. Seine Ersparnisse reichen nicht aus, deshalb nimmt er noch über 7000€ einen Kredit bei der Bank auf. Diese verlangt 5,5% Zinsen.
a) Wie viel Euro Zinsen muss Herr Högerle für ein Jahr bezahlen?
b) Herr Högerle zahlt nach einem Jahr seinen Kredit zurück. Wie viel muss er seiner Bank überweisen?

7 Berechne. Die richtigen Ergebnisse ergeben ein Lösungswort.
a) Guthaben: 960€, Zinssatz: 3%, Zinsen für ein Jahr?
b) Zinsen für ein Jahr: 45€, Zinssatz: 9%, Kapital?
c) Frau Weiß nimmt bei ihrer Bank einen Kredit auf. Bei 7%iger Verzinsung zahlt sie 665€ Zinsen im Jahr.
d) Christian zahlt am Weltspartag 300€ auf ein Sparbuch ein. Dafür erhält er 3,5% Zinsen.
e) Kredit: 12000€, Zinsen für ein Jahr: 900€, Zinssatz?
f) Für einen Kredit in Höhe von 14000€ fallen 1050€ Zinsen an.
g) Eine Geldanlage bringt bei 6%iger Verzinsung 120€ Zinsen p.a.

10,50€	a
500€	e
2000€	o
7,5%	n
28,80€	p
9500€	r

Die Angabe „p.a." bedeutet „per anno" und heißt übersetzt „pro Jahr".

8 Für ein Kapital bekommt Herr Römer 80€ Jahreszinsen. Wie viel Euro Zinsen würde er erhalten
a) für doppelt so viel Kapital?
b) für das gleiche Kapital bei doppelt so hohem Zinssatz?
c) für das gleiche Kapital bei der Hälfte des Zinssatzes?
d) für dreimal so viel Kapital und bei doppelt so hohem Zinssatz?
e) für das halbe Kapital bei doppeltem Zinssatz?
f) Prüfe deine Ergebnisse von Teilaufgabe a) bis e), indem du davon ausgehst, dass Herr Römer 4000€ angelegt hat.

9 Familie Bethke braucht für die Hausrenovierung einen Kredit in Höhe von 12000€. Sie lassen sich von zwei Banken ein Angebot machen.

Bank A: Zinssatz 6,5%, Bearbeitungsgebühr für den Kreditvertrag: 120€

Bank B: Zinssatz 6,2%, Bearbeitungsgebühr: 1,2 % von der Kreditsumme

Zu welcher Bank sollen sie gehen?

10 Mike legt 1600 € als Festgeldanlage für 4 Monate an. Der Zinssatz beträgt 3 %.
a) Wie viel Zinsen würde er bekommen, wenn er sein Geld 1 Jahr anlegen würde?
b) Was meinst du, wie viel Euro Zinsen wird Mike für die 4 Monate erhalten?

Monatszinsen, Tageszinsen

Ist die Verzinsungszeit kürzer als ein Jahr, werden die Zinsen in zwei Schritten berechnet. Zuerst berechnet man die Jahreszinsen, dann die Zinsen für die angegebene Zeit.

Beispiel: 2400 € werden zu 4,5 % für 70 Tage angelegt.

1. Schritt: Berechnung der Jahreszinsen

$$100\,\% \text{ —— } 2400\,€$$
$$1\,\% \text{ —— } \frac{2400}{100}\,€$$
$$4{,}5\,\% \text{ —— } \frac{2400 \cdot 4{,}5}{100}\,€ = 108\,€$$

2. Schritt: Berechnung der Tageszinsen

$$360 \text{ Tage —— } 108\,€$$
$$1 \text{ Tag —— } \frac{108}{360}\,€$$
$$70 \text{ Tage —— } \frac{108 \cdot 70}{360}\,€ = 21\,€$$

Beim Zinsrechnen gilt: 1 Monat = 30 Tage
1 Jahr = 12 Monate = 360 Tage

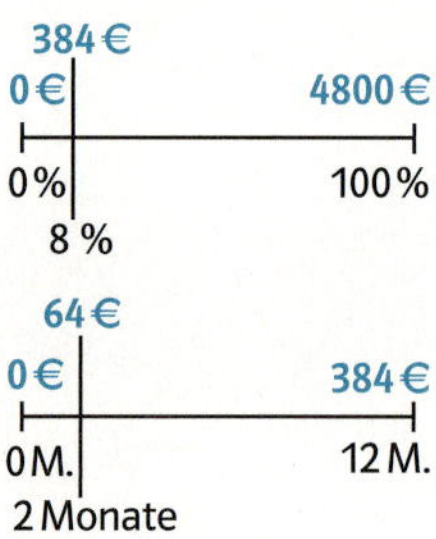

11 Berechne zuerst die Jahreszinsen, dann die Zinsen für die angegebene Zeit.
a) 4800 € zu 8 % für 2 Monate
b) 4000 € zu 7 % für 9 Monate
c) 1910 € zu 2,4 % für 10 Monate

12 Berechne die Zinsen.
a) 1800 € zu 6 % für 200 Tage
b) 2100 € zu 12 % für 52 Tage
c) 72 000 € zu 4,25 % für 110 Tage

13 Berechne die Zinsen.

	K	p %	Zeit
a)	8000 €	9 %	7 Monate
b)	10 800 €	12 %	$\frac{3}{4}$ Jahr
c)	3600 €	$2\frac{1}{4}$ %	140 Tage
d)	900 €	$\frac{1}{2}$ %	100 Tage

14 Herr Schneider hat im Lotto 18 000 € gewonnen. Mit diesem Geld will er sich ein neues Auto kaufen, das noch 4 Monate Lieferzeit hat. Deshalb legt er sein Geld für diese Zeit bei der Bank zu 2,5 % an.

a) Wie viel Zinsen bekommt er?
b) Wie viel Geld bekommt er nach den vier Monaten von der Bank ausbezahlt?

15 Frau Maier erhält eine Lebensversicherung in Höhe von 40 000 € ausbezahlt. Sie möchte ihr Geld anlegen. Ihre Bank macht ihr drei Vorschläge:

Anlageform A:	Sparbuch mit gesetzlicher Kündigungsfrist zu 1,0 %
Anlageform B:	mit 1-jähriger Kündigungsfrist zu 3,0 %
Anlageform C:	mit 2-jähriger Kündigungsfrist zu 3,5 %

a) Weshalb bietet die Bank bei 2-jähriger Kündigungsfrist einen höheren Zinssatz als bei 1-jähriger Kündigungsfrist? Überlegt Gründe.
b) Frau Maier wählt Anlageform B. Mit wie viel Euro Zinsen kann sie rechnen? Überlegt, weshalb sie vielleicht nicht die Anlageform C gewählt hat.
c) Frau Maiers Sohn meint: „Lege dein Geld doch nach Anlageform C an und vereinbare mit der Bank, dass sie dir monatlich die Zinsen ausbezahlt. Und diese monatlichen Zinsen gibst du mir dann als Taschengeld." Was meint ihr dazu?

16 Martina möchte gerne ihr monatliches Taschengeld durch Zinseinkünfte um 15 € aufbessern. Dazu braucht sie ein entsprechendes Kapital.
Was wird sie vielleicht überlegen? Wie könnte sie das erforderliche Kapital berechnen? Wie würdet ihr vorgehen?

17 Welches Kapital bringt
a) in $\frac{1}{2}$ Jahr 100 € Zinsen bei 4 %?
b) in 10 Tagen 36 € Zinsen bei 5 %?
c) in 75 Tagen 60 € Zinsen bei 6 %?
d) in 5 Monaten 425 € Zinsen bei 3 %?

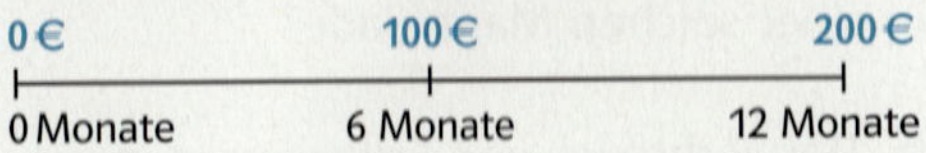

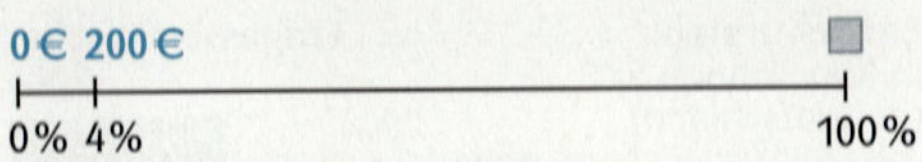

18 Herr Maute erzählt am Stammtisch, dass er einen Kredit zu 6,5 % aufgenommen hat. Monatlich zahlt er 225 € Zinsen. Wie viel Geld er bei der Bank geliehen hat, will er nicht verraten.

19 Berechne zuerst die Jahreszinsen und dann den Zinssatz.
a) K = 25 000 €; Z = 375 €; Zeit = 5 Monate
b) K = 7000 €; Z = 49 €; Zeit = 50 Tage
c) K = 70 000 €; Z = 700 €; Zeit = 125 Tage
d) K = 5400 €; Z = 405 €; Zeit = 18 Monate

20 Herr Hermann braucht dringend einen Kredit. In der Zeitung liest er dieses Inserat

> Sofortkredit 8000 €
> äußerst günstig
> nur 108 € Zinsen im Monat
> Tel. 0 12 34/5 67 89

Herr Hermann ist unschlüssig. Soll er anrufen oder lieber bei seiner Bank anfragen? Was würdet ihr empfehlen? Begründet eure Meinung.

21 100 Euro erbringen in 100 Tagen 100 Cent Zinsen. Wie hoch ist der Zinssatz?

Wenn das Kapital oder der Zinssatz gesucht ist, werden zuerst die Zinsen für 1 Jahr berechnet!

22 Susanne spart auf ein Notebook. Sie hofft auf einige Geldgeschenke anlässlich ihrer Konfirmation im Frühjahr.

In einem Prospekt findet Susanne das abgebildete Angebot. Sie überlegt, ob sie das Notebook jetzt schon kaufen oder über die Ratenzahlung finanzieren soll. Wie würdet ihr entscheiden? Begründet eure Meinung.

23 Familie Schmidt möchte eine Eigentumswohnung kaufen. Eine sehr schöne, große Wohnung mit Balkon Richtung Süden würde 260 000 € kosten. Familie Schmidt hat 74 000 € gespart. Eine Bank bietet ein Hypothekendarlehen zu 6,6 % an.
a) @ Erkundigt euch, was ein Hypothekendarlehen ist.
b) Wie hoch sind die Zinsen im ersten Monat?
c) Familie Schmidt hat ein Monatseinkommen von rund 2300 €. Könnte sie sich diese Eigentumswohnung leisten? Begründet eure Entscheidung. Denkt auch an die Tilgung des Darlehens.

Einblicke – Rückblicke

1 Berechne die fehlenden Werte. Vielleicht kannst du manche im Kopf lösen.

	Grundwert	Prozentsatz	Prozentwert
a)	180 €	20 %	
b)		30 %	105 m^2
c)	222 kg		88,8 kg
d)	250 g	45 %	
e)		12,5 %	4,50 m
f)	9800 €		7350 €

2 Deutschland hat eine Fläche von rund 357 000 km^2. Gib die einzelnen Flächengrößen in km^2 an.

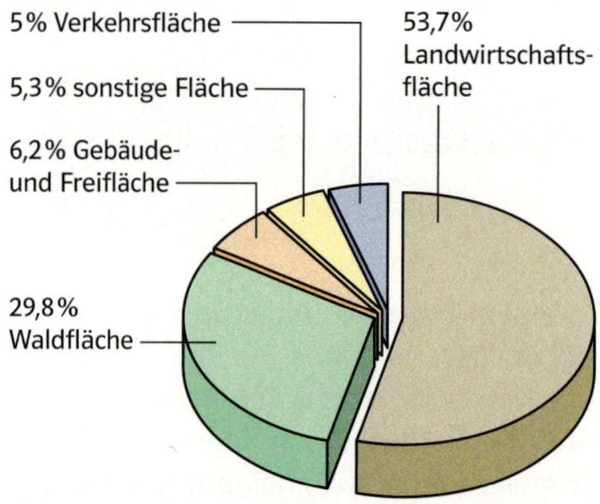

3 Auf der Müsliverpackung einer bestimmten Firma stehen unter anderem folgende Angaben: 700 g; Getreide insgesamt 67 %; Früchte getrocknet 13 %.

a) Wie viel Gramm Getreide, getrocknete Früchte und sonstige Zutaten sind in dieser Müslipackung enthalten?

b) Stelle die Zusammensetzung der Zutaten in einem geeigneten Diagramm dar. Vergleiche mit denen deiner Mitschüler.

c) In einer anderen Packung sind 1100 g enthalten, die Zusammensetzung ist die gleiche wie in der 700-g-Packung. Ändert sich dadurch dein Diagramm aus Aufgabe b)? Überlege, welche Diagrammarten sich ändern, welche nicht.

4 Auf dem Etikett eines Marmeladenglases steht unter anderem: „Hergestellt aus 45 g Früchten je 100 g. Gesamtzuckergehalt 62 g je 100 g."

a) Wie viel Prozent sind Früchte, wie viel Prozent Zucker ist enthalten? Die Summe der beiden Ergebnisse ist größer als 100 %. Erkläre den Grund.

b) Nach dem Rezept „Pfund auf Pfund" wird für 500 g Früchte gleich viel Zucker verwendet. Wie viel Prozent Früchte sind in einer solchen Marmelade?

5 Der Verbrauch von Erdgas wird in Steinkohleeinheiten (SKE) gemessen.

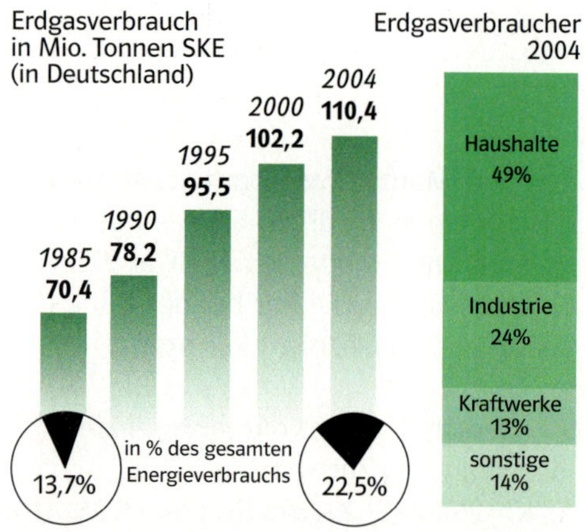

a) @ Erkundige dich über *Steinkohleeinheiten* im Internet. Suche nach Umrechnungsangaben zu Strom, Heizöl, Erdgas, Brennholz.

b) Lies aus der Grafik ab, wie viel Prozent des gesamten Energieverbrauchs 2004 durch Erdgas gedeckt wurde.

c) Berechne, um wie viel Prozent der Erdgasverbrauch vom Jahr 2000 bis zum Jahr 2004 zugenommen hat.

d) Wie viel Mio. Tonnen SKE verbrauchten Industrie und Kraftwerke im Jahr 2004 zusammen?

e) Stimmt die Aussage: „Der Erdgasverbrauch der deutschen Haushalte lag im Jahr 2004 bei mehr als 55 Mio. Tonnen SKE."?

6 Sonderangebote

a) Stimmen die abgedruckten Prozentsätze der Preisnachlässe oder täuscht der Anbieter seine Kundschaft?
b) @ Was bedeutet beim Käse zur Fettangabe die Abkürzung „i.Tr."?
c) Ein Hartkäse und ein streichfähiger Frischkäse werden mit 45 % Fett i.Tr. angeboten. Ist der tatsächliche Fettgehalt je 100 Gramm Käse bei beiden Sorten gleich viel? Überlege und erkundige dich.

7 Erstelle aus den Informationen des folgenden Textes jeweils ein übersichtliches Streifendiagramm zum Jahr 1950 und zu heute.

> In der Berufswelt hat sich in den vergangenen Jahren in Deutschland ein großer Wandel vollzogen. Im Jahr 1950 waren etwa 43 % aller Berufstätigen in der gewerblichen Produktion tätig. Heute arbeitet nur noch ein Viertel in diesem Berufsbereich. Viel extremer ist es in der Land- und Forstwirtschaft. Hier hat sich der Anteil der Beschäftigten von 25 % auf 3 % verringert. Mehr Menschen als je zuvor arbeiten heute im Dienstleistungsbereich. 72 % aller Erwerbstätigen produzieren keine Waren, sondern sie handeln und transportieren, reparieren, beraten und vermitteln, helfen, heilen und lehren. Im Jahr 1950 übten lediglich 32 % Dienstleistungsjobs aus.

8 Durch starke Regenfälle erhöht sich die Wassermenge eines Stausees um 20 %. In der folgenden Schönwetterperiode verringert sich die Wassermenge um 20 %. Ist jetzt wieder gleich viel Wasser im See als vor den Regenfällen?

9 Jasmin ist auf Einkaufsbummel. Sie entdeckt eine interessante Wühltruhe und denkt: „Zuerst um 50 % reduziert und jetzt nochmals um 50 % billiger, dann bekomme ich ja alles umsonst." Hat Jasmin mit ihrer Überlegung Recht? Begründe deine Antwort.

10 Herr Erdogan hat sein Guthaben in Höhe von 15 000 € bei seiner Bank zu einem Zinssatz von 4,5 % fest angelegt. Über welchen Betrag kann er nach 3 Monaten verfügen?

11 Familie Weiß überzieht ihr Girokonto für einen Monat um 2500 € zu einem Zinssatz von 12 %.
Welchen Betrag muss Familie Weiß nach einem Monat aufbringen, damit das Konto wieder ausgeglichen ist?

12 Der Kontostand eines Sparbuches beträgt zu Jahresbeginn 8500 €. Ein Jahr später lässt der Inhaber sein Sparbuch aktualisieren. Nun sind daraus 8606,25 € geworden.
a) Welchen Zinssatz hat der Sparer erhalten?
b) Welchen Kontostand hätte der Sparer bei gleich bleibendem Zinssatz ein weiteres Jahr später?
c) Mithilfe der Tabellenkalkulation lässt sich die Kontoentwicklung über mehrere Jahre schnell errechnen und darstellen.

13 Berechne die fehlenden Werte.

	K	p %	Z	Zeit
a)	□	7,5 %	837,50 €	5 Monate
b)	7 200 €	□	561 €	11 Monate
c)	4 380 €	2,8 %	□	7 Monate
d)	16 800 €	10,5 %	289,10 €	□
e)	78 000 €	7,5 %	□	70 Tage
f)	945 €	□	13,02 €	155 Tage
g)	□	6,6 %	1 344,31 €	110 Tage
h)	96 000 €	8,8 %	1 760 €	□

14 Ayleen und Lena träumen von ihrer Zukunft. Ayleen meint: „Das wär' doch was, wenn wir jeden Monat 2500 € Zinsen bekommen würden, dann bräuchten wir später gar nicht arbeiten gehen." „Meinst du, das wäre möglich? Dann bräuchten wir aber sehr viel Geld zum Anlegen", vermutet Lena.
Versucht mit unterschiedlichem Kapital und verschiedenen Zinssätzen Lösungen zu finden.

15 Der bekannte Rennfahrer Michael Schumacher erhielt in einem Jahr rund 35 Millionen Euro Gehalt. Dazu kamen große Einnahmen aus Werbeverträgen. Hätte Michael Schumacher sein Jahresgehalt bei einer Bank zu 4,5% angelegt, hätte er allein von den Zinsen in Saus und Braus leben können.

a) Wie hoch wären seine Jahreszinsen gewesen? Vergleiche diese Zinsen mit dem Einkommen, das ein Arbeiter in seinem gesamten Berufsleben in etwa verdient.
b) Wie viel Zinsen hätte er an einem Tag, in einer Stunde oder sogar in einer Minute bekommen?
c) @ Michael Schumacher hätte sein Jahresgehalt auch auf ein Sparbuch einzahlen können, dort hätte er allerdings nur etwa 1% Zinsen bekommen. Wie viel Euro Zinsen wären das dann in einem Monat? Vergleiche diese Monatszinsen mit dem Monatsgehalt des Bundeskanzlers bzw. der Bundeskanzlerin.

16 Dennis leiht seinem Freund Marc 5 € aus. Nach 10 Tagen verlangt er 5,50 € einschließlich Zinsen zurück. Marc äußerst sich entrüstet: „Das ist ja ein Wucherzinssatz, 20% hätten doch auch gereicht."
Was meinst du dazu?

17 Bei der Computerfirma Compwave gehen oft Anfragen nach Hardware und Software ein. Um rasch Angebote unterbreiten zu können, erstellt die Firma diese mithilfe eines Tabellenkalkulationsprogramms.

E11 ▼ fx

	A	B	C	D
6				
7	Menge	Ware	Einzelpreis	Gesamtpreis
8	4	Drucker	74,79 €	299,16 €
9	4	Kabel	4,90 €	19,60 €
10				318,76 €
11		−12%	Schulrabatt	38,25 €
12				280,51 €
13		+19%	MwSt.	53,30 €
14				333,81 €
15		−2%	Skonto	6,68 €
16			Endpreis	327,13 €

a) Erstelle mit diesen Angaben ein geeignetes Tabellenkalkulationsblatt.
b) Ändere die Menge der Drucker und beobachte den Endpreis. Teste mit weiteren Zahlenänderungen.
c) Erstelle ein Angebot für die
- Schillerschule: 4 Computer zu je 569,00 €, Software 192,00 €, 10% Schulrabatt, + MwSt., 2% Skonto
- Goetheschule: 6 Computer zu je 559,00 €, 2 Drucker zu je 69,00 €, 15% Schulrabatt, + MwSt.
- Lessingschule: 16 Computer zu je 542,50 €, 1 Drucker zu 157,59 €, 12% Schulrabatt, + MwSt., 3% Skonto
- Mörikeschule: 2 Drucker zu je 49,00 €, Druckerkabel 4,95 €, + MwSt.
- Hölderlinschule: 8 Notebooks zu je 630,00 €, 1 Drucker zu 108,60 €, Software zu 149,00 €, 8% Schulrabatt, + MwSt., 2% Skonto

Leicht
Jede Aufgabe: 2 Punkte

1 Löse im Kopf.
a) 6 % von 700 €
b) 25 % von 180 km

2 Ein Fernsehgerät ist mit 789 € ausgezeichnet. Familie Köhler erhält bei Barzahlung 3 % Skonto.

3 Welche Aussage stimmt?
a) Fast die Hälfte aller Wohnungen in Deutschland wird mit Gas beheizt.
b) In 75 von 1000 Neubauwohnungen wird mit Gas geheizt.

Anteil der Energieträger an der Wohnungsbeheizung in Prozent

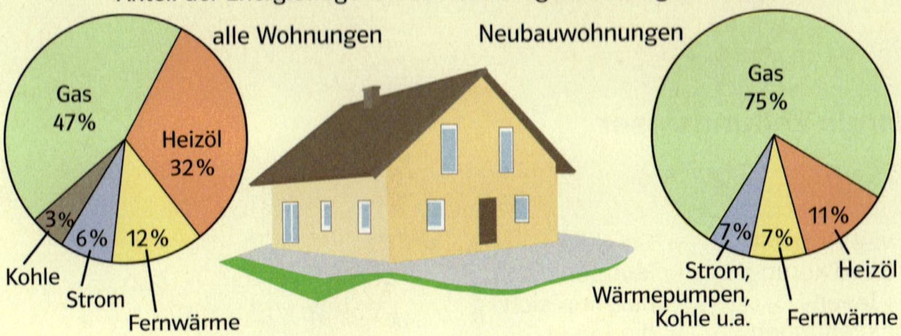

4 Wie viel Zinsen bekommt man bei 2,5 % für 3000 € in einem halben Jahr?

5 Herr Ammann hat bei seiner Bank 14 000 € angelegt. In einem Monat bekommt er 52,50 € Zinsen. Berechne den Zinssatz.

Mittel
Jede Aufgabe: 3 Punkte

1 Berechne den Prozentsatz im Kopf.
a) 45 € von 60 €
b) 9 km von 300 km

2 Ein Paar Schuhe kosteten ursprünglich 79 €. Zuerst wurde der Preis um 20 %, später nochmals um 10 % gesenkt.

3 Welche Aussagen stimmen?
a) Etwa jede dritte Wohnung wird mit Heizöl beheizt.
b) Nur in jedem neunten Neubau sorgt Öl für Wärme.
c) In rund 200 von 800 Wohnungen wird nicht mit Gas geheizt.

4 Herr Klaiber überzieht sein Girokonto um 2400 € für 12 Tage. Der Zinssatz beträgt 12,5 %.

5 In der Zeitung wird geworben:

Sofortkredit bis 20 000 € nur 2 % Zinsen im Monat.

Herr Goldschmidt fragt bei seiner Sparkasse nach. Dort werden ihm 9 % angeboten. Vergleiche.

Schwierig
Jede Aufgabe: 4 Punkte

1 Berechne den Grundwert im Kopf.
a) 64 € entsprechen 40 %
b) 0,5 % entsprechen 37 km

2 In einem Katalog sind die Preise ohne Mehrwertsteuer angegeben. Die Sekretärin bestellt 5 Pakete Kopierfolie zu je 6,80 €, 2 Farbpatronen zu je 14,85 €. Porto und Verpackung kostet 3,30 €.

3 In Deutschland gibt es rund 39 Millionen Wohnungen. Welche Aussagen stimmen? Entnimm dazu auch Angaben aus dem Schaubild links.
a) Etwa 12 Mio. Wohnungen werden mit Heizöl beheizt.
b) Mit Kohle werden etwas mehr als 1 Mio. Wohnungen beheizt.

4 Frau Olma hat ihr Girokonto 20 Tage überzogen. Bei einem Zinssatz von 13,2 % muss sie 13,20 € Zinsen bezahlen. Um wie viel Euro hat sie ihr Konto überzogen?

5 Eine Firma braucht einen Kredit in Höhe von 210 000 € für ein halbes Jahr. Bei zwei Banken holt sie ein Angebot ein.

Bank A: 6,2 % Zinsen plus 0,4 % Bearbeitungsgebühr aus der Kreditsumme
Bank B: 6,4 % Zinsen plus 800 € Bearbeitungsgebühr

Die Firma wählt das günstigere Angebot. Wie viel Euro muss sie dieser Bank zurückzahlen?

Die Lösungen zum Test findest du auf Seite 152.

Weltweit werden täglich 395 Millionen Tageszeitungen verkauft. Davon gehen die meisten nach China mit seinen 1,3 Milliarden Einwohnern. Die Deutschen (82,5 Millionen Einwohner) liegen mit 22 Millionen an fünfter Stelle der Zeitungsleser.

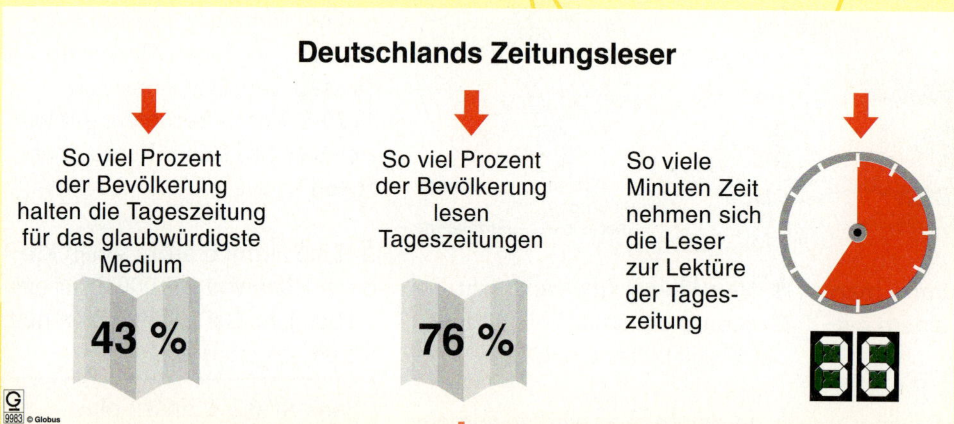

Obwohl nur 43 % der deutschen Bevölkerung die Tageszeitung für das glaubwürdigste Medium halten, lesen trotzdem rund 76 Prozent täglich eine Tageszeitung, und zwar durchschnittlich etwa 36 Minuten lang.

4 Daten

Was hat die Zeitung mit Mathematik zu tun?

Rund $\frac{3}{4}$ der deutschen Bevölkerung liest jeden Tag Zeitung. Informiert wird über die aktuellen Ereignisse in Politik, Wirtschaft, Sport und anderen Bereichen. Damit trägt die Zeitung wesentlich zur Meinungsbildung bei.
Neben den Texten spielen auch Schaubilder, Fotografien und Karikaturen eine wichtige Rolle. Manchmal lohnt es sich, Zahlenangaben zu überprüfen oder Schaubilder genauer anzusehen.
Zeitungsartikel können Ausgangspunkt für Fragestellungen sein, zu denen man sich gelegentlich weitere Informationen und Daten beschaffen muss.

Schnellfahrer
Fuhr vor einigen Jahren noch jeder zehnte Autofahrer zu schnell, so ist es mittlerweile heute „nur noch" jeder fünfte. Doch auch fünf Prozent sind zu viele, und so wird weiterhin kontrolliert, und die Schnellfahrer haben zu zahlen.

Kann das stimmen?

Ausblick

In diesem Kapitel findest du:
- Umgang mit Daten: ermitteln, auswerten, darstellen
- Relative Häufigkeit
- Datenbearbeitung mit dem Computer

1 Daten ermitteln und darstellen

Viele Medien wie Fernsehen, Internet und verschiedene Druckerzeugnisse stehen uns zur Verfügung. So vielfältig wie das Angebot und die Nutzung dieser Medien sind, so vielfältig sind auch die Untersuchungen dazu.

➜ Nennt verschiedene Medien. Informiert euch über aktuelle Datenerhebungen zur Nutzung dieser Medien.

➜ Jugendliche einer 8. Klasse haben ihr eigenes Medien-Verhalten untersucht. Beschreibt, wie sie vorgegangen sein könnten.

Urliste zur Befragung Klasse 8 a

Name (verschlüsselt)	Mädchen	Junge	Fernsehzeit pro Woche in Stunden	Musik hören pro Woche in Stunden	PC-Nutzung pro Woche in Stunden	Lesezeit pro Woche in Stunden
007		X	10	0	6	1
Blondi	X		12	18	4	4
Cäsar		X	7	8	13	1
Donald		X	12	10	1	0
Frankenstein		X	6	24	10	1
Gummibär	X		14	10	3	3
Harry Potter		X	7	24	15	2
Keiner	X		12	20	2	3
Lila Kuh	X		10	20	3	4
Minnie Maus	X		20	20	1	0
Moorhuhn	X		28	16	1	0
Niemand		X	3	0	2	1
Pink Panther		X	5	0	1	0
Schoko-Prinz		X	0	35	35	2
Schneewittchen	X		4	3	5	0
Slatko		X	25	5	30	3
Speedy		X	18	30	10	2
Spongebob		X	28	1	20	3
Ü-Ei	X		5	4	1	0
Wüstenratte	X		4	10	3	0
XYZ	X		9	4	4	1

Fragebogen

Name (verschlüsselt): ______________

Junge: ☐ Mädchen: ☐ Alter: ____

1. Wie viele Stunden hast du in der letzten Woche fern gesehen?
   Antwort: _____ Stunden
2. Wie viele Stunden hast du in der letzten Woche Musik gehört?

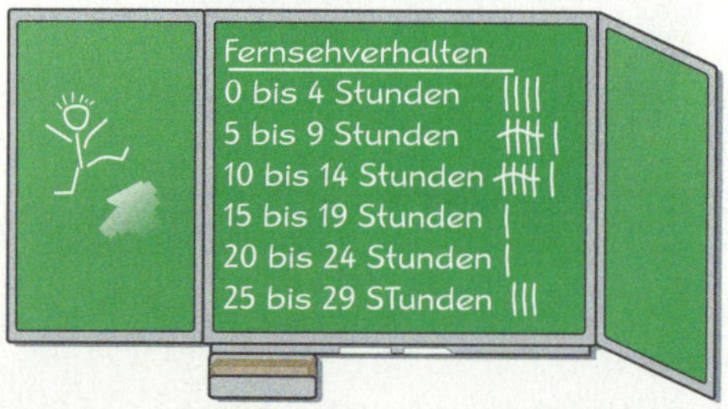

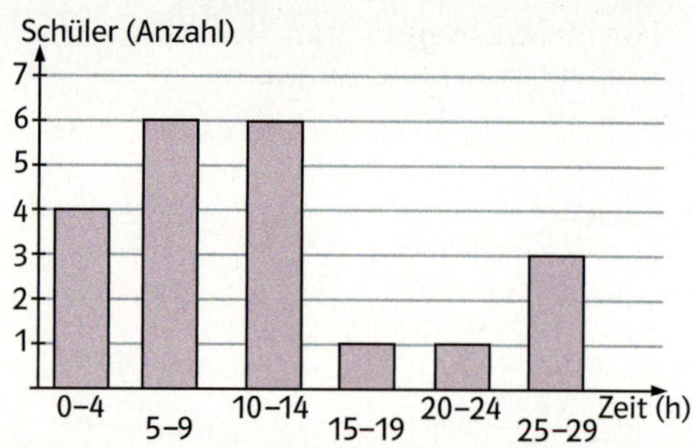

➜ Erstellt einen Fragebogen zur Medien-Nutzung in eurer Klasse und führt eine ähnliche Untersuchung durch. Wertet eure Untersuchung aus. Veranschaulicht die Ergebnisse mithilfe von Diagrammen.

➜ Vergleicht eure Ergebnisse mit denen der abgebildeten Untersuchung.

Daten werden mithilfe von Fragebögen und Listen gesammelt und in Diagrammen veranschaulicht. Eine noch unsortierte Liste nennt man **Urliste**.

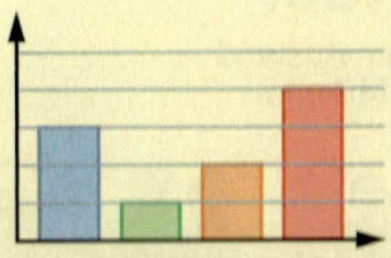
Säulendiagramm

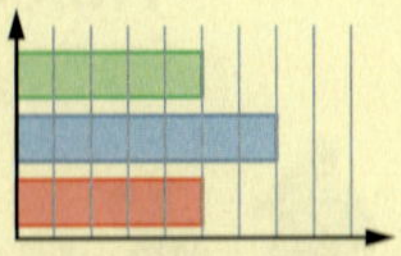
Balkendiagramm

Kreisdiagramm

Streifendiagramm

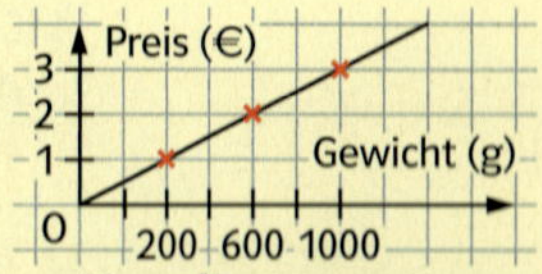

Koordinatensystem

Weiter geht's

→ Die Fragen eines Fragebogens sollten möglichst neutral formuliert werden und eindeutig beantwortbar sein. Bei unterschiedlicher Formulierung kann es vorkommen, dass ein und dieselbe Person unterschiedlich antwortet.

a) Welche Antwort erwartet ihr jeweils bei den abgebildeten Fragebögen?

b) Führt die Befragung mit beiden Fragebögen selbst durch. Bestätigt sich eure Vermutung?

Fragebogen 1
Kaugummi kauen im Unterricht sollte verboten sein.
ja ☐ nein ☐

Fragebogen 2
Kaugummi kauen im Unterricht sollte nicht erlaubt sein.
ja ☐ nein ☐

→ 600 Schülerinnen und Schüler äußerten sich bei einer Umfrage dazu, was sie morgens zum Frühstück trinken. Die Häufigkeiten wurden in der rechts abgebildeten Liste eingetragen:

Kakao	Milch	Saft	Tee	Kaffee	Sonst.
161	198	73	82	47	39

Stellt das Ergebnis mithilfe verschiedener Diagrammarten dar. Teilt die Arbeit sinnvoll untereinander auf. Welche Diagrammart bringt den Sachverhalt am anschaulichsten zum Ausdruck? Begründet eure Wahl.

→ Welche Darstellung würdet ihr wählen?

a) Lieblingssportarten der Schülerinnen und Schüler einer Schulklasse

b) Inhaltsstoffe eines Mixgetränkes

c) Zusammenhang zwischen Preis und Menge an Äpfeln

1 Führt eine Umfrage zum Thema Musik durch.
Geht dabei folgendermaßen vor:
- Formuliert Fragen zum Thema und erstellt einen Fragebogen. Denkt dabei auch daran, wie ihr die Fragen später auswerten könnt.
- Überlegt, wen ihr fragen wollt und wie viele Personen jeder fragen soll.
- Führt die Befragung durch.
- Wertet eure Befragung aus. Stellt eure Ergebnisse auf einem Plakat dar.
- Sucht in Zeitungen, Büchern und im Internet nach weiteren Informationen zum Thema und ergänzt gegebenenfalls eure Materialien.

Vergleicht eure Ergebnisse.

2 Führe jetzt allein eine Umfrage durch. Wähle dir dazu ein Thema, das dich besonders interessiert. Im Folgenden findest du einige Vorschläge:
- Lieblingstiere
- Hobbys/Sportarten
- Beliebte Unterrichtsfächer
- Taschengeld
- Lieblingsessen

a) Entwirf selbst einen Fragebogen und führe eine Umfrage durch. Werte deine Umfrage aus und stelle die Ergebnisse deinen Mitschülern dar.

b) Macht eine Ausstellung in der Klasse. Welche Umfrageergebnisse sind besonders gut gelungen? Welche Tipps könnt ihr euch gegenseitig geben?

3 a) Zu welchem Ergebnis soll der abgebildete Fragebogen wohl führen?

	ja	nein
1. Es kann schon mal sein, dass mein Kind das Haus ohne Frühstück verlässt.	☐	☐
2. Aus Zeitgründen gebe ich meinem Kind manchmal Geld mit, um sich etwas zum Frühstück zu kaufen.	☐	☐
3. Am Kiosk sollte es auch Vollwertkost zu günstigen Preisen geben.	☐	☐
4. An der Schule sollte es einen Kiosk geben.	☐	☐

Erinnere dich …

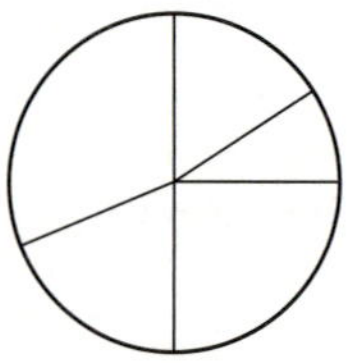

1% entspricht im Kreisdiagramm 3,6°.

b) Formuliert die ersten drei Fragen so um, dass sie zum entgegengesetzten Ergebnis führen könnten.
c) Erstellt einen neutralen Fragebogen zu dem Thema.

4 Das Schaubild veranschaulicht, welche Verkehrsmittel deutsche Urlauber benutzen.

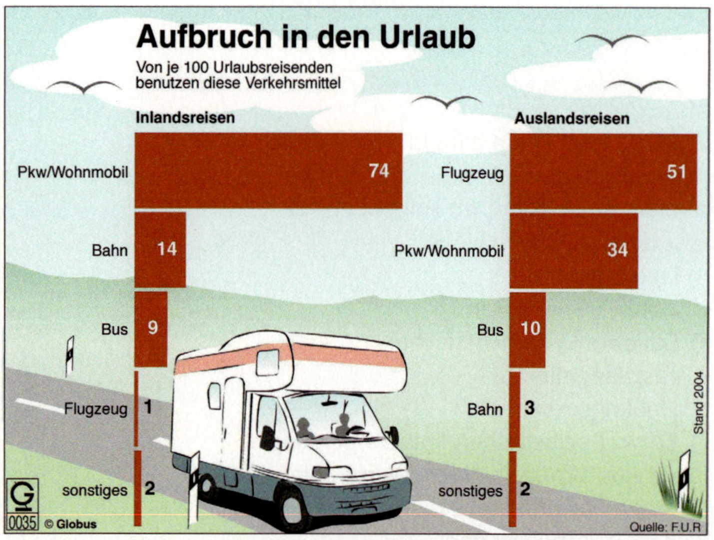

a) Zeichne zwei Kreisdiagramme.
b) Vergleicht die verschiedenen Darstellungen. Welche Vorteile hat das Balken-, welche das Kreisdiagramm?

5 a) Erkläre das Balkendiagramm.

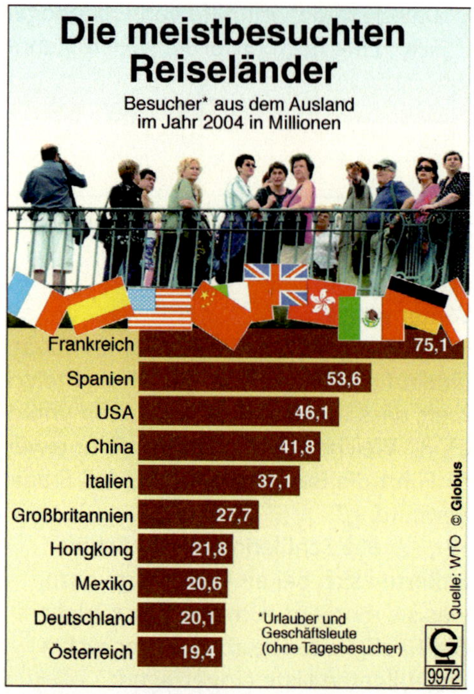

b) Finde mögliche Erklärungen für die verschiedenen Besucherzahlen.
c) Nimm Stellung zu den Aussagen:
A1: Spanien hatte doppelt so viele Besucher wie Großbritannien.
A2: Deutschland hatte 25% der Besucherzahlen von Frankreich.
Formuliere weitere Aussagen und prüfe.
d) Könnte man den gleichen Sachverhalt auch in einem Kreisdiagramm darstellen? Begründe.

6 Eine Untersuchung der *KidsVerbraucheranalyse 2005* ergab, dass Kinder im Alter zwischen 10 und 13 Jahren:

- sich so kleiden, wie es ihnen gefällt (79%),
- selbst über die Einrichtung ihres Zimmers bestimmen (79%)
- über ihr Taschengeld selbstständig verfügen (74%),
- Süßigkeiten kaufen, so viel sie mögen (51%),
- alleine Schnellrestaurants besuchen (45%),
- Lebensmittel für den Haushalt einkaufen (33%),
- alleine Sachen zum Anziehen kaufen (23%).

Stelle die Untersuchung in einem geeigneten Diagramm dar.

2 Relative Häufigkeit

Beim Sportfest haben die 8. Klassen einen Wettbewerb mit Torwandschießen durchgeführt.

Klasse	Schüsse	Treffer
8a	48	6
8b	50	8
8c	60	9
8d	56	7

→ Welche Klasse hat am besten abgeschnitten? Begründe!

Die **relative Häufigkeit** eignet sich gut zum Vergleich von Daten. Sie gibt den Anteil in Prozent an.

5 von 20 Kindern
$\frac{5}{20} = 0{,}25 = 25\,\%$

Weiter geht's

→ Bei den Bundesjugendspielen erhielten einige Schülerinnen und Schüler Ehrenurkunden:

Kl.	Schüler/ innen	Ehren- urkunde	Relative Häufigkeit
5	80	6	$\frac{6}{80} = 0{,}075 = 7{,}5\,\%$
6	75	8	
7	56	9	
8	68	7	

In welcher Klassenstufe ist der Anteil der Ehrenurkunden am höchsten?

→ Weltweit werden täglich 395 Millionen Tageszeitungen verkauft. In dem Schaubild werden die Stückmengen der größten Zeitungsmärkte dargestellt.
a) Berechne mithilfe der Angaben aus dem Schaubild die Anteile der Zeitungsleser der genannten Länder am gesamten Zeitungsmarkt.
b) Wurden bei der Darstellung alle Zeitungsleser erfasst? Erläutere, was du herausgefunden hast.

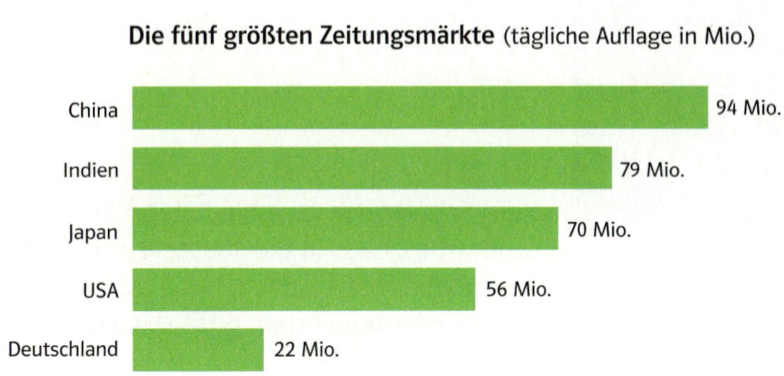

1 Bei einer Blutspendeaktion wurden die Blutspenden nach den vier Hauptblutgruppen notiert.

Blutgruppe	Anzahl der Spender
0	216
A	168
B	72
AB	24

a) Wie viele Personen spendeten insgesamt Blut?
b) Berechne die relativen Häufigkeiten für die einzelnen Blutgruppen.
c) Stimmt es, dass jeder 5. Blutspender dieser Aktion die Blutgruppe AB hatte?

2 Die Schülerinnen und Schüler mehrerer Hauptschulklassen wurden nach ihrer Lieblingssportart befragt. Die Nennungen wurden in einer Strichliste festgehalten.

Fußball 卌 卌 卌 卌 卌 II	*Tischtennis* 卌 I
Schwimmen 卌 卌 卌 III	*Volleyball* 卌 IIII

a) Berechne die relativen Häufigkeiten.
b) Zeichne ein Diagramm dazu.

3 Die Tabelle zeigt, wie weit entfernt die Schülerinnen und Schüler der Klassen 8 a und 8 b von der Schule wohnen.

Entfernung in km	8 a	8 b
0 bis 2	1	0
über 2 bis 4	4	7
über 4 bis 6	10	11
über 6 bis 8	8	9
über 8	3	3

Vergleiche die Anteile der Schülerinnen und Schüler der verschiedenen Klassen. Stimmt es, dass in der Klasse 8 a der Anteil der Jugendlichen, die 4 bis 6 km weit entfernt wohnen, größer ist als in der 8 b?

4 Die Schülerinnen und Schüler der oberen Klassen wollen zukünftig den Pausenverkauf an ihrer Schule selbst organisieren.
Bei den Planungen wird deshalb eine Umfrage nach dem Bedarf der einzelnen Backwaren bei den Schülerinnen und Schülern durchgeführt.

Backware	Anzahl der Nennungen
Brötchen (Weißbrot)	62
Roggenbrötchen	45
Mehrkornbrötchen	52
Brezeln	38
Pizzabrötchen	38
Keine Meinung, egal	15

a) Berechne die relativen Häufigkeiten für die einzelnen Backwaren.
b) Welche Diagrammarten sind für die Darstellung des Umfrageergebnisses geeignet?
c) Stelle das Ergebnis mithilfe eines Tabellenkalkulationsprogrammes dar. Wähle verschiedene Diagrammarten.

5 Die Zeugnisnoten in Mathematik der Jahrgangsstufe 8 verteilen sich wie folgt:

Klasse	Note					
	1	2	3	4	5	6
8 a	1	5	10	8	4	0
8 b	0	3	9	10	5	1
8 c	0	4	11	11	4	0
8 d	2	3	8	10	2	1

a) In welcher Klasse ist der Anteil der Note „ausreichend" am größten?
b) Wie viel Prozent der Jugendlichen haben in den einzelnen Klassen ein „befriedigend"?
c) Welche Klasse ist deiner Meinung nach besonders leistungsstark? Begründe.

3 Tabellenkalkulation

Die Deutschen sind ein Volk der Kaffeetrinker. Im Jahr 2004 war der Kaffee mit einem jährlichen Pro-Kopf-Verbrauch von 151,8 Litern der Spitzenreiter unter den Getränken. Platz zwei nahm Mineralwasser mit 129,1 Litern und Platz drei Bier mit 115,8 Litern ein.

→ Gebt die Ergebnisse der Untersuchung von 2004 mithilfe einer Tabellenkalkulation in den Computer ein. Lasst die relativen Häufigkeiten berechnen. Wie geht ihr vor?

→ Erstellt nun mithilfe der Tabellenkalkulation verschiedene Diagramme zum Getränkeverbrauch. Vergleicht: Welche sind geeignet, welche nicht?

→ Stellt für eure Klasse zusammen, welche Getränke und wie viel davon ihr an einem Tag trinkt.

→ Berechnet die relativen Häufigkeiten am Computer und erstellt ein Diagramm. Wie verändern sich die Ergebnisse, wenn ihr einzelne Werte verändert?

→ Vergleicht eure Ergebnisse mit denen der Untersuchung von 2004.

	A	B	C
1		Pro-Kopf-Verbrauch (l)	Relative Häufigkeit
2	Kaffee	151,8	=B2/B13
3	Mineralwasser	129,1	
4	Bier	115,8	
5	Erfrischungsgetränke	113,2	
6	Milch	91,8	
7	Kräuter-, Früchtetee	51,4	
8	Fruchtsäfte	40,3	
9	Schwarzer Tee	24,1	
10	Wein	20,1	
11	Spirituosen	5,8	
12	Sekt	3,8	
13	Summe	747,2	
14			
15			

!

Mithilfe einer **Tabellenkalkulation** können am Computer Daten verarbeitet und dargestellt werden. Die Werte können durch Verknüpfung von Zellen automatisch berechnet und leicht verändert werden.

Weiter geht's

→ In den Jahren 1987 und 2002 wurden 2515 Jugendliche im Alter von 12 bis 25 Jahren nach ihrer Meinung zur Frage „Was ist wichtig/richtig zum Glück?" gefragt. Dabei sollte auch gesagt werden, was ihnen bei der Lebensgestaltung besonders wichtig ist.

a) Übertrage die Tabelle in den Computer und berechne die relativen Häufigkeiten.

b) Stelle die Untersuchung für beide Jahre in einem einzigen Säulendiagramm dar.

Was ist wichtig/richtig fürs Glück?	1987	2002
Familienleben	2213	2138
Kreativität	2087	2087
Unabhängigkeit	1962	2012
Sicherheit	1735	1761
Fleiß und Ehrgeiz	1559	1911
Macht und Einfluss	679	880
Politik-Engagement	830	553
Althergebrachtes	377	503

c) Vergleiche: Welche Einstellungen haben sich in den Jahren verändert, welche sind gleich geblieben?

→ @ Informiert euch über weitere Jugendstudien. Sucht interessante Fragestellungen heraus und stellt sie mithilfe der Tabellenkalkulation dar.

1 Fast jeder zweite Jugendliche in Deutschland im Alter von 10 bis 13 Jahren besitzt ein Handy.
Erstelle mit einer Tabellenkalkulation ein Säulendiagramm mit den abgebildeten Daten.

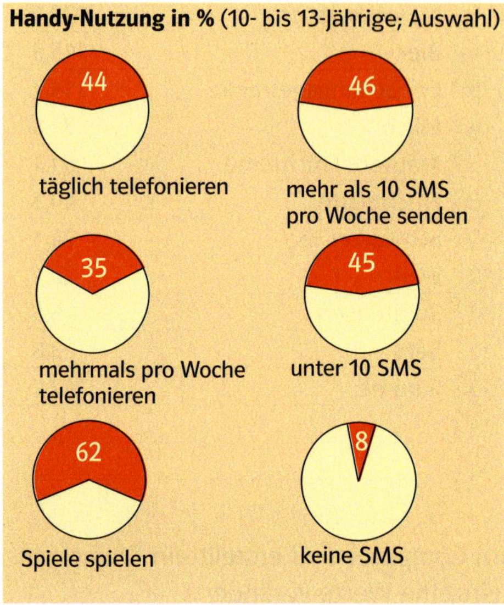

2 Jedes Jahr wächst die Zahl der Internet-Nutzer.

a) Deutschland hat ca. 82,5 Millionen Einwohner. Berechne mithilfe einer Tabellenkalkulation, wie viele Bundesbürger in den abgebildeten Jahren das Internet nutzten.
b) Stelle den Anstieg der Benutzerzahlen in einem Koordinatensystem dar.

3 Den Kindern und Jugendlichen im Alter von 6 bis 19 Jahren stehen in Deutschland rund 19 Milliarden Euro im Jahr zu Verfügung:
- regelmäßiges Netto-Gehalt (7,2 Mrd. €)
- Taschengeld (4,7 Mrd. €)
- Jobs, Nebentätigkeiten (2,6 Mrd. €)
- Geldgeschenke (2,4 Mrd. €)
- zusätzliches Geld von den Eltern (1,3 Mrd. €)
- sonstige Einnahmen (0,8 Mrd. €)

a) Gib die Werte in eine Tabellenkalkulation ein und lass die relativen Häufigkeiten berechnen.
b) Stelle die Einnahmen der Kinder und Jugendlichen in einem geeigneten Diagramm dar.

4 Nach einer Verbraucheranalyse stellen die Kinder und Jugendlichen im Alter von 6 bis 19 Jahren eine wichtige Zielgruppe dar. Für Deutschland gilt, dass sie folgende Ausgaben tätigen für:
- Kleidung, Mode (3,4 Mrd. €)
- Handy (2,5 Mrd. €)
- Weggehen, Disco, Kneipe (2,3 Mrd. €)
- Musik/Hörspielkassetten, CDs (1,1 Mrd. €)
- Getränke (1,1 Mrd. €)
- Eintrittskarten (1,1 Mrd. €)
- Fastfood (1,0 Mrd. €)
- Körperpflege, Kosmetik (1,0 Mrd. €)
- Computer(-software), Videogames (1,0 Mrd. €)
- Hobbys (0,9 Mrd. €)
- anderes (4,4 Mrd. €)

a) Gib die Werte in eine Tabellenkalkulation ein und lass die relativen Häufigkeiten berechnen.
b) Stelle die Ausgaben der Kinder und Jugendlichen in einem geeigneten Diagramm dar.

5 Vergleicht die Einnahmen der Kinder und Jugendlichen aus Aufgabe 3 mit den Ausgaben aus Aufgabe 4. Wie erklärt ihr euch das Ergebnis?

4 Diagramme lesen – aber richtig

Die Apfelsina GmbH wirbt für ihr neues Fruchtsaftgetränk *Fruchtissimo*, das dreimal so viel Vitamin C enthält wie der Vorgänger mit dem Namen *Calippo*.

→ Wie wird der Vitamingehalt der Getränke in der Werbegrafik dargestellt?
→ Was haltet ihr von der Werbegrafik der Apfelsina GmbH?

> Durch grafische Darstellungen können sehr unterschiedliche Eindrücke vermittelt werden, z. B. durch Veränderung der Größenverhältnisse oder durch Verschiebung des Koordinatenursprungs.

Weiter geht's

→ Das Milchmixgetränk B enthält doppelt so viel Milch wie das Milchmixgetränk A.
Die folgenden Schaubilder sollen den Milchanteil veranschaulichen.
Welche Schaubilder geben den Sachverhalt richtig wieder?

(1)

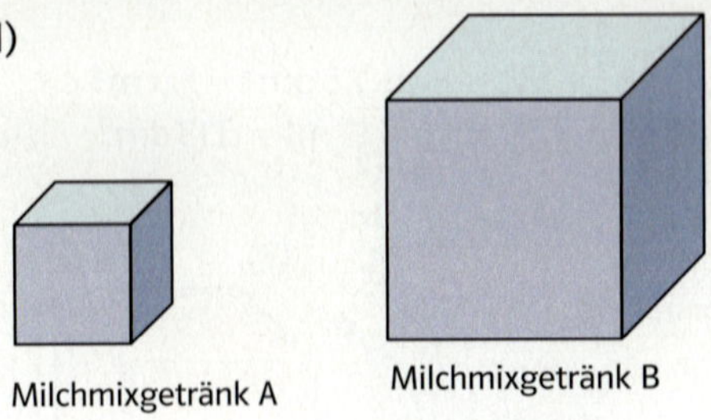

(2)

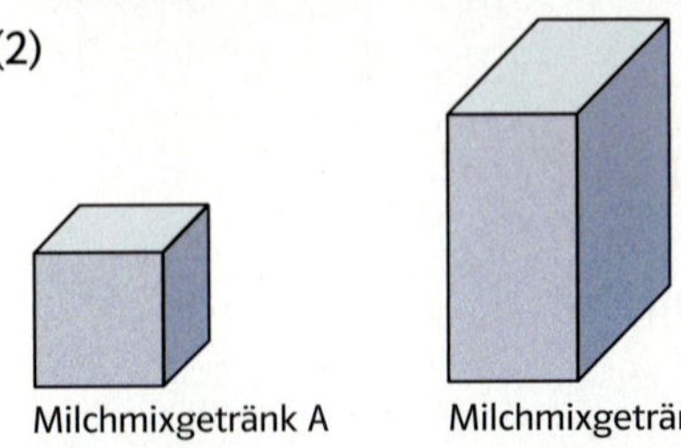

(3)

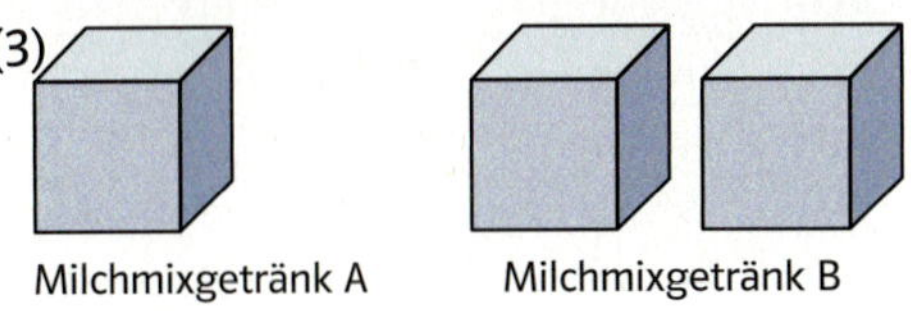

→ Ein Lebensmittelhersteller will seinen Jahresumsatz in einem Säulendiagramm veranschaulichen. Zwei Diagramme wurden angefertigt.

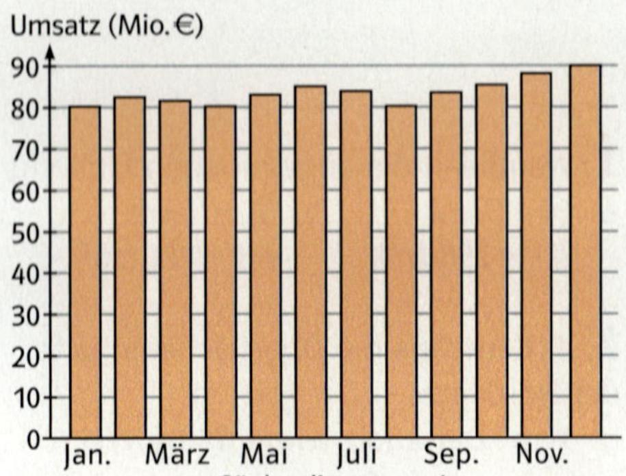

Säulendiagramm 1

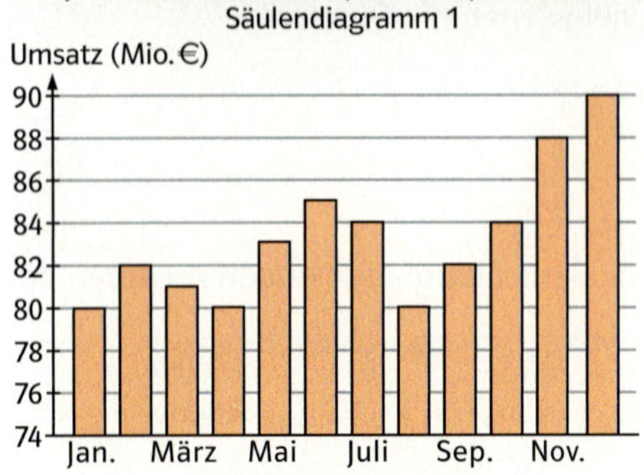

Säulendiagramm 2

Vergleicht die beiden Diagramme.
Welche Wirkung wird jeweils erzielt?

1 Ein Milchhof hat seinen Umsatz in fünf Jahren verdoppelt. Gibt das Schaubild links den Sachverhalt richtig wieder?

2 Zwei Fruchtsafthersteller stellten ihre Umsätze der letzten vier Jahre in Säulendiagrammen dar.
Welche Firma hatte die größere Umsatzsteigerung? Begründet eure Antworten.

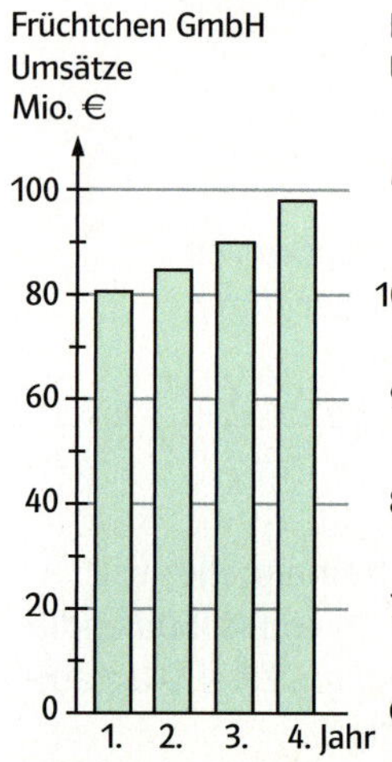

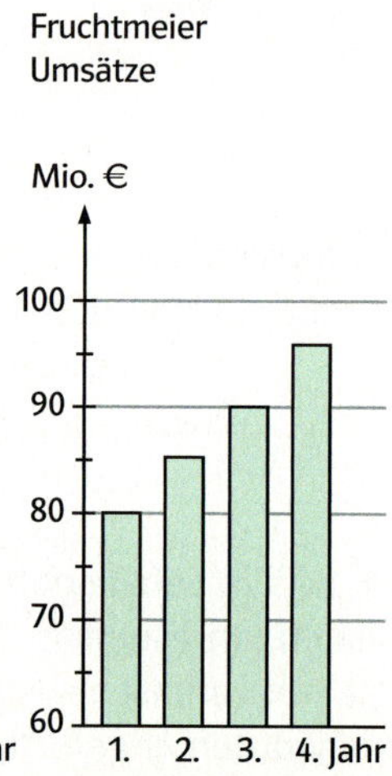

3 Sammelt Schaubilder, z. B. aus Zeitschriften oder aus dem Internet. Worum geht es jeweils? Stellt fest, wie der Sachverhalt dargestellt wurde. Präsentiert die Ergebnisse auf einem Plakat.

4 Die Tabelle zeigt die Verkaufszahlen von zwei Firmen im Vergleich.

Verkaufszahlen (Stück)		
	1. Jahr	2. Jahr
Firma A	50 700	101 400
Firma B	420 000	504 000

a) Welche Aussage stimmt?
A1: Der Verkauf von Firma A steigerte sich innerhalb eines Jahres um 100 %, der Verkauf von Firma B nur um 20 %.
A2: Der Zuwachs an Verkaufszahlen ist bei Firma B fast doppelt so groß wie bei Firma A.
b) Wer würde die erste, wer die zweite Aussage nutzen?

Trainingsmatte

1 Wandle in die angegebenen Einheiten um.

a) 6 l = ■ ml; ■ l = 2500 ml
b) 5 l = ■ cm^3; ■ l = 700 cm^3
c) 9,4 dm^3 = ■ l; ■ dm^3 = 871 ml
d) 7,5 dm^3 = ■ cm^3; ■ ml = 213 dm^3

2 a) Berechne die Oberflächeninhalte der Holzklötze.
b) 1 cm^3 Balsaholz wiegt 0,18 g. Wie viel wiegen die Quader?

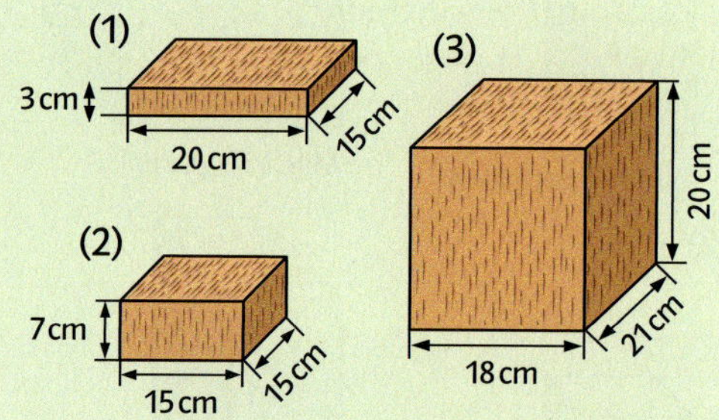

3 Berechne die fehlenden Angaben der Quader im Heft.

	Länge	Breite	Höhe	Rauminhalt
a)	4 cm	7,5 cm	6 cm	
b)	5 mm	8 mm		240 mm^3
c)		6 dm	9 dm	432 dm^3
d)	36 km		5 km	126 km^3

Die Lösungen zur Trainingsmatte findest du auf Seite 153.

Tour de France

Die *Tour de France* ist die wohl berühmteste Radrundfahrt der Welt. Sie gilt auch als das schwierigste und härteste Radrennen überhaupt.
Die Streckenführung durch Frankreich und das angrenzende Ausland wechselt jedes Jahr. Nach einem Eröffnungs-Zeitfahren folgen meist 20 Tages-Etappen. Eine davon ist die Strecke von *Gap* zur Skistation *L'Alpe d'Huez* mit ihrem berüchtigten Schlussanstieg auf das 1860 m hoch gelegene Ziel.

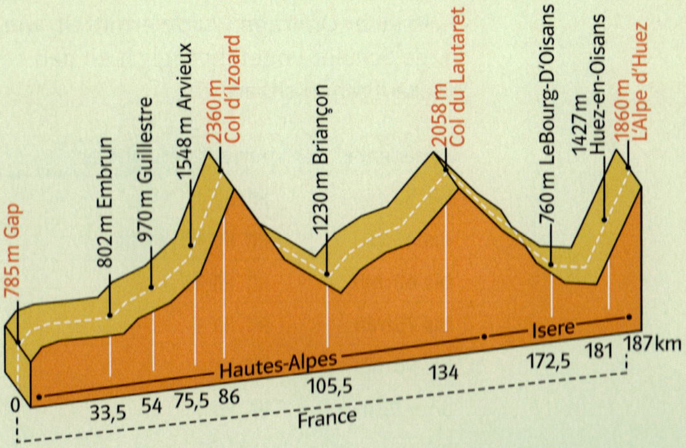

Jahr	Gesamtsieger der Tour de France	Sieger auf der Etappe nach L'Alpe d'Huez
1997	Jan Ulrich, D	Marco Pantani, I
1998	Marco Pantani, I	–
1999	Lance Armstrong, USA	Giuseppe Guerini, I
2000	Lance Armstrong, USA	–
2001	Lance Armstrong, USA	Lance Armstrong, USA
2002	Lance Armstrong, USA	–
2003	Lance Armstrong, USA	Iban Mayo, E
2004	Lance Armstrong, USA	Lance Armstrong, USA
2005	Lance Armstrong, USA	–

1 a) Wie lang ist die Etappe von Gap nach L'Alpe d'Huez?
b) Welches ist bei dieser Etappe der tiefste, welches der höchste Punkt?
c) Wie viele Höhenmeter haben die Fahrer beim Schlussanstieg zu erklimmen?

2 Welche der Aussagen stimmen?
A1: Wer auf der Etappe von Gap nach L'Alpe d'Huez den höchsten Punkt erreicht hat, ist am Ziel der Tour.
A2: Vor dem Schlussanstieg geht es fast 40 Kilometer bergab.
A3: Der Schlussanstieg ist länger als 6 Kilometer.
A4: Von 1997 bis 2006 gab es jedes Jahr eine Etappe, die nach L'Alpe d'Huez führte.
A5: In den Jahren 1997 bis 2005 hieß der Gesamtsieger in mehr als 77% dieser Rennen Lance Armstrong.

3 Im Jahr 2004 stand in einer Zeitung: „Wer in L'Alpe d'Huez gewinnt, ist mit großer Wahrscheinlichkeit auch der Gesamtsieger der Tour de France."
Was meinst du zu dieser Schlagzeile?

4 a) Schätze, wie lange der schnellste Fahrer für die Strecke zwischen Gap und L'Alpe d'Huez braucht. Mit welcher Durchschnittsgeschwindigkeit wäre er dann gefahren?
b) @ Erkundige dich, ob die Etappe nach L'Alpe d'Huez dieses oder in einem der letzten Jahre auf dem Tourenplan stand. Wer war der Sieger? In welcher Zeit ist er gefahren? Berechne seine Durchschnittsgeschwindigkeit und vergleiche mit deiner Schätzung.

Einblicke – Rückblicke

1 In einer Umfrage wurde ermittelt, wie lange Schüler ungefähr täglich an den Hausaufgaben sitzen.

Zeitangabe	Anzahl der Schüler
bis 30 min	𝍸 𝍸 ||
bis 45 min	𝍸 𝍸 𝍸 𝍸 |||
bis 60 min	𝍸 𝍸 𝍸 |
bis 75 min	𝍸 𝍸 ||
bis 90 min	𝍸 |
über 90 min	𝍸 𝍸 |

a) Wie viele Schüler wurden befragt?
b) Wie viele Schüler benötigten für die täglichen Hausaufgaben eine Stunde und weniger?
c) Veranschauliche die tägliche Hausaufgabenzeit in einem Säulendiagramm.

2 a) Worum geht es im Schaubild?

b) Welche Diagrammarten sind geeignet, um den Sachverhalt darzustellen, welche nicht? Begründet.
c) Zeichne ein geeignetes Diagramm. Stelle die Anteile von Frauen und Männern mit Einschlafproblemen in den verschiedenen Altersgruppen gegenüber.

3 a) Worum geht es in dem Schaubild?

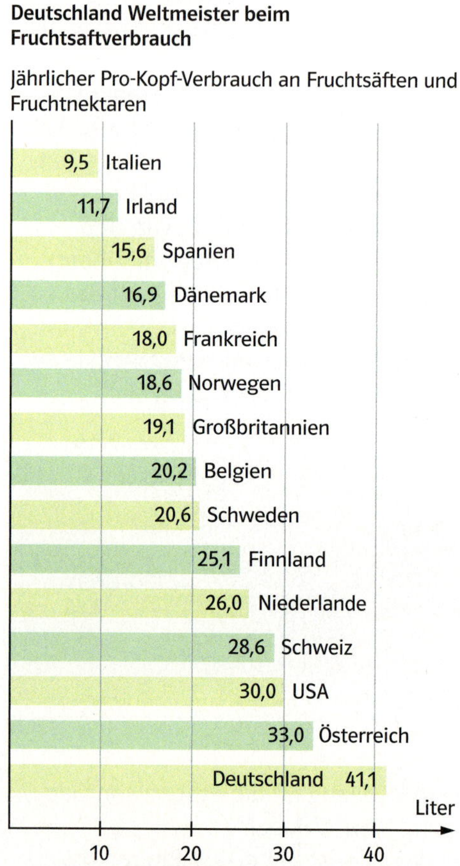

b) Überprüfe, ob folgende Aussagen wahr sind. Begründe.
- In Deutschland wird pro Person jährlich fast doppelt so viel Fruchtsaft getrunken wie in Schweden.
- Die Spanier trinken pro Person genau ein Drittel der Fruchtsaftmenge der Deutschen.
- In Österreich wird insgesamt mehr Fruchtsaft getrunken als in den USA.
- In Deutschland wird insgesamt am meisten Fruchtsaft getrunken.
- Der Pro-Kopf-Verbrauch in Österreich ist um $\frac{1}{10}$ höher als in den USA.

c) Formuliert weitere Aussagen zu dem Schaubild und überprüft gegenseitig ihre Richtigkeit. Begründet eure Antworten.

4 Die Mathematikleistungen einer Klasse wurden in einer Tabelle notiert.

Note	Jungen	Mädchen
sehr gut	1	1
gut	3	2
befriedigend	4	6
ausreichend	3	2
mangelhaft	2	1
ungenügend	0	0

a) Stelle die Häufigkeiten für Jungen und Mädchen dar.
b) Berechne die Gesamtanzahl für jede Note und erstelle ein Säulendiagramm für die ganze Klasse. Vergleiche.

5 a) Was kannst du aus dem Schaubild ablesen?

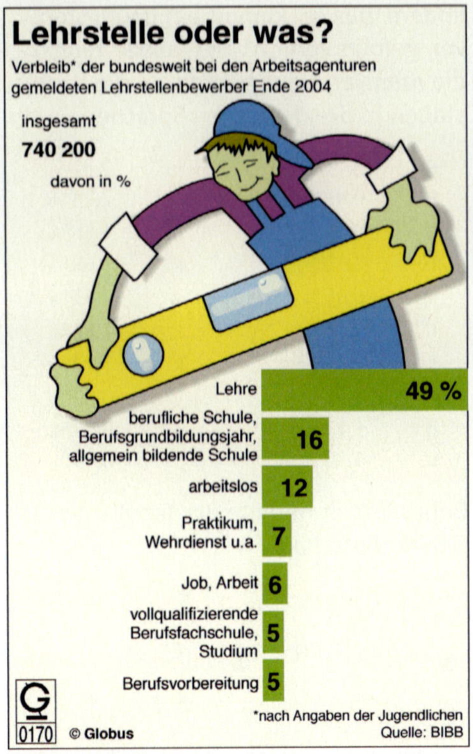

b) Zeichne mit den Daten aus dem abgebildeten Schaubild ein Kreisdiagramm. Vergleiche die Darstellungen.
c) Berechne, wie viele der Lehrstellenbewerber in die einzelnen Bereiche gingen.

6 a) Darf man das aufgrund der Zahlen aus dem Schaubild überhaupt behaupten: „Cola enthält nur rund halb so viel Koffein wie Kaffee."?

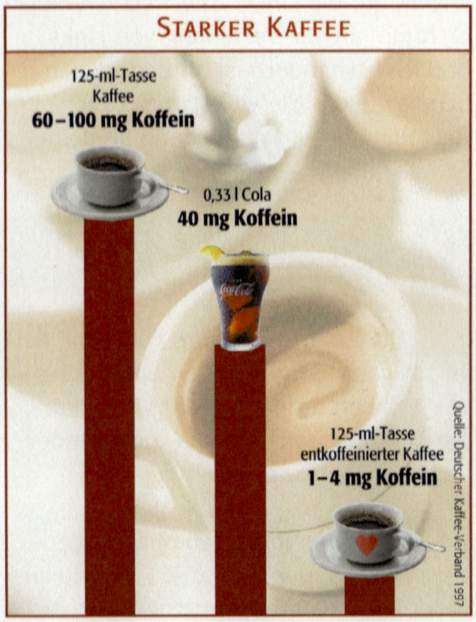

b) Überprüfe das Schaubild.
c) @ Finde heraus, was Koffein im Körper bewirkt.

7 Eine Fahrradkontrolle an drei Hauptschulen brachte folgendes Ergebnis.

Schule	Geprüfte Fahrräder	Beanstandete Fahrräder
Anne-Frank-HS	92	23
HS Neuhausen	85	17
Sonnenschein-HS	52	13

An welcher Schule ist der Anteil der beanstandeten Fahrräder am niedrigsten?

8 Vergleiche die relativen Häufigkeiten.
(A) 50 von 500 (B) 20 von 2500
(C) 70 von 2450 (D) 123 von 30750

9 Bei einer Verkehrskontrolle wurde festgestellt: 14 von 70 Autofahrern und 12 von 40 Mopedfahrern fuhren zu schnell. Vergleiche.

10 a) Wie viele Schülerinnen und Schüler aus deiner Klasse sind Linkshänder, wie viele Rechtshänder?
b) Wie viel Prozent der Klasse entfallen jeweils auf die Links- bzw. Rechtshänder?
c) Nimm an, die Verteilung von Links- und Rechtshändern ist an der ganzen Schule gleich. Wie viele Links- bzw. Rechthänder müsste es dann an deiner Schule geben?

11 In einer Buchhandlung wurden die Kunden gefragt, wie viele Bücher sie jährlich kaufen. Sagen die ermittelten relativen Häufigkeiten auch etwas über die Einwohner des gesamten Ortes aus, in dem sich die Buchhandlung befindet? Begründet.

12 Überlegt euch ähnliche Beispiele wie in den Aufgaben 10 und 11.

Geheime Botschaften — Knobeln

1 In eurer Umgebung könnt ihr viele verschlüsselte Botschaften entdecken, wie z. B. den Strichcode auf Verpackungen, Verkehrszeichen oder auch Länderflaggen. Nennt weitere.

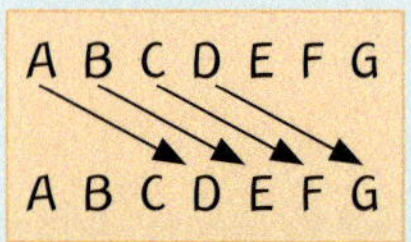

2 Manchmal werden auch Texte verschlüsselt. Der römische Kaiser Julius Cäsar (100–44 v. Chr.) verschlüsselte seine Botschaften dadurch, dass er jeden Buchstaben durch den drei Stellen weiter im Alphabet stehenden ersetzte. Schreibt euch gegenseitig eine so verschlüsselte Botschaft und entziffert sie.

3 Ähnlich geht es mit einer drehbaren Scheibe, die der Italiener Porta im 16. Jahrhundert erfand.
a) Überlegt gemeinsam, wie die Scheibe funktioniert.
b) Stellt selbst eine solche Scheibe her und verschlüsselt damit eine Botschaft.

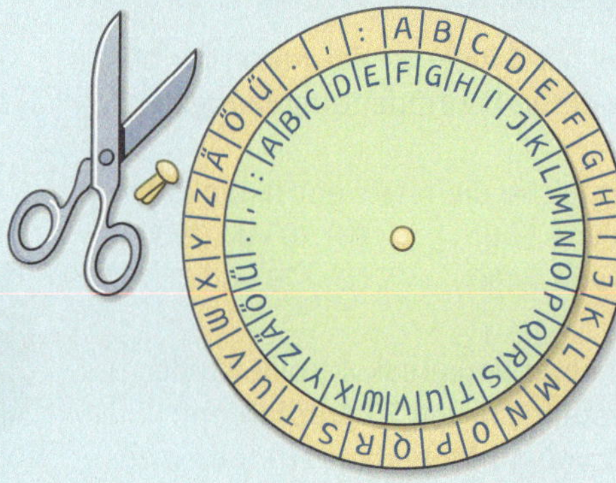

4 Wenn die Buchstaben nicht in alphabetischer Reihenfolge vertauscht wurden, hilft die Scheibe nicht weiter. Dann gibt es einen anderen Trick: Man weiß, dass manche Buchstaben in unserer Sprache häufiger vorkommen als andere. Das „e" kommt am häufigsten vor, gefolgt vom „n". Die Tabelle zeigt die relativen Häufigkeiten für die Buchstaben in der deutschen Sprache.

e	18,11 %	m	2,51 %
n	10,41 %	o	2,24 %
r	8,08 %	b	1,88 %
i	7,52 %	z	1,68 %
s	6,35 %	w	1,67 %
t	5,58 %	f	1,60 %
a	5,39 %	k	1,13 %
d	5,17 %	v	0,87 %
h	5,13 %	p	0,59 %
u	4,10 %	j	0,19 %

Entschlüsselt mithilfe der Tabelle die Geheimbotschaft.

Test

Leicht
Jede Aufgabe: 2 Punkte

1 So kommen die Schülerinnen und Schüler der Klasse 8a zur Schule:
- Bus/Bahn: 6
- Zu Fuß: 12
- Fahrrad: 4
- Auto (Eltern): 2

Zeichne ein Säulendiagramm.

2 Eine Verkehrskontrolle von 200 Fahrrädern ergab folgende Mängel:
- 68 Beleuchtungsmängel,
- 26 Mängel an der Bereifung,
- 14 sonstige Mängel,
- 92 ohne Mängel.

Gib die Ergebnisse in Prozent an.

3 Erstelle mit einer Tabellenkalkulation ein Schaubild zu den Daten aus Aufgabe 2.

4 Was stimmt hier nicht?

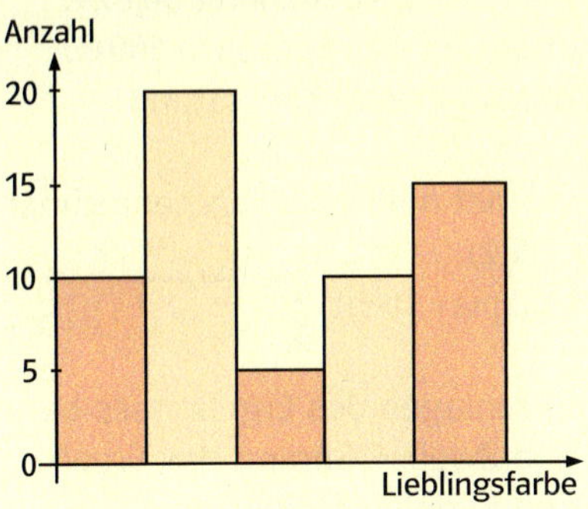

Mittel
Jede Aufgabe: 3 Punkte

1 Eine Verkehrszählung ergab folgende Strichliste:

Lkw	Pkw	Motorrad	Fahrrad	Sonst.
𝍸 III	𝍸 𝍸 𝍸 𝍸 𝍸 𝍸 𝍸 II	III	𝍸 𝍸 𝍸 II	II

Gib die Häufigkeiten in Zahlen an und zeichne ein Schaubild.

2 Am Schulkiosk werden an einem Tag verkauft:

Getränke	Anzahl
Milch	104
Kakao	173
Cola	112
Limo	98
Wasser	52

Berechne die relativen Häufigkeiten.

3 a) Erstelle mit einer Tabellenkalkulation ein Diagramm zu den Daten aus Aufgabe 2.
b) Welche Diagrammtypen sind geeignet?

4 Was stimmt hier nicht?

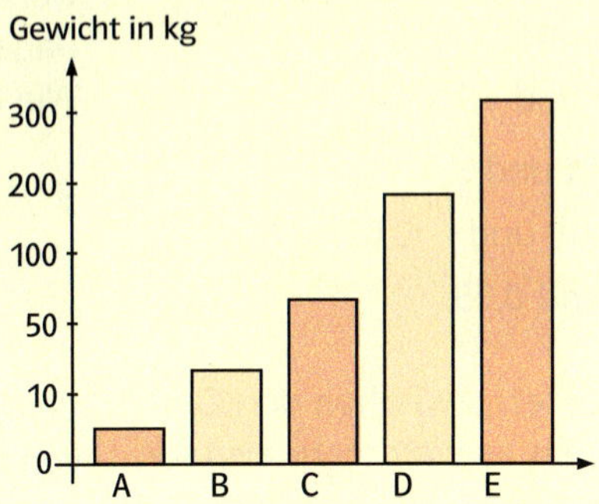

Schwierig
Jede Aufgabe: 4 Punkte

1 Bei einer Deutscharbeit wurden folgende Noten geschrieben:

Note	1	2	3	4	5	6
Anzahl	2	4	6	8	3	1

Stelle das Ergebnis in einem Kreisdiagramm dar.

2 In der Schule werden 1250 Schülerinnen und Schüler befragt, ob sie einen autofreien Sonntag pro Monat befürworten. Berechne, wie viele Schülerinnen und Schüler die einzelnen Antworten gaben.

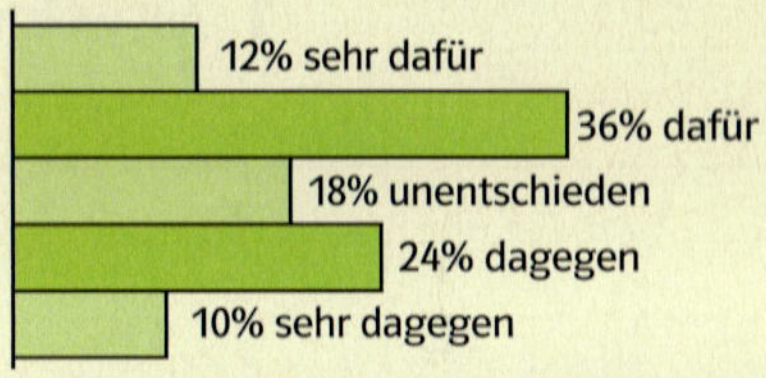

3 Welche anderen Diagrammtypen sind geeignet, um den Sachverhalt aus Aufgabe 2 darzustellen? Erstelle zwei mithilfe einer Tabellenkalkulation.

4 Was stimmt hier nicht?

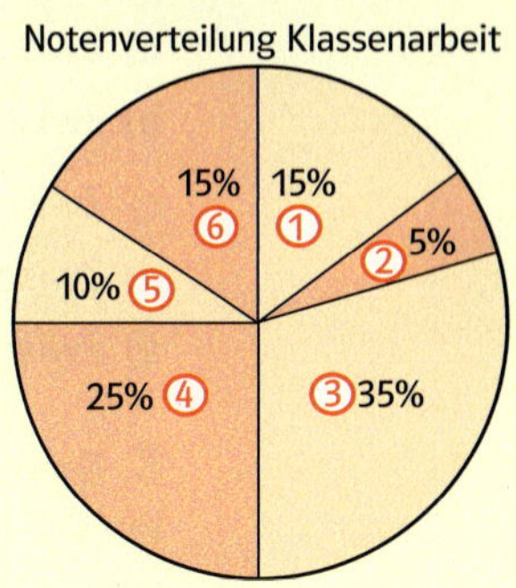

Liebe Schülerin, lieber Schüler!
Auf diesen Trainingsseiten findest du eine Zusammenstellung von unterschiedlichsten Aufgaben, die dir hilft, bereits Gelerntes nochmal aufzufrischen. Manchmal hilft ein Blick in den Anhang *Zum Nachschlagen*.

Rationale Zahlen

1 Auf welche Zahlen zeigen die Pfeile?

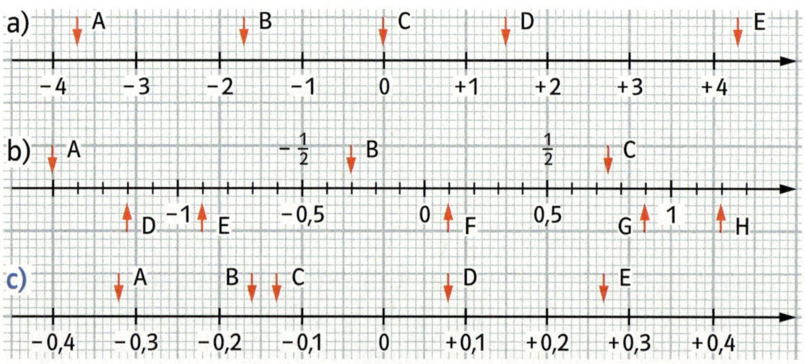

2 Notiere jeweils drei Zahlen, die zwischen folgenden Zahlen liegen.

a) Zwischen −1 und 1.

b) Zwischen −1 und $-1\frac{1}{2}$.

c) Zwischen −0,1 und $\frac{1}{10}$.

d) Zwischen −10,1 und −10,05.

e) Zwischen $\frac{1}{3}$ und 0,25.

3 Bernd behauptet: „Zwischen den Zahlen 0,1 und 0,2 gibt es weit mehr als tausend Zahlen." Hat er Recht? Begründe.

4 Bestimme nur, ob das Ergebnis positiv oder negativ ist.

a) $-24{,}9 + 19{,}8$ b) $10{,}06 - 10{,}6$
c) $33{,}3 + (-30{,}9)$ d) $-87{,}6 + (-88)$
e) $-20{,}2 - (-30{,}3)$ f) $415{,}1 - (-420)$
g) $34{,}5 \cdot (-15{,}4)$ h) $-4\frac{1}{2} \cdot (-0{,}5)$
i) $-51{,}17 : 17$ j) $95{,}95 : (-19)$

5 Berechne.

a) $1234{,}5 + 67{,}89 - 382{,}5 - 0{,}7$
b) $9999 - 888{,}8 - 77{,}7 - 31{,}6$
c) $17\frac{1}{2} + 9\frac{1}{4} - 13\frac{3}{10}$
d) ▢ + 4137 + 0,75 + 1374,05 = 5555
e) 2192,7 + 54,14 − ▢ − 12,34 = 1000

6 Bei den Ergebnissen fehlt das Komma. Ergänze es im Heft.

a) $1245{,}404 \cdot 100 = 1\,245\,404$
b) $1206{,}4 \cdot 0{,}98 = 1182272$
c) $5298{,}3 : 1000 = 52983$
d) $1750{,}4 : 40 = 4376$
e) $364 \cdot 10{,}1 \cdot 9{,}9 = 3639636$

7 Sortiere jeweils der Größe nach.

a) −5,6; 5,6; −6,5; 6,5; −5; 6
b) −1,45; 2,04; −1,47; 0,99; $2\frac{1}{4}$; $-2\frac{1}{2}$
c) 0 °C; 4 Grad unter null; 0,5 °C; minus 3,5 °C; Kühlschranktemperatur; Zimmertemperatur; Temperatur in der Gefriertruhe; Körpertemperatur

8 Auf einem Girokonto sind 835,50 €. Es folgen diese Kontobewegungen: Gutschrift 120 €; Lastschrift 98,90 €; Bezahlung einer Rechnung durch Überweisung 145,50 €; Abbuchung 56,82 €; Dauerauftrag auf das Sparbuch 100 €. Wie hoch ist der neue Kontostand?

9 Tina rechnet mit ihrem Taschenrechner 304,76 : (−15,2).
Auf dem Display steht

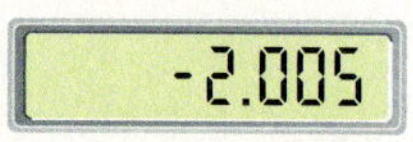

Beim Überschlagen des Ergebnisses bekommt Tina Zweifel. Stimmt das Ergebnis? Begründe deine Meinung.

Die Lösungen findest du auf Seite 153.

10 Die Lösungen ergeben ein Lösungswort.

a) −17,4 · 0,7
b) −51,66 : (−4,2)
c) 40,4 − 52,5
d) −9,1 + (−7,5) : 2,5
e) 6,4 − (−6,4)
f) −9,5 + 24,5 − 2,6
g) −9,9 : (−3,3) · (−4,2)
h) $12\frac{1}{2}$ − 15,4 + 15,2

12,4	o
12,3	e
−12,18	w
12,8	d
−12,1	l
−12,6	n

11 Auf der Zugspitze gab es 2005 folgende Durchschnittstemperaturen.

Januar	−12,3 °C	Juli	2,6 °C
Februar	−16,0 °C	August	1,3 °C
März	−10,0 °C	Sept.	1,4 °C
April	−6,4 °C	Oktober	0,8 °C
Mai	−2,0 °C	Nov.	−8,3 °C
Juni	1,5 °C	Dez.	−12,9 °C

a) Berechne die durchschnittliche Jahrestemperatur.
b) Stelle die Temperaturangaben in einem geeigneten Schaubild dar.
c) Überprüfe folgende Aussagen.
A1: „Im Jahr 2005 lag genau die Hälfte der Monate unter der durchschnittlichen Jahrestemperatur."
A2: „70 % der monatlichen Temperaturdurchschnittswerte lagen unter dem Gefrierpunkt."
A3: „Die durchschnittliche Jahrestemperatur auf der Zugspitze lag im Jahr 2005 um rund 10 % unter der jenes Jahres, das auf Seite 13 dieses Buches aufgeführt ist."

Kreise und Vielecke

12 Übertrage die Tabelle ins Heft. Von einem Kreis sind Durchmesser, Radius oder Umfang gegeben. Berechne die fehlenden Angaben.
Zeichne zwei der Kreise im Originalmaß.

	Durchmesser	Radius	Umfang	Fläche
a)	4,8 cm	▪	▪	▪
b)	▪	3,2 cm	▪	▪
c)	64 m	▪	▪	▪
d)	0,1 m	▪	▪	▪
e)	4 dm	200 mm	▪	▪
f)	▪	▪	31,42 m	▪
g)	▪	▪	15,71 dm	▪

13 a) Ordne die Flächen der Größe nach. Schätze.
b) Berechne die Flächeninhalte der Figuren und ordne sie der Größe nach. Stimmt deine zuvor geschätzte Flächenreihenfolge?
c) Berechne die Umfänge der Figuren.

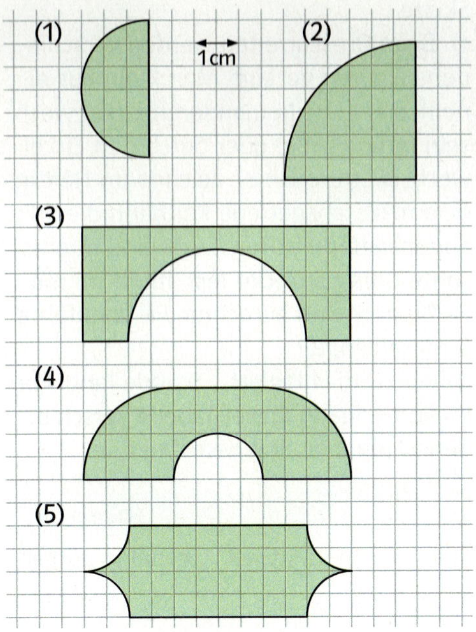

Die Lösungen findest du auf Seite 154.

Beim Voltigieren werden gymnastische und turnerische Übungen auf einem Pferd ausgeführt. Das Pferd bewegt sich dabei kreisförmig auf einem so genannten Zirkel auf der Reitbahn.

14 In einer Reithalle ist die Reitbahn 40 m × 20 m groß.

a) Welchen Durchmesser kann der Voltigierkreis höchstens haben, wenn bis zur äußeren Begrenzung der Reitbahn ein Freiraum von mindestens 2,5 m einzuhalten ist? Welchen Weg legt das Pferd in einer Runde zurück? Welche Fläche wird für das Voltigieren benötigt?

b) Ein Voltigierkreis ist ein so genannter *Zirkel*. In der Reithalle wird gleichzeitig auf zwei Zirkeln voltigiert. Aus Sicherheitsgründen soll der Freiraum zur äußeren Begrenzung 3 m betragen. Welchen Abstand haben die beiden Pferde mindestens/höchstens? Löse mithilfe einer Skizze.

Skizze zum Dressurreiten:

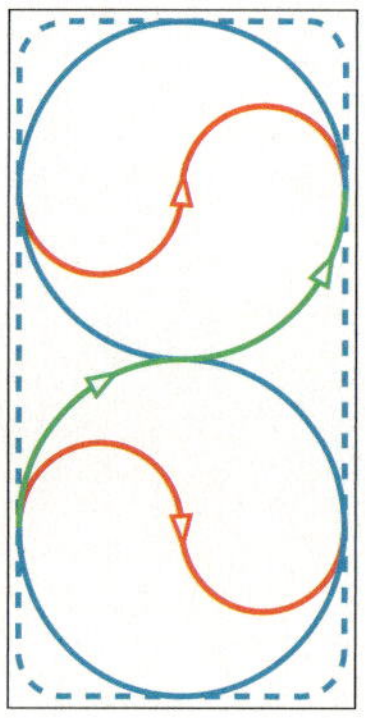

c) Beim Dressurreiten werden verschiedene Figuren gezeigt. Man kann aus einem Zirkel in einen anderen Zirkel wechseln (grüne Linie) oder durch den Zirkel wechseln (rote Linie). Zeichne im Heft in eine maßstabsgetreue Reitbahn die links abgebildeten Figuren. Lege eine interessante Dressurstrecke fest, fahre sie mit Farbe nach und berechne die ungefähre Streckenlänge.

d) Steffi voltigiert $\frac{1}{4}$ Stunde lang. Formuliert anhand dieser Tabelle verschiedene Aufgaben und berechnet sie.

Gangart	Schritt		Trab		Galopp	
	langsam	schnell	leicht	schnell	mittel	schnell
km/h	3,5	6	12	18	21	30

15 a) Zeichne die Figur ins Heft und berechne den farbigen Flächeninhalt.

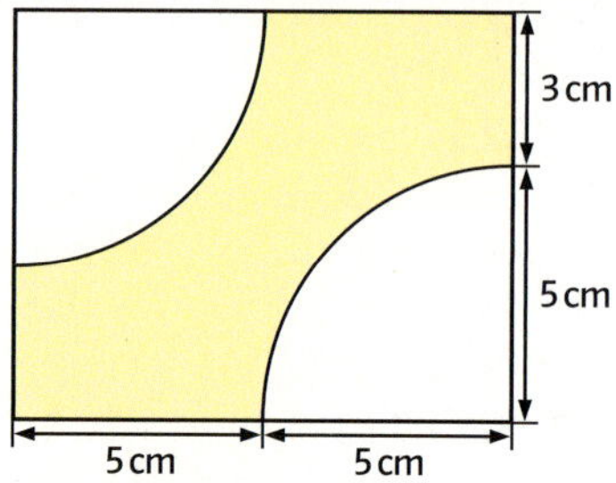

b) Berechne den farbigen Flächeninhalt.

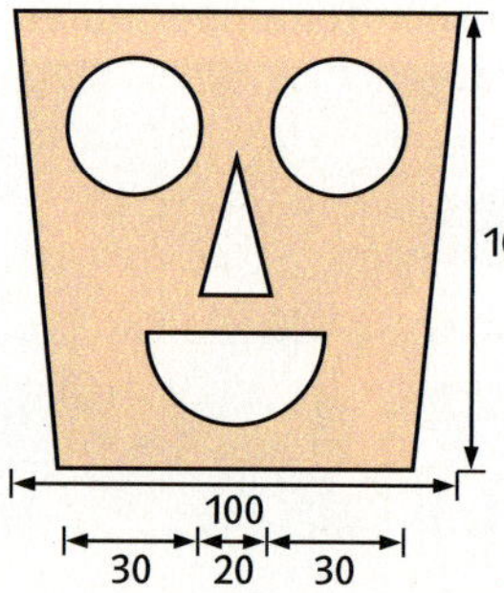

Maße: mm

c) Konstruiere eine eigene Figur, bemaße sie und berechne die Fläche.

16 Übertrage die Tabellen und fülle aus.

a)

m	dm	cm	mm
1,5	□	□	□
□	70	□	□
□	□	250	□
□	□	□	400

b)

m^2	dm^2	cm^2	mm^2
4,1	□	□	□
□	60	□	□
□	□	6500	□
□	□	□	80 000

17 Berechne.

a) $0{,}8\,m + \frac{1}{2}m + 75\,cm$

b) $1{,}4\,m^2 + 23\,dm^2 + 300\,cm^2$

c) $0{,}06\,dm^2 + 62{,}5\,cm^2 + 200\,mm^2$

d) $8000\,m^2 + 3\,ha - 7\,a$

Die Lösungen findest du auf Seite 154.

18 Zeichne in ein Koordinatensystem ein Viereck mit den Eckpunkten A(3|1,5), B(9|1,5), C(8|5,5) und D(2|5,5).
1 LE = 1 cm.
a) Welche Form hat das Viereck?
b) Berechne den Flächeninhalt.
c) Ermittle den Umfang durch Messen.
d) Ändert sich der Flächeninhalt, wenn sich die Punkte C nach C′(7|5,5) und D nach D′(1|5,5) verschieben?
e) Gib für C′ und D′ verschiedene Werte für einen gleich bleibenden Flächeninhalt an. Würden für C′ und D′ auch die Werte (105|5,5) und (100|5,5) passen?
f) Zeichne um das Ausgangsviereck ABCD ein Rechteck mit doppelt so großem Flächeninhalt. Gib die Koordinaten dieses Rechtecks an. Ist der Umfang auch doppelt so groß?

19 Für einen runden Tisch (d = 120 cm) wird eine Tischdecke genäht. Sie soll ringsum 20 cm überhängen.
a) Die Stoffbahn im Geschäft ist 1,80 m breit. Wie viel Meter Stoff muss mindestens gekauft werden?
b) Die Tischdecke wird mit einer Bordüre eingefasst. Berechne die Länge.
c) Stimmt die Aussage? „30 % des gekauften Stoffes sind Verschnitt.“ Belege deine Aussage mit einer Rechnung.

20 Eine Verkehrsinsel wird angelegt. Sie hat die Form eines Rechtecks (12,50 m × 1,80 m), das an der schmalen Seite jeweils einen halbkreisförmigen Abschluss bekommt.
a) Skizziere die Verkehrsinsel.
b) Die Verkehrsinsel wird mit Randsteinen eingefasst. Wie viele laufende Meter werden gebraucht?
c) Für das Anlegen der Verkehrsinsel macht ein Unternehmen ein Angebot mit 285 €/m². Mit welchen Kosten muss die Gemeinde rechnen?

21 Ermittle den Flächeninhalt.

22 Zum Schutz vor Feinden wurden früher auf Berghöhen Burgen gebaut. Durch angrenzend steil abfallendes Gelände war der Platz sehr begrenzt. Wie groß ist ungefähr die Fläche der Wartburg? Vergleicht eure Lösungen.

Wartburg

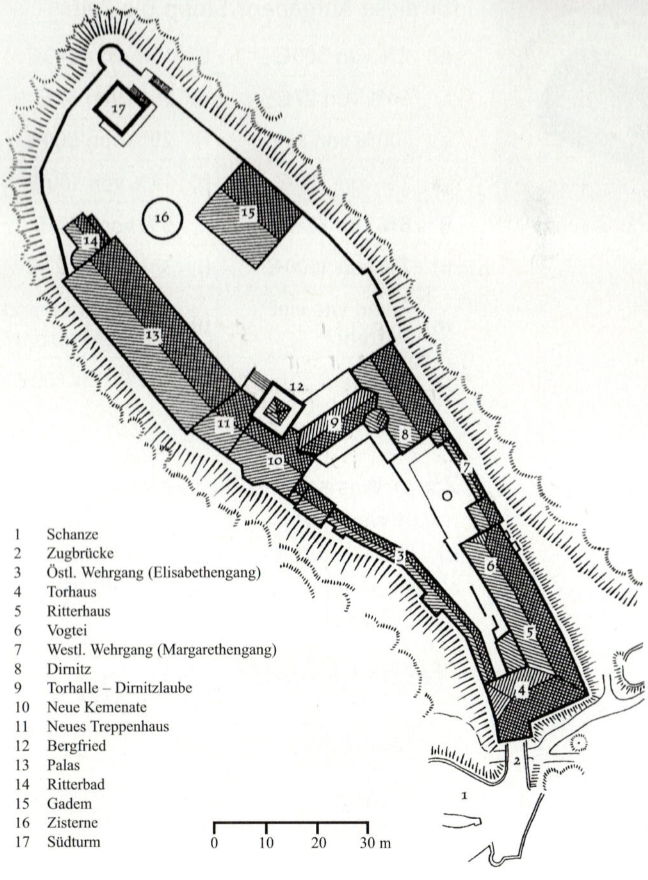

Die Lösungen findest du auf Seite 154.

Prozent- und Zinsrechnen

23 Übertrage die Tabelle ins Heft und fülle sie aus.

Prozent	Bruch	Dezimalzahl
1%	□	□
□	$\frac{1}{10}$	□
□	□	0,2
□	$\frac{1}{3}$	□
□	□	0,5
25%	□	□
100%	□	□
□	$\frac{19}{100}$	□
2%	□	□
□	□	0,7

24 Die Zeit läuft! Wie lange brauchst du für diese Aufgaben? Stopp die Zeit.

a)	2% von 300€	b)	10% von 240€
c)	50% von 27€	d)	25% von 32€
e)	100% von 99€	f)	20% von 500€
g)	1% von 320€	h)	19% von 100€
i)	3% von 70€	j)	5% von 120€
k)	7% von 1000€	l)	$33\frac{1}{3}$% von 27€
m)	$\frac{3}{4}$ sind wie viel Prozent?	n)	zwei Fünftel sind wie viel Prozent?
o)	25% sind 30€, wie viel sind 100%?	p)	200% von 300€

25 a) Was soll mit diesem Angebot erreicht werden?
b) Überschlage die reduzierten Preise.
c) Wie lange hängt dieses Schild vermutlich noch?

26 1800 Schülerinnen und Schüler wurden zu ihrem Leseverhalten befragt.

So viel Prozent der Schüler lesen täglich

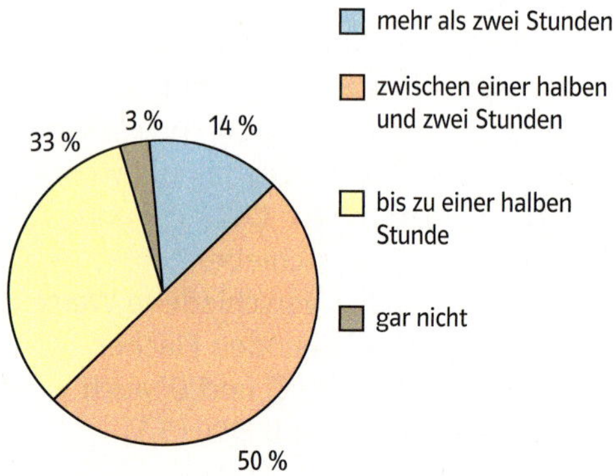

a) Wie viele Schüler antworteten mit „bis zu einer halben Stunde"?
b) Wenn dieses Diagramm genau auf deine Klasse zutreffen würde, wie viele von euch würden „zwischen einer halben und zwei Stunden" lesen?

27 Die Monatsmieten für Einzelhandelsgeschäfte sind in erstklassigen Toplagen von Großstädten unterschiedlich hoch.

München	240€/m²
Frankfurt/M.	210€/m²
Hamburg, Köln, Stuttgart	190€/m²
Berlin, Düsseldorf	180€/m²
Dresden	90€/m²

a) Um wie viel Prozent ist München teurer als Berlin? Vergleiche weitere Städte miteinander.
b) Zwei Frauen unterhalten sich: „In meiner Stadt beträgt die Miete 50% weniger als in deiner Stadt."
In welchen Städten wohnen die Frauen?
c) Stelle die Mietkosten in einem Säulendiagramm dar.
d) Wähle eine Stadt aus. Wie hoch wäre etwa die monatliche Miete für ein Geschäft in der Größe deines Klassenzimmers? Überschlage, wie viel Geld täglich allein für die Miete in so einem Geschäft verdient werden muss.

Die Lösungen findest du auf Seite 155.

28 Nach einer Gehaltserhöhung von 2,4 % verdient Frau Keim jetzt 1689,60 €. Wie viel verdiente sie vorher?

29 Wie viel kostete der Mantel früher?

30 Eine Digitalkamera kostete 198 €. Der Preis wird um 30 % gesenkt. Bei Barzahlung gewährt der Händler noch 2 % Skonto.

31 Das Sportgeschäft **Sport FIT** feiert Firmenjubiläum. Familie Blitz nutzt diese Gelegenheit.

Sport FIT
Neustadt

Sonnenbrille	39,00
Sonderrabatt 15 %	−5,85
Shirt 2 × 39,90	79,80
Sonderrabatt 20 %	−15,96
Schuhe	69,50
Sonderrabatt 20 %	−13,90
Fahrrad „Speedy"	389,90
Sonderrabatt 15 %	−58,49
TOTAL	484,00
BAR	500,00
RÜCKGELD	16,00
19 % MwSt.	66,76

Vielen Dank für Ihren Einkauf. Reduzierte Ware ist vom Umtausch ausgeschlossen.

a) Was ist aus dem Kassenbon ablesbar? Formuliere schriftlich.
b) Wie viel Euro hat Familie Blitz insgesamt gespart? Wie viel Prozent sind dies?
c) Stimmen die Rechungsbeträge? Wie wurde gerechnet?
d) Zu Hause meint Herr Blitz: „Die Sonnenbrille hätten wir eigentlich nicht gebraucht." Weshalb wurde sie vielleicht trotzdem gekauft?

32 Berechne im Kopf.
a) 2000 € werden zu 3 % verzinst. Wie viel Zinsen erhält man nach einem Jahr?
b) Ein Girokonto wird um 4000 € überzogen. Die Bank verlangt 12 % Zinsen. Wie hoch sind die Zinsen für $\frac{1}{4}$ Jahr?
c) Frau Maar bekommt bei einem Zinssatz von 2 % in einem Jahr 150 € Zinsen. Wie hoch ist ihr Kapital?
d) Für ein Kapital gewährt eine Bank bei einem Zinssatz von 3,5 % nach einem Jahr 700 € Zinsen. Wie hoch ist die Kapitalanlage?

33 Übertrage die Tabelle ins Heft und berechne die fehlenden Werte.

Kapital	Zinssatz	Jahreszinsen	Zeit	Zinsen
4 000 €	3 %	□	150 Tage	□
18 000 €	4,5 %	□	340 Tage	□
980 €	□	49 €	$\frac{1}{2}$ Jahr	□
□	12 %	720 €	2 Monate	□
16 200 €	□	□	40 Tage	27 €

34 Herr Benn kauft ein Auto für 14 800 €. Für sein altes bekommt er noch 2500 €. Auf seinem Sparbuch hat er 6000 €. Den fehlenden Restbetrag will er finanzieren.

Angebot des Autohändlers:
15 Monatsraten zu je 450 €

Angebot einer Bank:
5,6 % Zinsen plus 0,6 % Bearbeitungsgebühr, gesamte Rückzahlung nach 15 Monaten

Bei wem soll Herr Benn sein Auto finanzieren? Begründe deine Meinung.

35 Ein Kapital bringt nach einem Jahr bei einem festen Zinssatz einen bestimmten Betrag an Zinsen. Wie viel mal mehr Zinsen würde man nach einem Jahr für das doppelte Kapital bei einem doppelt so hohen Zinssatz bekommen?

Die Lösungen findest du auf Seite 155.

Strohballen werden in verschiedenen Größen und Formen gepresst. Die größten davon kommen auf ein Gewicht von rund 200 kg.

In der Landwirtschaft sind hauptsächlich Ballenpressen im Einsatz, die Rundballen herstellen. Diese haben etwa einen Durchmesser von 1,5 m bis 1,6 m.

In vielen Dörfern kann man nach der Getreideernte verschiedene Bauwerke aus quader- und zylinderförmigen Strohballen bewundern.

5 Prismen und Zylinder

Bauwerke aus Stroh

Das Bauen mit Strohballen hat eine lange Tradition. Mit Strohballen werden Gebäude errichtet, die Menschen ein gesundes und preiswertes Wohnen ermöglichen. Stroh ist ein nachwachsender Rohstoff, der in ökologischer Hinsicht viele Vorteile bietet.

Für den Strohballenbau werden quaderförmige Formate verschiedener Ausmaße benötigt. Übliche Abmessungen sind 35 cm x 50 cm x 50 cm. Auch Längen bis zu 120 cm sind üblich.

Ausblick

In diesem Kapitel findest du:
- Zylinder
- Schrägbilder zeichnen
- Rauminhalt von Zylindern und Prismen
- Oberflächeninhalt von Zylindern und Prismen
- Zusammengesetzte Körper

1 Zylinder

In unserer Umwelt kommen Zylinder in unterschiedlichen Größen und Formen vor. Sie werden für verschiedenste Zwecke genutzt.

→ Nenne weitere zylinderförmige Gegenstände.
→ Beschreibe wie ein Zylinder aussieht.
→ 👥 Skizziert einige der abgebildeten Gegenstände oder Zylinder ins Heft. Vergleicht eure Skizzen. Welche Formen tauchen auf? Wie zeichnet ihr die Grund- und Deckflächen?
→ Betrachte einen zylinderförmigen Gegenstand zuerst von oben. Kippe ihn dann langsam nach hinten. Wie verändert sich der Anblick der Kreisfläche?

> Im Schrägbild eines senkrecht stehenden Zylinders werden die Kreisflächen in Form von Ellipsen dargestellt.

Weiter geht's

→ So kann eine Ellipse konstruiert werden:

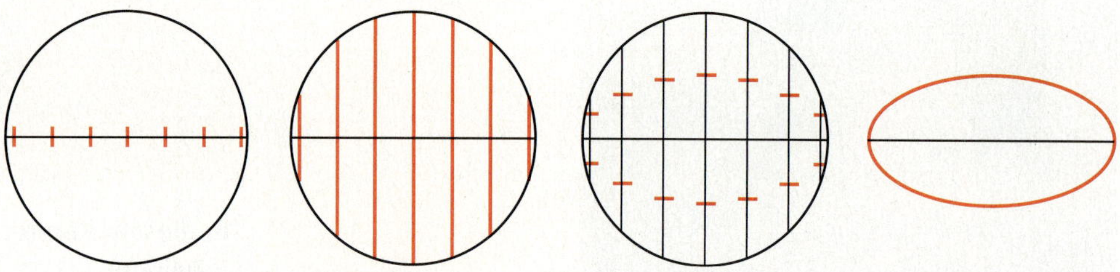

→ Beschreibe die einzelnen Schritte.
→ Konstruiere selbst eine Ellipse. Wähle einen geeigneten Durchmesser.
→ Skizziere das Schrägbild eines stehenden und eines liegenden Wasserglases. Erkläre die Unterschiede in der Zeichnung.

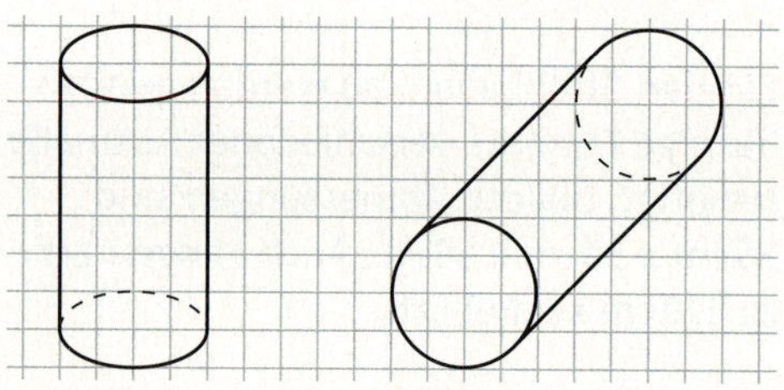

1 Übe das Skizzieren von Ellipsen.
a) r = 3 cm   b) r = 5 cm
c) d = 5 cm   d) d = 7 cm

2 Skizziere eine runde Dose. Der Durchmesser beträgt 6 cm, die Höhe 8 cm. Beachte die verdeckte Kante.

3 Zeichne einen der beiden Zylinder stehend, den anderen liegend.
a) d = 5 cm, h = 6 cm
b) r = 3 cm, h = 12 cm

4 Führe Teilaufgabe a) oder b) aus.
a) Zeichne das Schrägbild einer großen Konservendose und beschrifte es mit eigenen Ideen.
b) Kerzen sind häufig zylinderförmig. Zeichne ein Bild mit mehreren Kerzen.

5 In Werkstätten oder im Technikraum gibt es vielerlei zylinderförmige Teile. Skizziere derartige Teile.

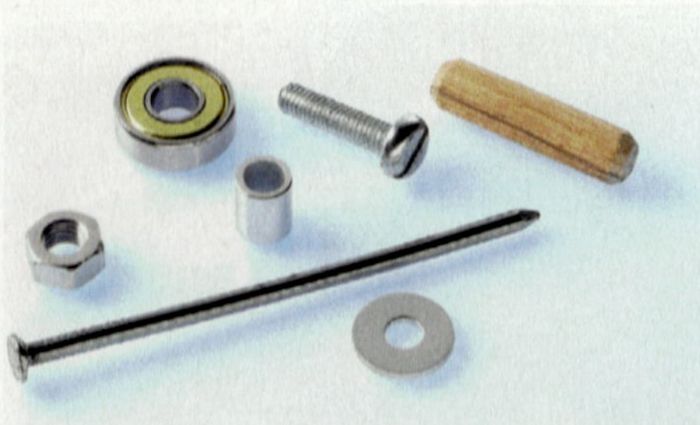

6 Es gibt verschiedene Möglichkeiten, einen Zylinder in zwei gleiche Hälften zu teilen. Skizziere die halbierten Zylinder in deinem Heft.

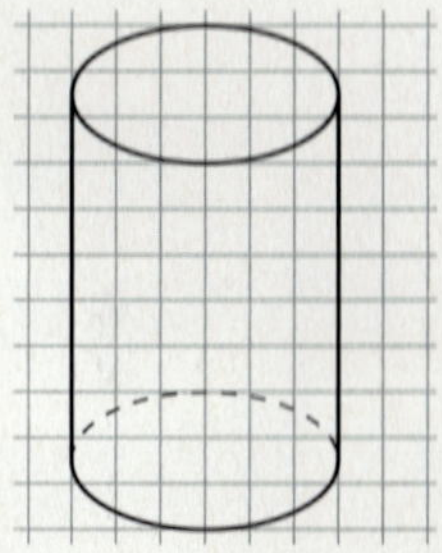

7 Aus einem Holzwürfel mit einer Kantenlänge von 6 cm wird ein rundes Loch mit einem Durchmesser von 20 mm ausgebohrt.
a) Zeichne den Würfel mit einem vollständig durchbohrten Loch. Vergleicht eure Zeichnungen. Gibt es Unterschiede? Welche?
b) Zeichne den Würfel mit einem 3 cm tiefen Loch. Vergleicht wieder eure Zeichnungen.

Würfel-Vierlinge — Knobeln

Die Abbildung auf der Randspalte zeigt einen Würfel-Vierling, der zu einer *Ecke* zusammengeklebt ist. Aus mehreren solcher Vierlinge lassen sich neue Würfelgebäude zusammenbauen.

Ecke

1 Welche der drei Würfelgebäude A bis C kann man allein mit Vierlingen der Sorte *Ecke* erstellen?

A

B

C
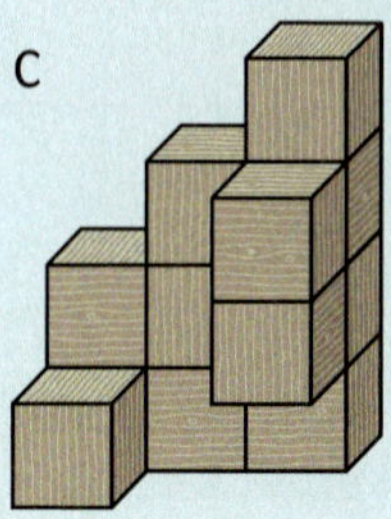

2 👥 Aus den Vierlingen lassen sich auch Quader bauen. Wie viele Vierlinge benötigt man, um einen Quader mit der Grundfläche 2 × 2 und der Höhe 8 zu bauen. Ihr könnt die Aufgabe auch mithilfe einer Skizze beantworten.

2 Rauminhalt von Zylindern und Prismen

Das *CityQuartier DomAquarée* wurde vor kurzem in Berlin eröffnet. Es ist ein Büro-, Hotel- und Wohn-Komplex, dessen Herzstück das weltweit größte zylindrische Aquarium *AquaDom* ist. Besucher können mit einem gläsernen doppelstöckigen Fahrstuhl im Innern des AquaDom nach oben fahren. Unterwegs können Korallenriffe und ihre farbenfroh leuchtenden Bewohner bestaunt werden. Über 50 verschiedene Fischarten leben in diesem Aquarium. Die Wände wurden aus 16 bis 22 mm dicken Acrylglasteilen erstellt.

→ Schätze verschiedene Maße dieses Aquariums.

→ Wer von euch schätzt am besten? Wie viel Liter Wasser fasst dieser Zylinder? Notiere deine Zahl, du brauchst sie später noch.

→ Welche Angaben benötigt man, um das Volumen von Prismen zu berechnen? Gebt bei jedem der folgenden Körper die Grundfläche an.

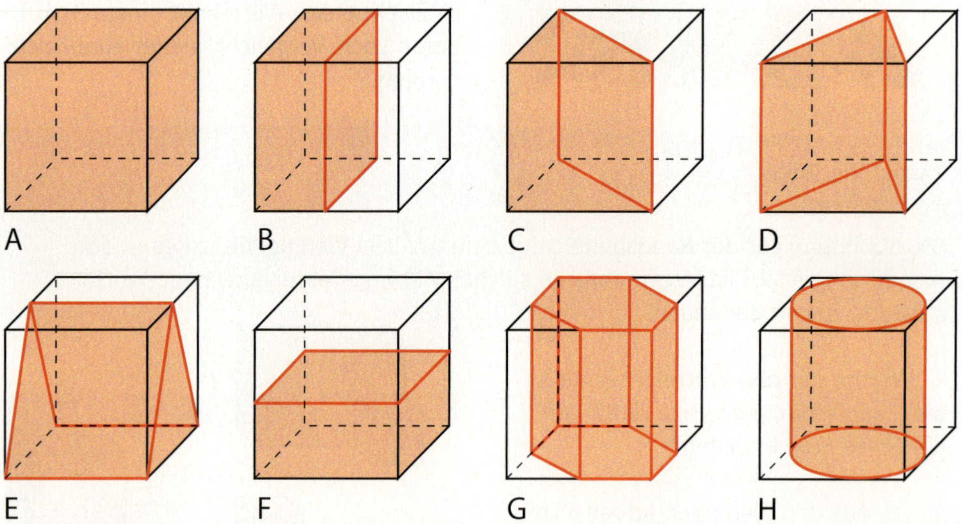

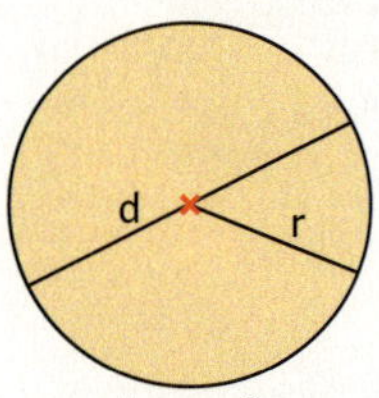

$A = \pi \cdot r^2$

→ Die Würfel haben eine Kantenlänge von 6 cm. Berechnet das Volumen der Körper A bis G.

→ Versucht das Volumen des Zylinders (Körper H) zu berechnen. Vergleicht euer Ergebnis mit denen der anderen Gruppen.

→ Formuliert einen Merksatz zur Volumenberechnung von Zylindern.

Prismen und Zylinder nennt man auch **Säulen**. Für alle Säulen gilt:

$$\text{Volumen} = \text{Grundfläche} \cdot \text{Höhe}$$
$$\mathbf{V = A_G \cdot h}$$

Weiter geht's

→ Welche dieser Körper kannst du mit der oben genannten Formel berechnen? Gib bei diesen die Grundfläche A_G an. Welche Seite ist dann die Höhe h?

a) b) c) d) e) f) g) h) i)

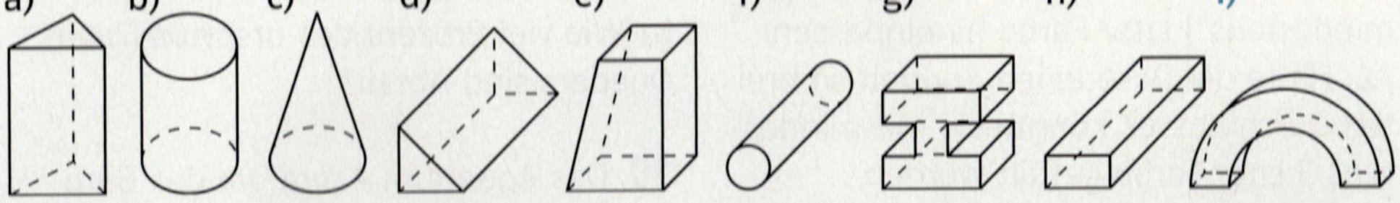

1 Die Abbildung zeigt die Grundflächen von verschiedenen Säulen. Sie sind alle 12 cm hoch.

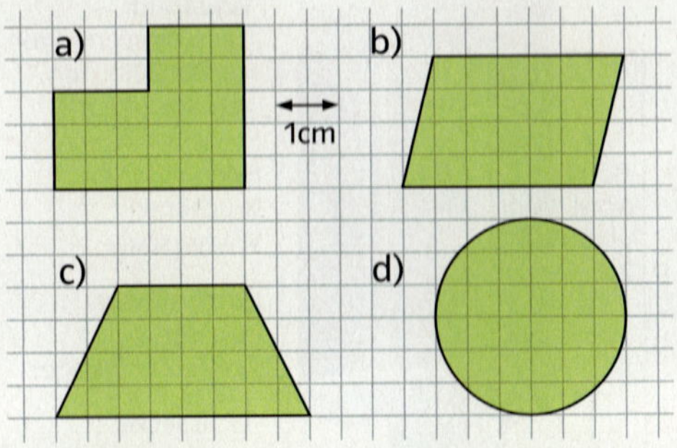

a) Erkennst du ohne genaue Berechnung, welche Säulen das gleiche Volumen haben?
b) Berechne die Rauminhalte.

2 Berechne das Volumen. Skizziere vorher die Grundfläche.
a) Dreieckprismen

c	h_c	h
7,2 cm	3 cm	5,6 cm
14,4 cm	3 cm	2,8 cm

b) Trapezprismen

a	c	h_a	h
3,5 cm	1,5 cm	2,2 cm	7,5 cm
7 cm	3 cm	1,1 cm	7,5 cm

3 Berechne das Volumen der beiden Zylinder.
(A) r = 4 cm; h = 6 cm
(B) d = 8 cm; h = 3 cm

4 Berechne das Volumen der Säulen.

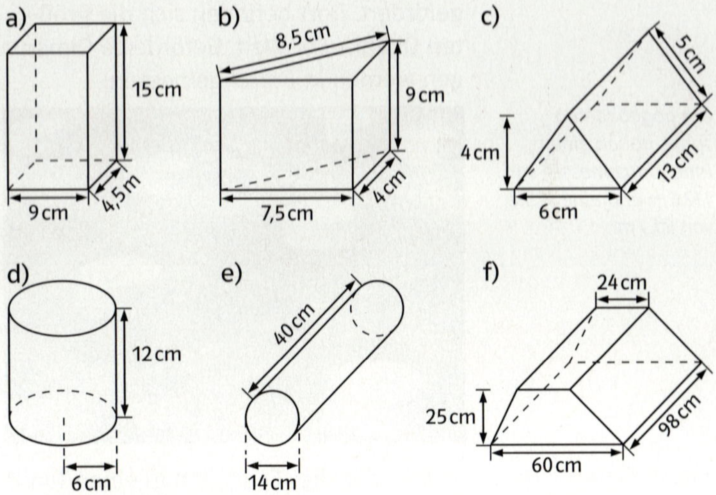

5 Ein Zylinder hat einen Durchmesser von 6 cm. Seine Höhe beträgt 9 cm.
a) Passt in den Zylinder $\frac{1}{4}$ l Wasser?
b) Wie hoch müsste der Zylinder ungefähr sein, dass ein Liter hineinpasst?
c) Wie viel Liter Wasser passt in einen Zylinder, der einen doppelt so großen Durchmesser und eine doppelt so große Höhe hat?

6 Auf einer Farbdose mit einem Durchmesser von 10 cm und einer Höhe von 10 cm steht: **Inhalt 0,5 Liter.**
Beurteilt folgende Aussagen:
A1: 0,5 Liter sind 500 Milliliter.
A2: 500 ml entsprechen 500 cm^3.
A3: Die Farbdose ist mit 0,5 Liter Inhalt ganz gefüllt.
A4: In diese Dose würden auch $\frac{3}{4}$ Liter Farbe passen.
A5: Wäre die Dose 15 cm hoch, würde mindestens 1 Liter Farbe hineinpassen.
A6: Hätte die Dose einen doppelt so breiten Durchmesser, könnte sie mit mindestens 3 Liter Farbe gefüllt werden.

7 Eine runde Tischplatte besteht aus Glas. Ihr Durchmesser beträgt 1,20 m und sie ist 22 mm dick. 1 cm^3 Glas wiegt 2,23 g. Könntest du die Glasplatte allein tragen?

8 In Saudi-Arabien wird sehr viel Erdöl gefördert. Dort befinden sich die größten Öltanks der Welt. Geförderte Ölmengen werden in *Barrel* gemessen.

Die abgebildeten Tanks haben einen Innendurchmesser von 117,6 m und eine Höhe von 21,7 m.

1 Barrel ≙ 159 l

a) Wie viel Liter Öl passen in einen Tank? Runde sinnvoll. Rechne in Barrel um.
b) Was vermutet ihr, wo mehr reinpasst: in euer Schulgebäude oder in einen solcher Tanks? Schätzt nun die Maße eures Schulgebäudes, berechnet sein Volumen und vergleicht.
c) Wie viel Barrel Öl fassen die abgebildeten Öltanks insgesamt?
d) @ Erkundige dich, wozu Erdöl weiterverarbeitet und gebraucht wird.

9 Aus dem abgebildeten Quader soll ein möglichst großer Zylinder gedrechselt werden.

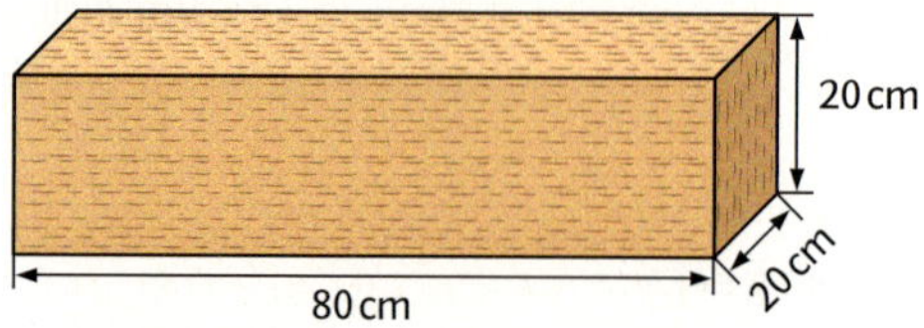

a) Wie viel cm^3 Abfall entstehen beim Drechseln mindestens?
b) Wie viel Prozent des ursprünglichen Quaders sind Abfall?

10 Das Aquarium *AquaDom* des Büro- und Wohngebäudes, das auf Seite 86 abgebildet ist, hat folgende Maße:

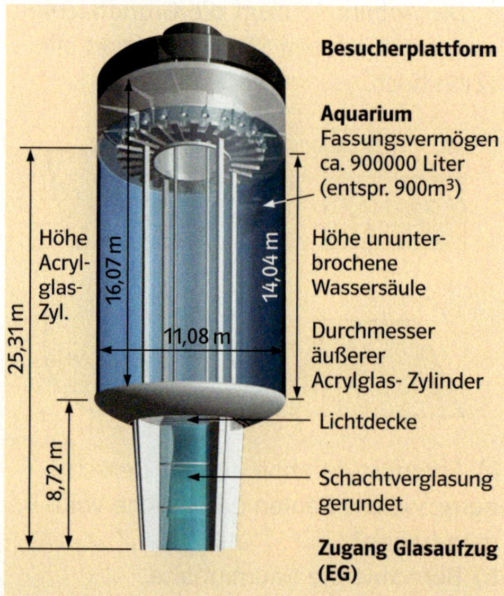

a) Berechne das Volumen des Acrylglaszylinders mit der „Höhe der ununterbrochenen Wassersäule". Vergleiche dein Ergebnis mit dem angegebenen Fassungsvermögen. Woher kommt der große Unterschied? Lies dazu auch den Text auf Seite 86 oben.
b) Vergleiche das angebene Fassungsvermögen mit deiner Schätzung von Seite 86. Wer hatte von euch am besten geschätzt?
c) Zu wie viel Prozent kann der Acrylglaszylinder mit Wasser gefüllt werden?

Hausbau

Beim Planen eines neuen Hauses sind die voraussichtlichen Baukosten wichtig. Um diese im Voraus überschlagen zu können, wird der *umbaute Raum* des Hauses berechnet. Je nach Ausstattung des Gebäudes wird ein höherer oder niedrigerer Kubikmeterpreis angesetzt.

1 Ein Haus ist 13,60 m lang und 10,20 m breit. 1 m^3 *umbauter Raum* kostet 230 €. Skizziert das Haus und tragt sämtliche Maße ein.
Berechnet das Volumen und die voraussichtlichen Baukosten.

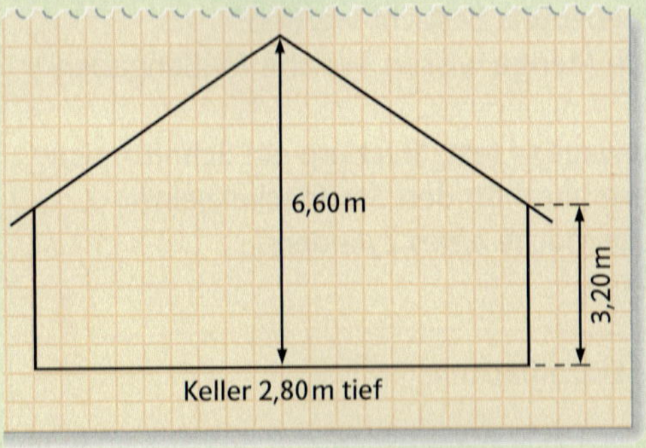

2 Für die Kanalisation werden Betonrohre verlegt. Berechne das Gewicht für ein Rohr (Beton: 2,4 g/cm^3).

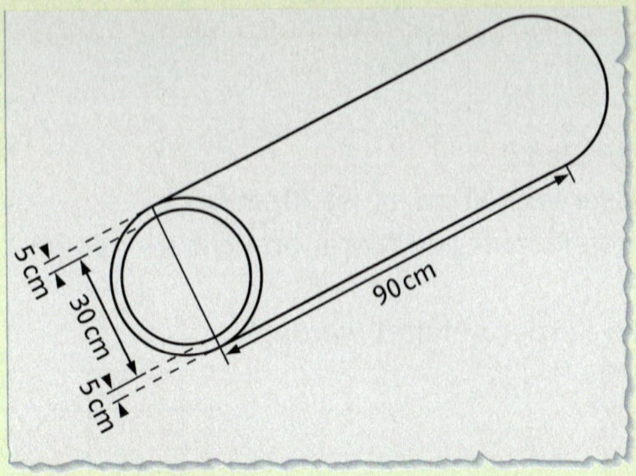

3 Die Baufirma muss noch eine 4,70 m lange und 2,50 m hohe Zwischenwand mauern. Die Wanddicke der Zwischenwand beträgt 11,5 cm. Es ist noch eine Palette mit 96 Mauersteinen (50 cm × 25 cm × 11,5 cm) vorhanden. Reichen die Steine?

4 Um den Heizöltank in der Erde zu versenken, muss mit dem Bagger ein Loch ausgebaggert werden. Das Loch ist 2,40 m tief.
a) 60 % des ausgebaggerten Erdmaterials wird mit LKWs weggefahren. Der LKW kann 7 m^3 Erde laden.
b) Dieser Heizöltank wird eingebaut. Wie viel Liter fasst er ungefähr?

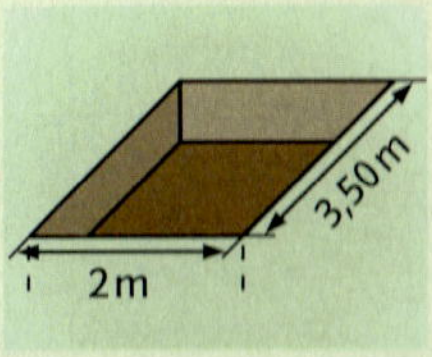

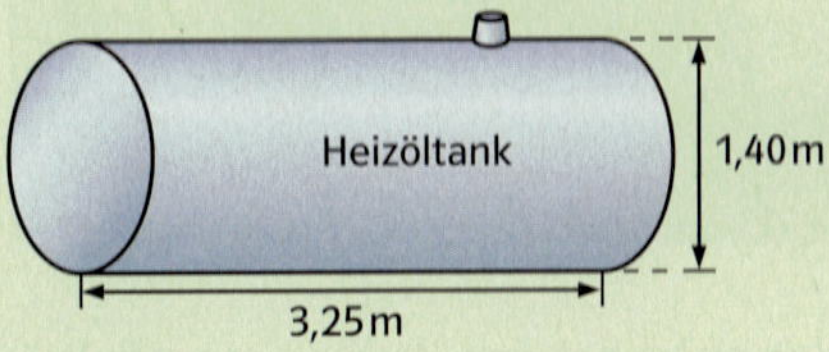

c) Erkundige dich nach dem Ölpreis. Wie teuer ist eine vollständige Tankfüllung in etwa?

5 Am vorderen Giebel wird eine große Fläche verglast. Außerdem wird auch das Dach gedeckt.

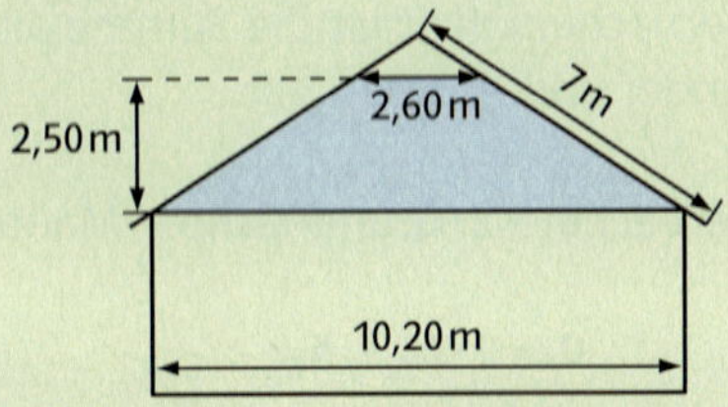

a) 1 m^2 der zu verglasenden Fläche kostet mit Einbau 420 € plus MwSt.
b) Isolierglas besteht aus zwei Glasscheiben mit einem Luftzwischenraum als Isolierschicht. Jede Glasscheibe ist 4 mm dick. Die Rahmen machen 10 % der zu verglasenden Fläche aus. Berechne das Glasgewicht.
c) Das Dach wird mit Ziegeln eingedeckt. Es ragt auf jeder Längsseite um 50 cm über die Hauslänge hinaus.
1 m^2 Dachziegel kostet 10,50 € + MwSt. An Arbeitslohn verrechnet die Dachdeckerfirma für jeden der beiden Arbeiter 38 € und für den Auszubildenden 24 €. Sie brauchen zwei Arbeitstage mit je 8 Stunden.

Glas: 2,23 g/cm^3

Hinweis: Die Maße des Hauses sind in Aufgabe 1 gegeben.

3 Oberflächeninhalt von Zylindern und Prismen

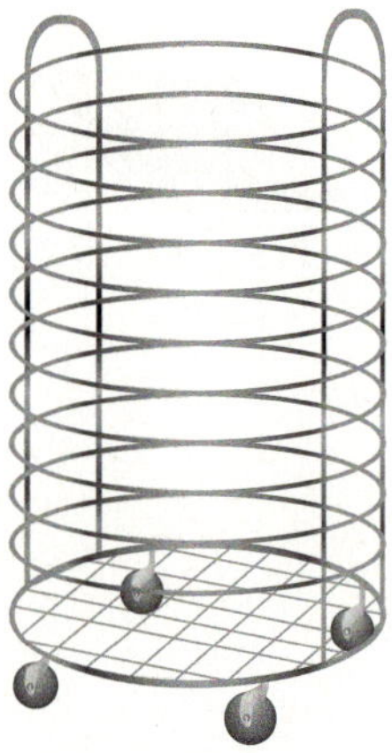

Inge erhält im Dachgeschoss ihr eigenes Bad. Für ihre Schmutzwäsche bekommt sie einen Wäscherollwagen geschenkt. Sie möchte einen farblich zum Bad passenden Wäschebeutel nähen. Den Deckel des Beutels möchte sie mit einem Reißverschluss verschließen können.

→ Was muss bei der Herstellung des Wäschebeutels bedacht werden?
→ Zum Stoffeinkauf muss Inge die benötigte Menge wissen. Welche Maßangaben braucht sie dafür?
→ Lege selbst ungefähre Maße des Wäschewagens fest. Skizziere ein Schnittmuster für die Stoffteile. Wie lang sollte der Reißverschluss für den Stoffdeckel sein?
→ Aus welchen Einzelflächen besteht die Oberfläche eines Zylinders?

!

Der Oberflächeninhalt ist die Summe aller Einzelflächen.
Für Zylinder und Prismen gilt:

Oberfläche = 2 · Grundfläche + Mantelfläche

$$\mathbf{O = 2 \cdot A_G + A_M}$$

Weiter geht's

→ Bastle einen Zylinder. Lege die Maße selbst fest.
→ Inges Wäschewagen hat einen Durchmesser von 40 cm, er ist 70 cm hoch. Sie findet einen Stoff mit 1,40 m Breite. Wie viele laufende Meter braucht sie mindestens? Denke auch an Nähte.
→ Aus welchen der folgenden Netze können Körper gefaltet werden?

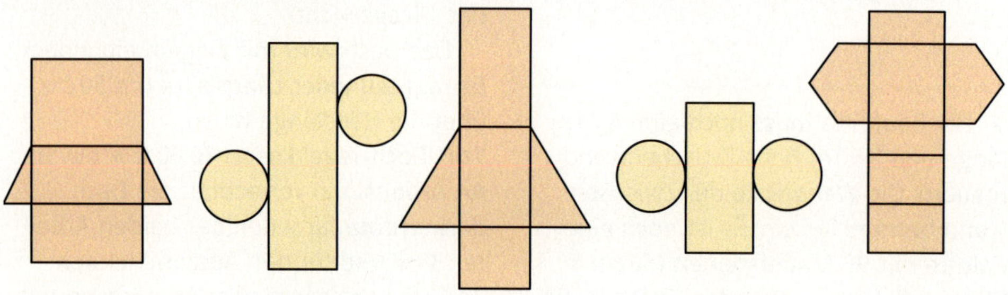

A B C D E

1 Aus einem DIN-A4-Blatt lässt sich auf zwei verschiedene Arten die Mantelfläche eines Zylinders formen.

a) Stellt beide Zylindermäntel her. Klebt die Kanten zusammen.

b) Zeichnet auf ein weiteres Blatt die Grund- und Deckflächen. Berechnet hierfür zunächst die Durchmesser und die Radien.

c) Schneidet nun die Grund- und Deckflächen aus und stellt die beiden Zylindermodelle fertig.

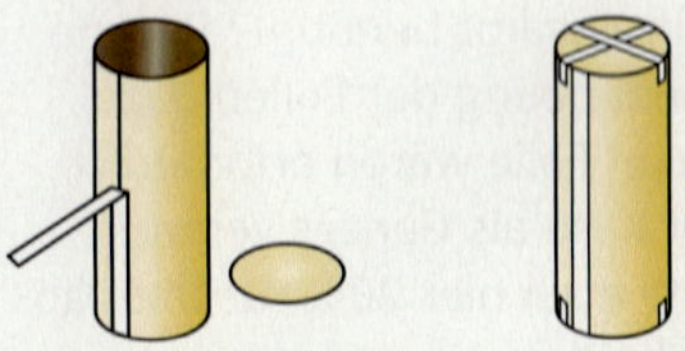

d) Stellt Vermutungen an, welches der beiden Zylindermodelle die größere Oberfläche hat. Begründet eure Meinung.

e) Berechnet von beiden Modellen die Oberflächen.

2 Welche Grundfläche gehört zum Zylindermantel? Begründe deine Vermutung.

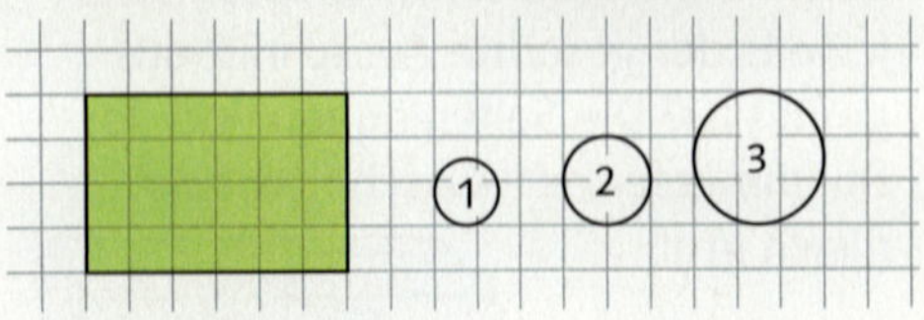

3 Welcher Mantel passt zur Zylindergrundfläche?

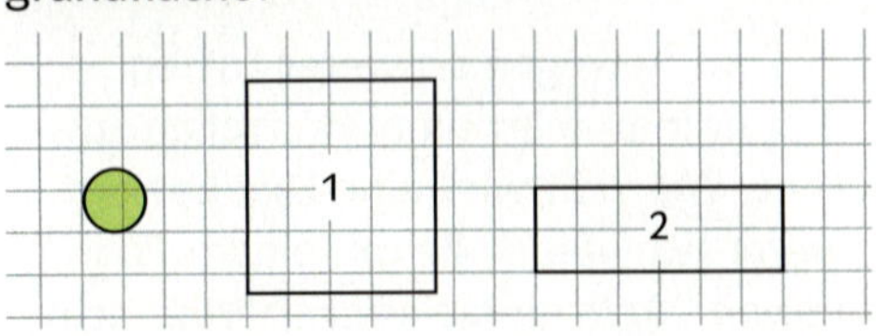

4 Berechne die fehlenden Werte.

	r	d	h	O
a)	▒	5 cm	4,6 cm	▒
b)	3,5 cm	▒	7,5 cm	▒
c)	8 cm	16 cm	▒	502,4 cm²

5 Zeichne das Netz der Verpackung in den angegebenen Maßen.

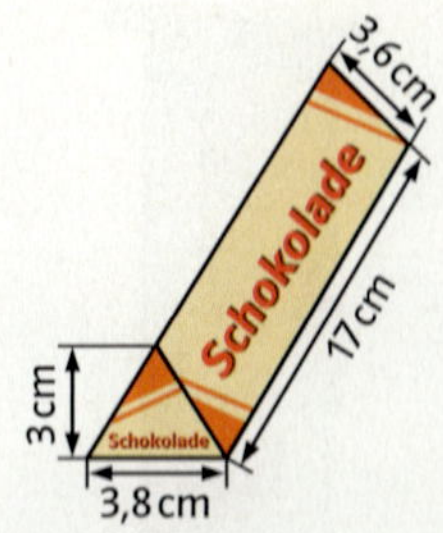

6 Welches Prisma hat die kleinste (die größte) Oberfläche?

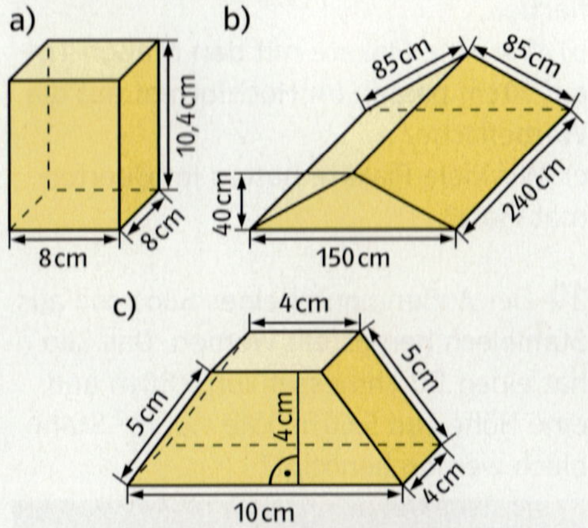

7 Dies sind die Grundflächen verschiedener Prismen mit der Höhe 5,5 cm. Berechne die Oberflächeninhalte.

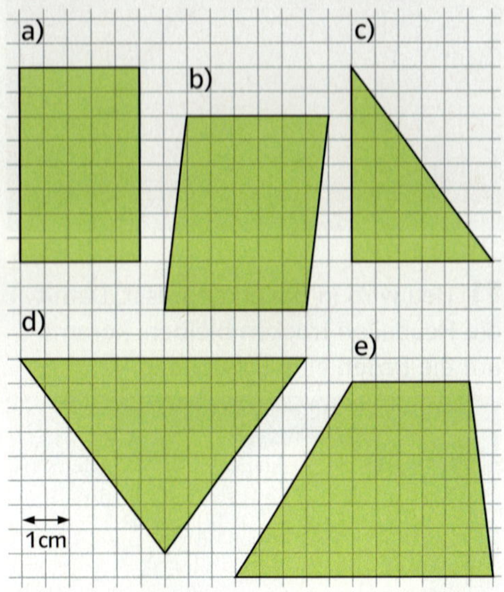

8 Ein Prisma hat eine Oberfläche von 800 cm².

a) Welche Maße könnte ein entsprechendes Dreieckprisma haben? Findet mehr als eine Lösung.

b) Welche Maße könnte ein entsprechendes Viereckprisma haben? Sucht auch hier nach mehr als einer Lösung.

Eine Plakatsäule wird nach ihrem Erfinder E. Litfaß Litfaßsäule *genannt.*

9 Eine Litfaßsäule hat eine Höhe von 3,20 m. Ihr Durchmesser beträgt 1,10 m. Der untere Sockel (h = 30 cm) soll nicht beklebt werden.
a) Berechne die vorhandene Werbefläche.
b) Wie viele Plakate mit den Maßen 1 m auf 70 cm passen im Hochformat auf die Werbefläche?
c) Wie viele Plakate hätten im Querformat Platz?

10 Der Außenmantel eines Silos soll aus Stahlblech hergestellt werden. Das Silo hat einen Durchmesser von 9,80 m und eine Höhe von 5,60 m. Wie viel m² Stahlblech werden benötigt?

11 Heu wird in Ballen gepresst. Damit die Heuballen trocken bleiben, kommt um die Ballen eine Schutzfolie.

Ein Heuballen hat einen Durchmesser von 1,60 m und eine Breite von 1,20 m. Wie viel m² Folie werden für 250 Ballen benötigt?

12 Manche Käsesorten werden in Einzelportionen verpackt.

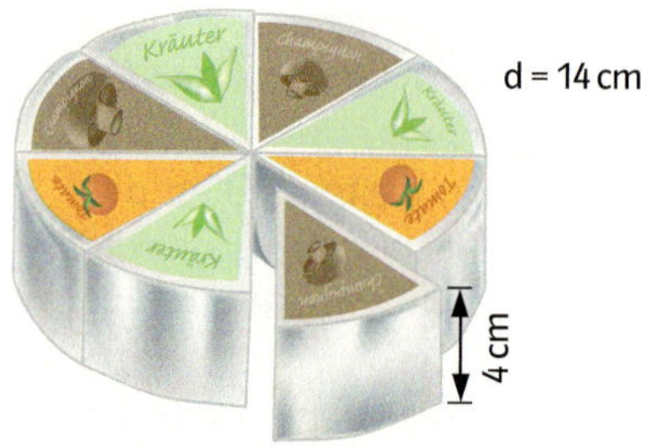

a) Wie viel cm² Folie werden für diese Käseecken insgesamt benötigt? Rechne 20 % für Überlappung der Folien dazu.
b) Wie viel cm² Folie wären erforderlich, wenn dieser Käse als Ganzes verpackt wird? Rechne auch hier 20 % für Überlappung der Folie dazu.
c) Stimmt diese Aussage? „Bei der Einzelverpackung werden fast 50 % mehr Verpackungsfolie gebraucht als für eine Gesamtverpackung."

Knobeln

1 Gibt es einen Körper, der durch beide Öffnungen so durchpasst, dass jeweils der gesamte Ausschnitt ausgefüllt ist? Die Seitenlängen und der Durchmesser der Ausschnitte sind gleich groß.

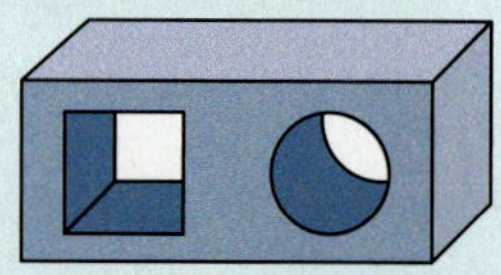

2 Zum Bewegen schwerer Lasten nimmt man manchmal Holzrollen zu Hilfe. Wie weit wird eine Last bewegt, wenn sich eine Rolle mit einem Radius von 20 cm einmal dreht? Prüfe dein Ergebnis durch Probieren an einem ähnlichen Modell nach.

4 Zusammengesetzte Körper

Beim Kraftsport werden so genannte *Hanteln* gehoben. Es gibt Hanteln in unterschiedlichen Größen und entsprechend verschiedenem Gewicht.

	l_1	l_2	d_1	d_2
2-kg-Hantel	20,0 cm	4,0 cm	5,6 cm	2,5 cm
3-kg-Hantel	20,6 cm	4,2 cm	7,0 cm	2,5 cm
4-kg-Hantel	22,0 cm	4,7 cm	7,8 cm	2,5 cm

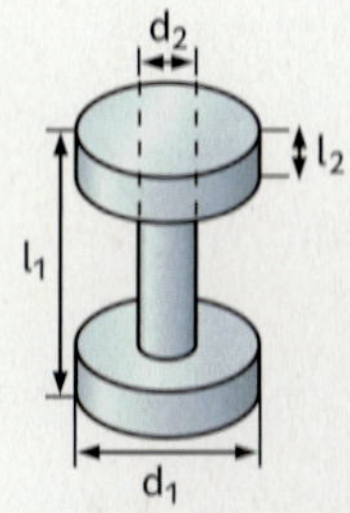

➜ Aus welchen Teilkörpern setzt sich eine Hantel zusammen?

➜ Ist die oben abgebildete 2-kg-Hantel aus massivem Stahl oder sind im Inneren Hohlräume ($1\,cm^3$ Stahl wiegt 7,83 g)? Beschreibe deinen Lösungsweg.

Zusammengesetzte Körper lassen sich in bekannte Körper zerlegen.
Das Volumen des zusammengesetzten Körpers erhält man durch Addition bzw. Subtraktion der einzelnen Körpervolumen.

Weiter geht's

➜ Folgende Körper kann man auf unterschiedliche Arten zerlegen. Beschreibe jeweils mindestens eine Möglichkeit.

a)

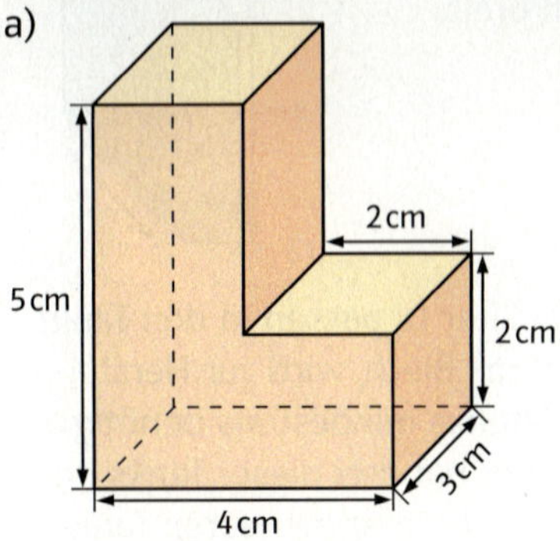

b)

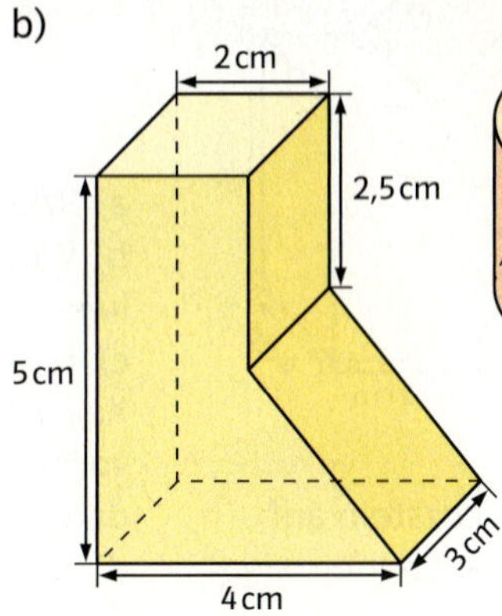

c)

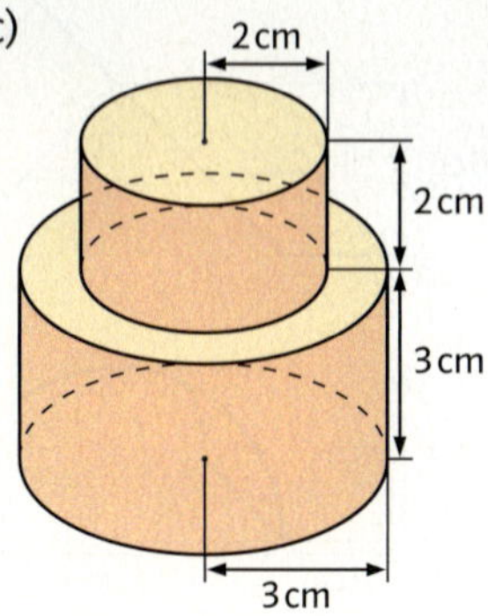

➜ Berechne das Volumen der Körper.

Hinweis: 1 cm^3 Stahl wiegt 7,83 g

1 Beim Bauen werden oftmals Stahlträger verwendet.

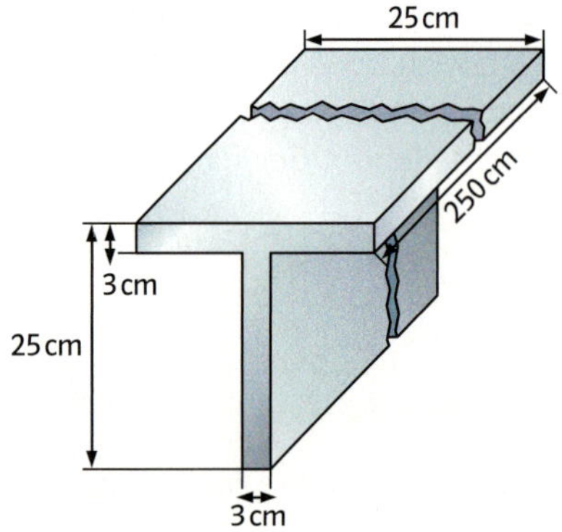

a) Könnten sechs Bauarbeiter diesen Träger heben oder bräuchte man einen Kran?
b) Bei einem ähnlichen Stahlträger sind alle Maße doppelt so groß. Mario meint: „Den heben nicht mal fünfzehn Arbeiter hoch, ohne Kran geht da nichts mehr." Hat er Recht?
c) Skizziere einen U-Träger. Bemaße ihn wie den T-Träger auch mit 3 cm, 25 cm und 250 cm. Berechne sein Gewicht.
d) Beide Träger sollen gegen Rost gestrichen werden. Reicht die Rostschutzfarbe zum zweimaligen Anstrich?

2 Gib das Volumen des Körpers an. Überlege, bevor du genau rechnest, wie du den Wert überschlagen kannst.

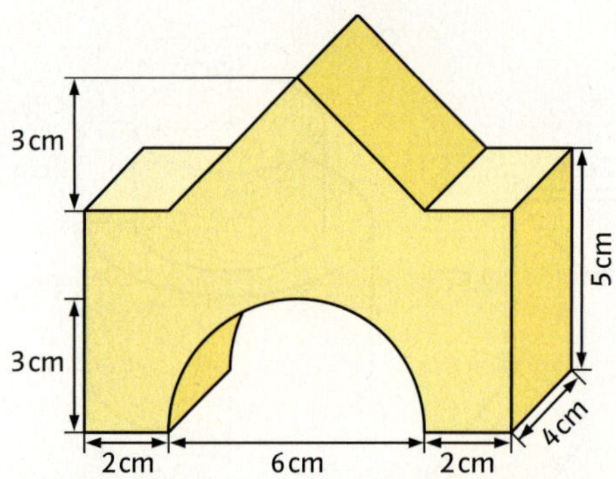

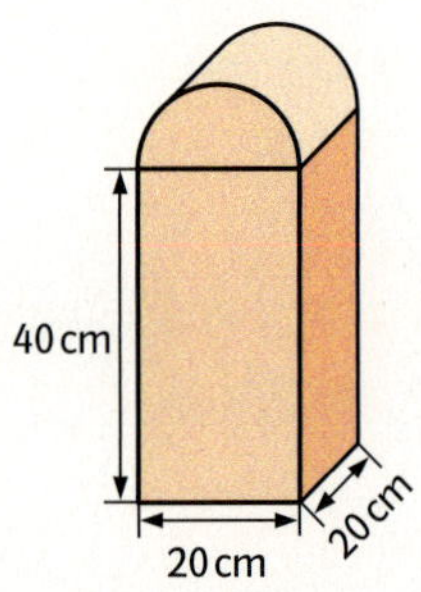

3 Wie schwer ist der Grenzstein auf der Randspalte? 1 cm^3 des Steines wiegt 4,2 g. Überlege zunächst, aus welchen Teilkörpern er besteht.

4 Im Technikunterricht werden Buchstützen aus Buchenholz hergestellt.

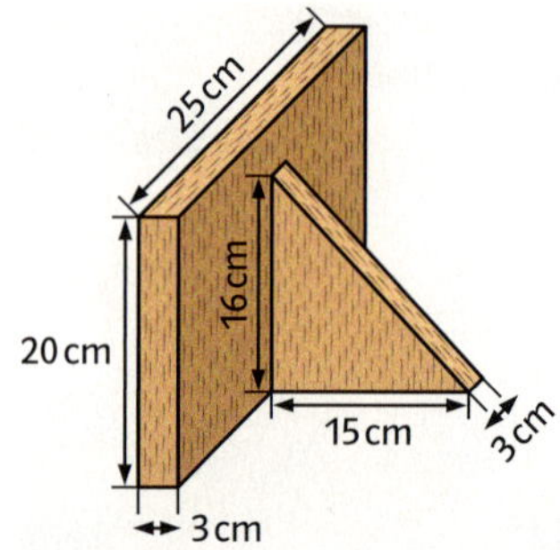

a) Reicht ein 3 cm dickes Holzbrett in DIN-A3-Größe für zwei Buchstützen? Begründe deine Antwort.
b) Wie schwer sind die beiden Buchstützen? 1 cm^3 Buchenholz wiegt 0,72 g.

5 Aus einer 4 cm hohen Rundsäule mit einem Radius von 4 cm wird ein zylinderförmiges Loch ausgebohrt. Das Loch hat einen Durchmesser von 5 cm und eine Tiefe von 3 cm.
a) Skizziere diesen Körper.
b) Berechne sein Volumen.
c) Berechne seine Oberfläche.
d) Stimmt die Aussage? „Der ausgebohrte Körper wiegt noch knapp 70 % seines ursprünglichen Gewichtes."

6 Ein Heizöltank ist 2 m lang, 1,80 m hoch und 60 cm breit.

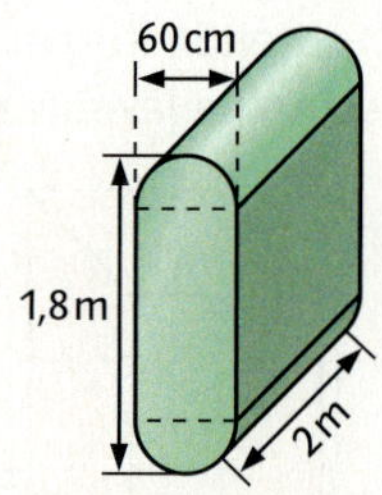

a) Wie viel Liter Öl passen in den Tank?
b) Wie viel m^2 Blech, wird zur Herstellung des Öltanks mindestens benötigt?
c) Herr Maier hat drei dieser Tanks im Keller stehen. Er lässt die leeren Tanks vollständig füllen. Erkundige dich nach dem aktuellen Ölpreis und berechne.
d) Nach einigen Monaten misst er den Ölstand: 60 cm in allen drei Tanks. Wie viel Öl hat er schon verbraucht?

Einblicke – Rückblicke

1 a) Skizziere ein Dreieckprisma mit selbst gewählten Maßen.
b) Skizziere ein weiteres Dreieckprisma. Es soll das doppelte Volumen von deinem in a) gezeichneten Prisma haben.
c) Ein Zylinder hat einen Durchmesser von 5 cm und eine Höhe von 4 cm. Skizziere diesen Zylinder.

2 a) Zeichne das Netz eines der Körper.

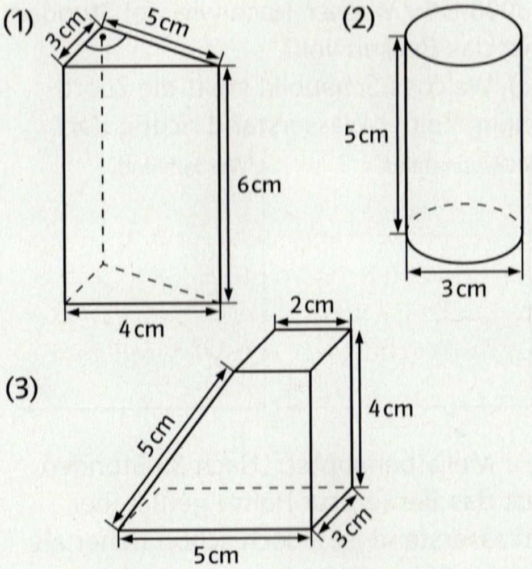

b) Berechne das Volumen und die Oberfläche der Körper.

3 In einem abschüssigen Gelände wird Erde abgetragen. In die Schaufel eines Radladers passen $1{,}8\,m^3$, ein LKW kann $9\,m^3$ laden.

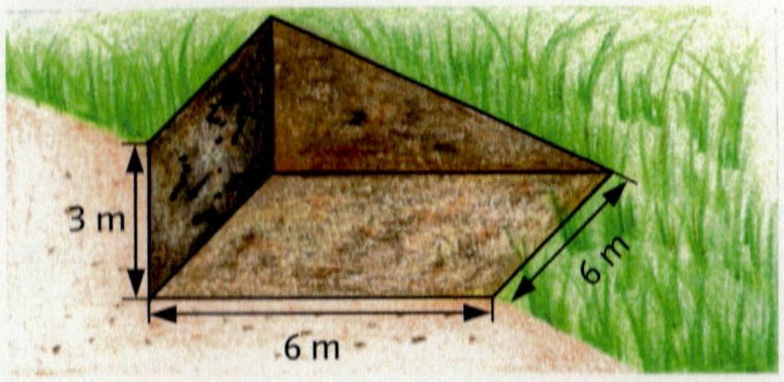

4 Im Erdgeschoss eines Gebäudes stützen drei runde Betonpfeiler die Decke ab. Jeder Pfeiler hat einen Durchmesser von 1,20 m und eine Höhe von 3,50 m.
a) $1\,m^3$ Beton wiegt 2,4 t.
b) Die Pfeiler werden zweimal mit Betonfarbe gestrichen. Es gibt Farbeimer mit 4 l und mit 12 l Inhalt;
Verbrauch: $0{,}4\,l/m^2$.
c) Der Eingangsbereich des Gebäudes wird durch zwei runde Stahlsäulen gestützt. Die Säulen haben einen Umfang von 80 cm und eine Höhe von 4,20 m. Auch sie werden zweimal gestrichen. Eine Farbdose mit 750 ml (Verbrauch: 80 ml pro m^2) kostet 16,80 €.

Trainingsmatte

1 Berechne im Heft.

a)

+	+3,4	−2,6	+10,1	−0,8
+5				
−11,5				

b)

−	+7	+3,2	−4,5	−11,1
+6				
−7,5	−14,5			

c)

·	+10	−1,5	+9,9	−6,5
		−13,5		
−8,5				

2 Auf einem Konto sind 270 €. Folgende drei Buchungen werden ausgeführt: Barabhebung 300 €; Abbuchung 120,50 €; Lehrlingsgehalt 617,25 €. Berechne den neuen Kontostand.

3 Der Mond besitzt keine Atmosphäre. Deshalb herrschen dort sehr unterschiedliche Temperaturen. Auf der sonnenzugewandten Seite sind es 138 °C, auf der sonnenabgewandten Seite liegen sie bei −171 °C. Wie groß ist der Temperaturunterschied?

Die Lösungen zur Trainingsmatte findest du auf Seite 156.

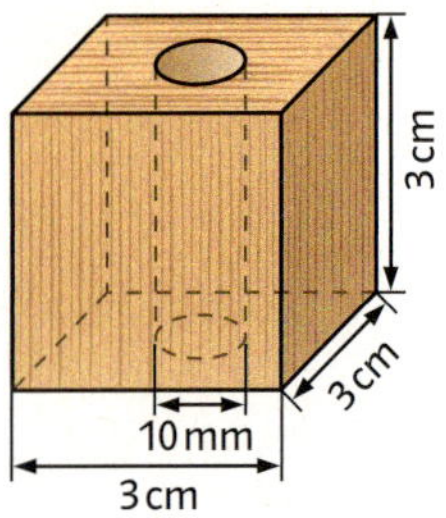

5 Im Technikunterricht wird durch einen Holzwürfel ein Loch gebohrt. Welche Aussagen stimmen?
A1: Der Würfel hatte ursprünglich ein Volumen von $27\,cm^3$.
A2: Das Loch hat ein Volumen von mehr als $3\,cm^3$.
A3: Der durchgebohrte Würfel hat ein Volumen von mehr als $24{,}5\,cm^3$.
A4: Der nicht durchgebohrte Würfel schwimmt im Wasser, der durchgebohrte geht unter.

6 Der Hubraum eines Verbrennungsmotors lässt sich aus dem Durchmesser des Zylinders, der Hubhöhe des Kolbens und der Zylinderanzahl berechnen.

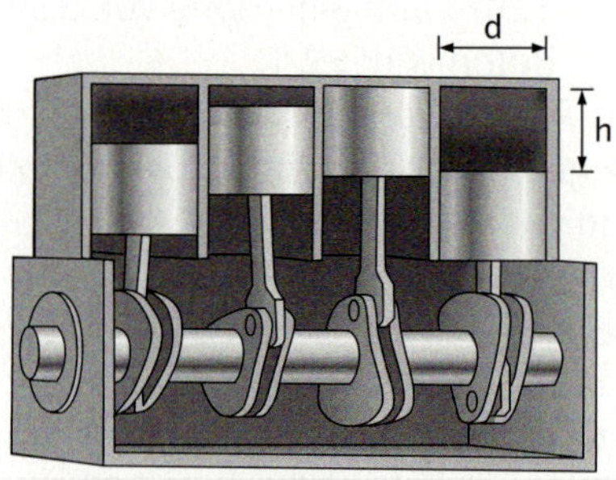

Berechne die fehlenden Werte. Runde den Hubraum auf Hunderter.

Motor	Zylinderdurchmesser	Hubhöhe	Zylinderanzahl	Hubraum
A	75 mm	84 mm	4	☐
B	84 mm	75 mm	12	☐
C	84 mm	84 mm	☐	$2800\,cm^3$

Welcher Motor verbraucht am wenigsten, welcher am meisten Benzin? Begründe deine Antwort.

7 Im Technikunterricht werden Anfangsbuchstaben von Schülervornamen aus Holzrechteckleisten hergestellt. Sie sollen gleich hoch und gleich breit sein.
a) Ordne die Buchstaben E, F, H, L, T nach ihrem Volumen.
b) Wo würdet ihr das Z einordnen?

8 Ein Schwimmbecken hat folgende Maße.

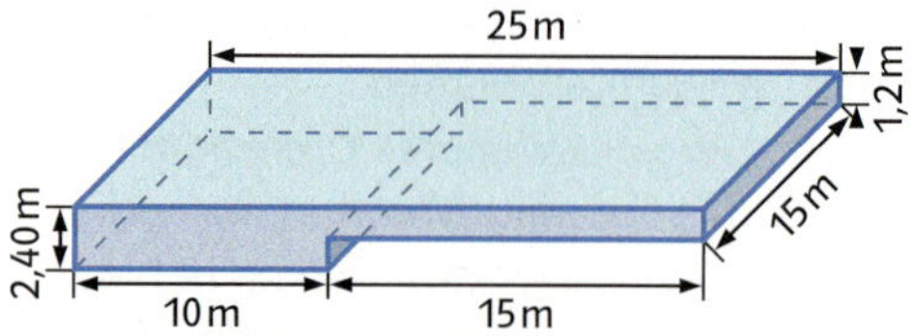

a) Wie viel m^3 passen in das Schwimmbecken?
b) Das Becken wird mit drei Pumpen gefüllt. Jede Pumpe fördert in einer Stunde 3000 Liter Wasser. Nach wie viel Stunden ist das Becken voll?
c) Welches Schaubild stellt die Zuordnung Zeit → Wasserstand richtig dar?

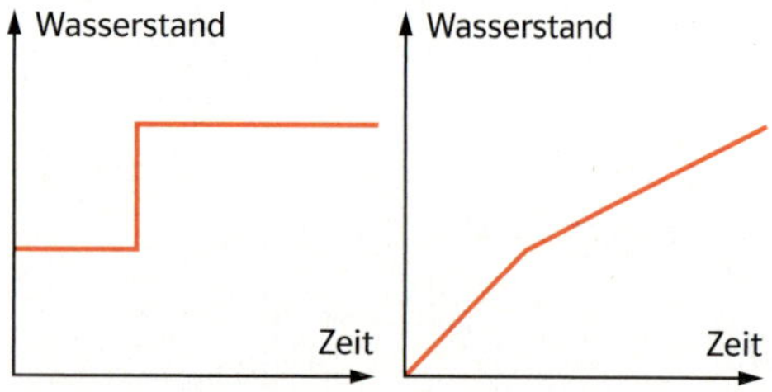

d) Melia behauptet: „Nach 35 Stunden ist das Becken zur Hälfte gefüllt, der Wasserstand ist jedoch schon höher als 1,20 m." Hat sie Recht?

9 Im Pausenhof einer Schule stehen Sitzbänke für die Schüler.

$1\,dm^3$ Beton wiegt 2,4 kg. Entwickelt selbst Aufgaben, schätzt benötigte Maße.

Test

Leicht

Jede Aufgabe: 2 Punkte

1 Dies ist die Grundfläche eines 5,5 cm hohen Prismas.
a) Skizziere das Schrägbild.
b) Zeichne das Netz.

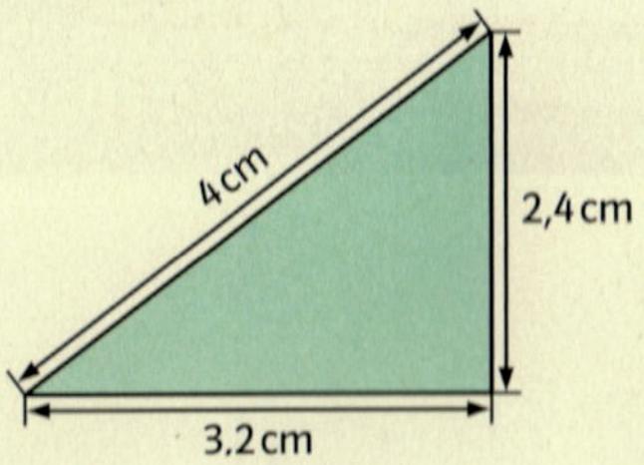

2 Berechne
a) das Volumen
b) die Oberfläche
des Prismas aus Aufgabe 1.

3 Berechne das Volumen dieses 3,2 cm hohen Körpers.

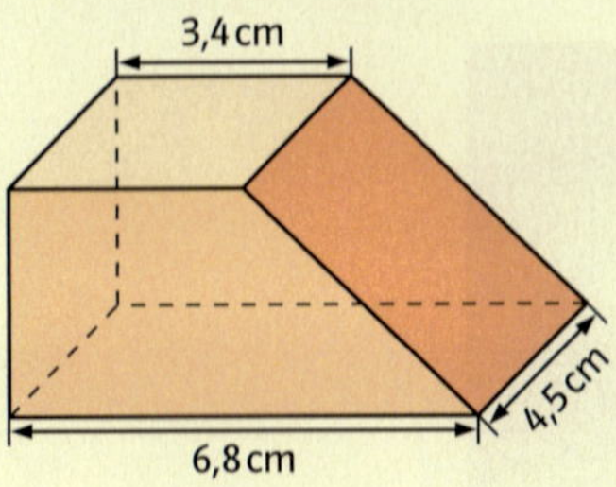

4 Ein Aquarium hat eine Grundfläche von 60 cm × 40 cm. Das Wasser steht 50 cm hoch. Ist das Aquarium schwerer oder leichter als 120 kg?

5 Ein 1 m hohes Dreieckprisma aus Glas hat eine Grundfläche von $a = 28{,}5\,cm$ und $h_a = 18\,cm$. $1\,cm^3$ Glas wiegt 2,23 g.
Stimmen folgende Aussagen?
a) Die Grundfläche ist kleiner als die Hälfte eines DIN-A4-Blattes.
b) Das Prisma wiegt ungefähr so viel wie ein Schüler der Klasse 8.

Mittel

Jede Aufgabe: 3 Punkte

1 Dies ist die Grundfläche eines 5,5 cm hohen Zylinders.
a) Skizziere das Schrägbild.
b) Zeichne das Netz.

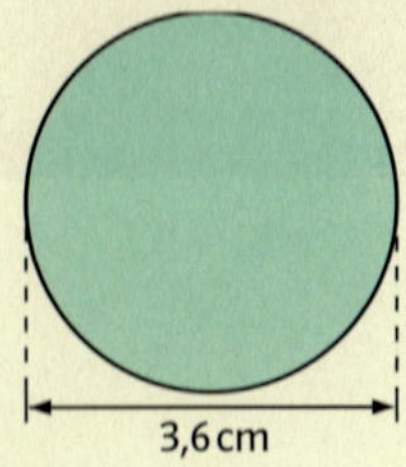

2 Berechne
a) das Volumen
b) die Oberfläche
des Zylinders aus Aufgabe 1.

3 Berechne das Gewicht des Körpers ($1\,cm^3$ wiegt 2,6 g).

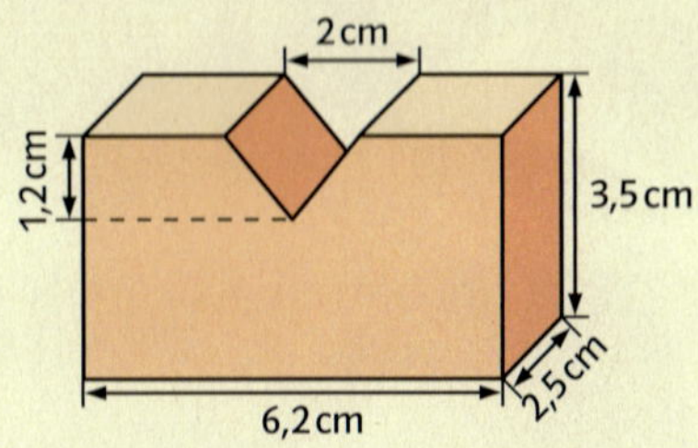

4 In ein Aquarium werden 30 Liter Wasser eingefüllt. Das Wasser steht danach 15 cm hoch. Welche Form und welche Maße könnte die Grundfläche haben?

5 Ein zylinderförmiger Pflanzkübel mit einem Durchmesser von $\frac{1}{2}$ m und einer Höhe von 70 cm soll mit Blumenerde gefüllt werden. Im Angebot gibt es gerade 20-Liter-Beutel. Wie viele dieser Beutel soll Frau Gärtner kaufen?

Schwierig

Jede Aufgabe: 4 Punkte

1 Dies ist die Grundfläche eines 5,5 cm hohen Prismas.
a) Skizziere das Schrägbild.
b) Zeichne das Netz.

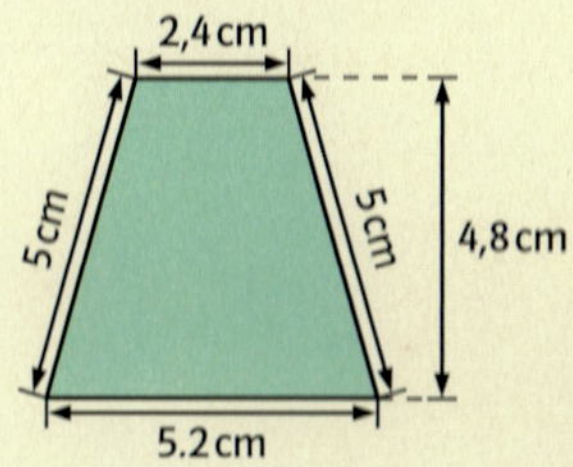

2 Berechne
a) das Volumen
b) die Oberfläche
des Prismas aus Aufgabe 1.

3 Berechne das Gewicht des Werkstückes ($7{,}8\,g/cm^3$).

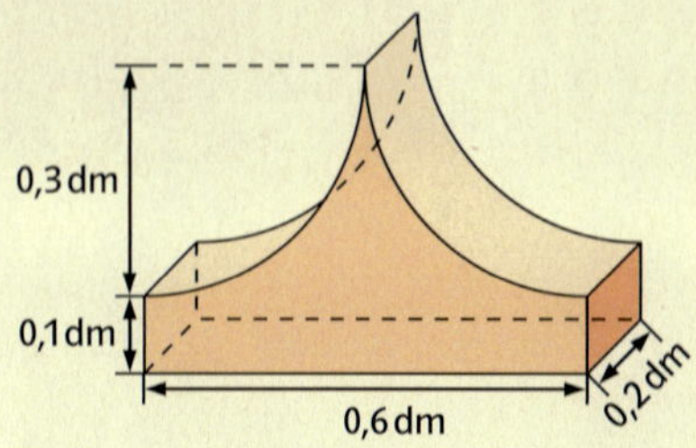

4 In ein Aquarium werden 30 Liter Wasser eingefüllt. Das Wasser steht danach 15 cm hoch. Gib drei verschiedene Grundflächenformen mit Maßen an.

5 Herr Reich kauft bei der Bank einen 100-g-Goldbarren. Gold wiegt 19,3 g pro cm^3.
a) Schätze die Länge, Breite und Höhe dieses Barrens.
b) Welches Volumen hätte er ungefähr?
c) Skizziere im Heft diesen Barren und gebe seine Maße an.

Die Lösungen zum Test findest du auf Seite 156.

Es gibt viele Geräte, bei denen das Gleichgewicht eine Rolle spielt. Die abgebildete Wippe steht im *Pelhamer Hochseilgarten*. Beschreibe, wie ein Gleichgewicht bei dem abgebildeten Gerät erzielt wird. Welche Rolle spielt die Anzahl der Personen und deren Platzierung?

Große Lasten lassen sich auf beiden Schultern leichter tragen, wenn sie gleichmäßig verteilt werden!

6 Terme und Gleichungen

Gleichgewicht – gleich gewichtig

Eine Balance herzustellen oder zu halten ist oft gar nicht so einfach. So erfahren schon kleine Kinder im Spiel, dass ein Gewicht auf der einen Seite durch ein gleich großes Gewicht auf der anderen Seite ausgeglichen werden kann.
Auch zum Transportieren schwerer Lasten oder beim Wiegen mit Balkenwaagen nutzt man die gleichmäßige Verteilung von Gewichten auf zwei Seiten.

Ausblick

In diesem Kapitel findest du:
- Aufstellen von Termen mit und ohne Variablen
- Vereinfachen von Termen
- Berechnen von Termen
- Aufstellen von Gleichungen
- Lösen von Gleichungen durch Probieren und Umformen

1 Terme mit Variablen

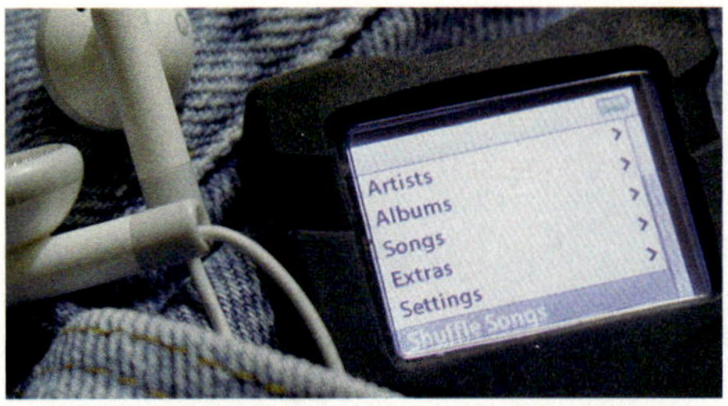

Die Geschwister Nina und Robin hören längere Zeit am Tag aktuelle Musiktitel. Diese laden sie aus dem Internet auf ihren PC und dann auf den MP3-Player. Bei ihrem Musikanbieter wird zwischen Alben (albums), Einzeltiteln (tracks) aus Alben und Maxi-Singles (singles) unterschieden.

Monat	Nina	Robin
März	5s + 1a + 1t	1t + 5s
April	8t	1a + 3t
Mai	2a + 1t	4t + 2s
Juni	s + 6t	3t + 4a

→ Die Geschwister notieren sich die Art ihrer heruntergeladenen Musik genau, damit sie die Kosten bei der gemeinsamen Rechnung auch gerecht aufteilen können. Erkläre die Schreibweise der beiden.

→ Wie viele Maxi-Singles, Einzeltitel und Alben haben die beiden jeweils zusammen in den einzelnen Monaten erworben? Schreibe verkürzt auf.

→ Berechne die monatlichen Rechnungskosten, wenn eine Maxi-Single 1,49€, ein Einzeltitel 0,95€ und ein Album 9,95€ kostet.

→ Wie viel Geld hat jedes Kind bisher ausgegeben?

Häufig benutzte Variablen: a, b, g, h, x, y, α, β, γ, …

Rechenausdrücke werden **Terme** genannt. Terme können Variablen (Platzhalter) enthalten. $2x$; $a + 3$; $5y + z$
Werden zwei Terme mit einem Gleichheitszeichen verbunden, erhält man eine **Gleichung**. $3x + 4 = 64 - x$

Weiter geht's

→ Stelle zu jedem CD-Regal einen Term auf. Verwende die Variablen x für Maxi-CDs und y für Alben.

a)

b)

c)

Maxi-CD

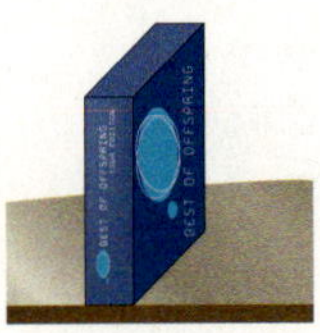

Album

→ Berechne jeweils die Gesamtkosten, wenn eine Maxi-CD 5,99€ und ein Album 16,95€ kostet.

→ Wie viel kostete jeweils eine Maxi-CD im Angebot, wenn ein Album im Handel 17€ kostet? Stelle eine Gleichung auf und löse durch Probieren.

a)

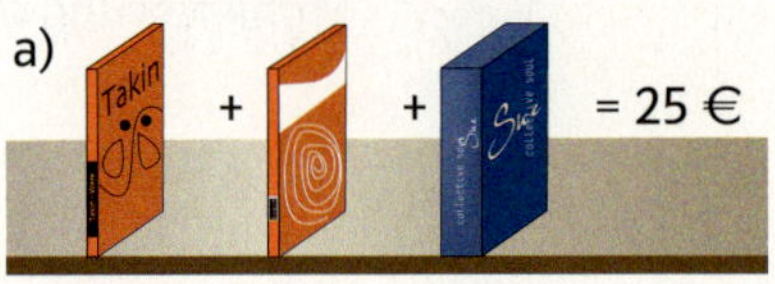

b)

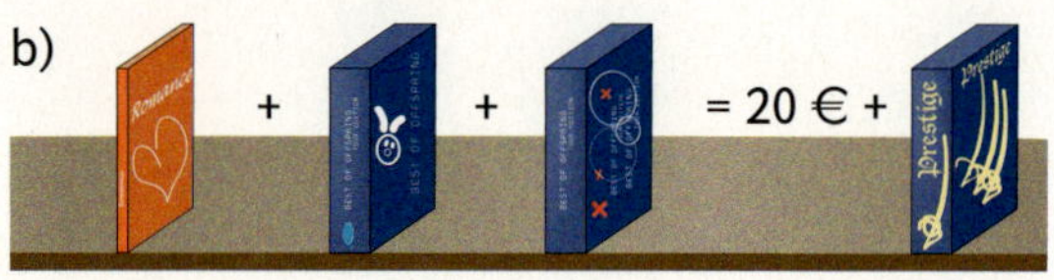

1 Ordnet jedem Satz einen Term zu und erklärt die Bedeutung der Variablen.

$x \cdot 2$ | $z:3$ | $y:4$ | $r+5$ | $t:2$ | $a+30$ | $2s+1$ | $b:2-30$

a) Max ist doppelt so alt wie Sabrina.
b) Frau Mai joggt dreißig Minuten länger als ihr Mann.
c) Die Jeans ist halb so teuer wie die Jacke.
d) Das Geld wird an 3 Kinder verteilt.
e) Miriam bekommt 5€ mehr Taschengeld als ihre kleine Schwester.
f) Manuel läuft ein Viertel der normalen Wegstrecke.
g) Der Teppich ist 30€ billiger als die Hälfte seines ursprünglichen Preises.
h) Das Alter von Paul ist um 1 höher als das doppelte Alter seines Bruders.

2 Schreibe als Term. Die Übersetzungshilfen am Rand helfen dir dabei.
a) Dividiere eine Zahl durch 9.
b) Vermindere 35 um eine Zahl.
c) Bilde die Differenz einer Zahl und 40.

3 Schreibe zu jedem Term einen Text.
a) $3 \cdot x$
b) $x + 50$
c) $x:5$
d) $\frac{x}{2} + 2$
e) $x - 1000$
f) $3x + y$
g) Denkt euch selbst Terme aus und findet dazu verschiedene Texte.

4 Vervollständige die Tabelle im Heft.

x	x + 7	4x	2x − 9	x:5
5	12			
15				
25				
35				

5 Lege jeweils eine Wertetabelle an. Setze für die Variablen die Zahlen 3; 12; 18 und 24 ein.
a) $x + 9$; $x - 20$; $x + \frac{1}{2}$
b) $2x + 6$; $12x - 50$; $3x - 5{,}5$
c) $x:3 + 33$; $x:3 - 5$; $2x:6$

6 Der Umfang von geometrischen Figuren kann in einem Term angegeben werden. Um welche Figur könnte es sich jeweils handeln? Manchmal gibt es mehr als eine Lösung!
a) $a + b + c$
b) $2a + 2b$
c) $4a$
d) $a + 2b + c$
e) $5x$
f) $6x$

Vereinfachen von Termen

– Bei der **Addition** und der **Subtraktion** lassen sich gleichartige Variablen zusammenfassen.
$a + a + a = 3a$
$2a + 4a + 6b - 2b = 6a + 4b$

– Bei der **Multiplikation** werden die Zahlen multipliziert und die Variablen als Faktoren beibehalten.
$2x \cdot 3y = 2 \cdot x \cdot 3 \cdot y = 6 \cdot x \cdot y = 6xy$

– Bei der **Division** kann am Bruchstrich gekürzt werden.
$6xy:2y = \frac{\overset{3}{\cancel{6}} \cdot x \cdot \overset{1}{\cancel{y}}}{\underset{1}{\cancel{2}} \cdot \underset{1}{\cancel{y}}} = 3 \cdot x = 3x$

7 Vereinfache die Terme.
a) $g + g + g + g$
b) $h + i + i - h$
c) $7a + 4a - a$
d) $3 + 4 + 4x - x + 5$
e) $3{,}5a + 5b + 4{,}2a$
f) $2{,}5y + 2x - 1{,}2y$
g) $3x + 7y + 9z - 3y + 11z - x + 5z + 3x$
h) $\frac{3}{4} + 6{,}2x + 1{,}25 + 9x - \frac{1}{5}x + 2{,}5$
i) $1\frac{1}{2}y + 3{,}5y + \frac{4}{5} - 0{,}75y + 6$

8 Multipliziere und fasse zusammen.
a) $5x \cdot 8$
b) $12 \cdot 3y$
c) $15e \cdot 3y$
d) $3s \cdot 5t$
e) $3x \cdot 4y \cdot 5z$
f) $12b \cdot 5x \cdot 6y$
g) $0{,}5f \cdot 2 \cdot \frac{1}{2}g$
h) $\frac{1}{2}x \cdot \frac{1}{4}y \cdot \frac{1}{8}z$

9 Schreibe den Term als Bruch. Vereinfache dann.
a) $150x:10$
b) $25k:5k$
c) $75s:25s$
d) $36:6z$
e) $12x:8x$
f) $ab:b$
g) $6axy:3ay$
h) $24yz:6z$
i) $adr:rad$
j) $1{,}6x:0{,}4$

Übersetzungshilfen

– die Summe von
– addieren
– vergrößert um
– vermehrt um
+

– die Differenz von
– subtrahieren
– vermindert um
−

– das Produkt von
– multiplizieren
– vervielfachen
– das ▢fache
·

– der Quotient von
– dividieren
– der ▢. Teil
:

10 a) Schreibe jeweils den Term für den Umfang der Figur auf. Vereinfache, wenn möglich.

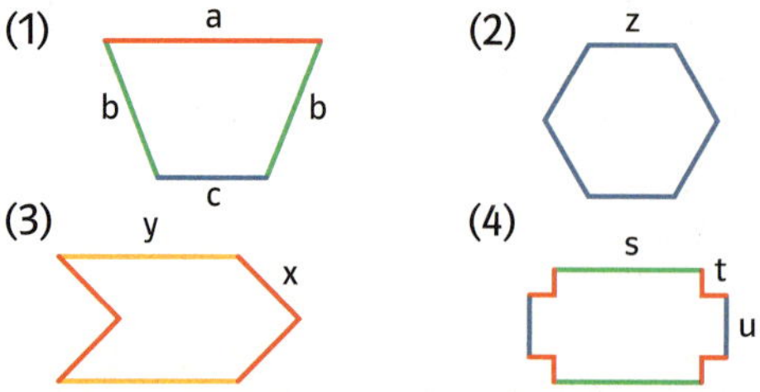

b) Berechne den Umfang der Figuren bei (1) und (3) für $a = 8\,cm$, $b = 5\,cm$, $c = 3\,cm$, $x = 7\,cm$ und $y = 11\,cm$.
c) Berechne die Seitenlänge z bei Teilaufgabe (2), wenn der Umfang 30 cm; 15 cm; 450 cm oder 360 cm beträgt.
d) Berechne bei Teilaufgabe (3) die Seitenlänge y, wenn der Umfang 56 cm und $x = 9\,cm$ ist.

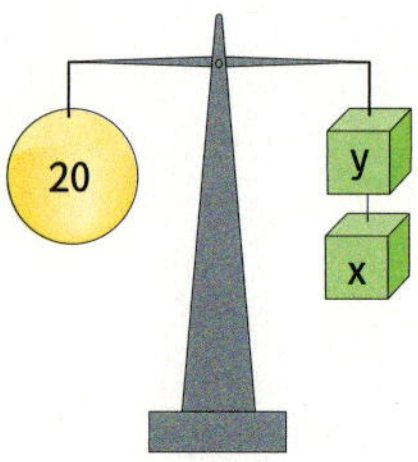

11 Stelle ein Gleichgewicht der links abgebildeten Waage her, indem du den passenden Wert für y einsetzt.
a) Wähle für x eine ungerade Zahl.
b) x ist dreimal so groß wie y.
c) x hat den Wert 13,75.
d) x ist genauso groß wie y.
e) x hat den Wert $\frac{5}{8}$.

Wählt den Term für die gewürfelte Zahl geschickt aus!

 + 10 = 12

2 ·  − 5 = −1

Hoch gewinnt! **Spielen**

Zwei Spieler würfeln abwechselnd mit einem Würfel. Die Variablen in den Termen werden jeweils durch die gewürfelte Zahl ersetzt. In welchem Term eingesetzt wird, darf jeder selbst entscheiden. Wichtig ist, dass nach 6 Spielrunden jeder Term von jedem Spieler einmal verwendet wurde. Die Ergebnisse der sechs Terme werden addiert. Gewonnen hat, wer die größte Summe erreicht.

$x + 10$ $3x$ $2x - 5$
$10 - x$ $5x$ $5x - 3$

12 Ein Blatt Papier wird so gefaltet, dass 16 gleich große Felder entstehen. Alle gleich langen Faltlinien haben dieselbe Variable.

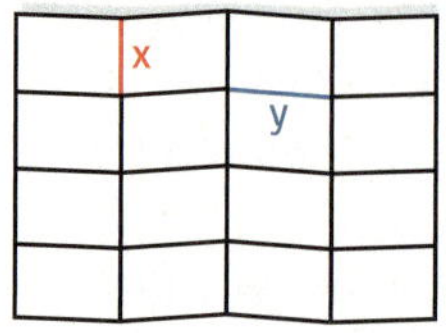

a) Faltet ebenso. Wer von euch findet den längsten Weg von links oben nach rechts unten, ohne eine Strecke doppelt zu gehen? Wer findet den kürzesten Weg? Gebt jeweils in Termen an.
b) Überlegt euch selbst Faltpapiere, benennt die Faltlinien mit Variablen und gebt verschiedene Wege an.

13 Schreibe zu jedem Pfeilbild eine Gleichung und löse durch die Umkehraufgabe.

Aufgabe: $x \xrightarrow{+12} 18$ $x + 12 = 18$
Umkehraufgabe: $6 \xleftarrow{-12} 18$ $x = 6$

a) $x \xrightarrow{+42} 122$
b) $x \xrightarrow{-55} 13$
c) $2x \xrightarrow{+23} 25$
d) $4x \xrightarrow{+50} 66$

14 Die Waagen befinden sich im Gleichgewicht. Gib jeweils eine Gleichung an und löse sie durch Probieren.

a)
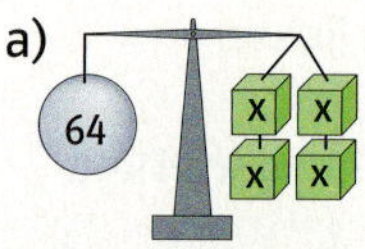

b)
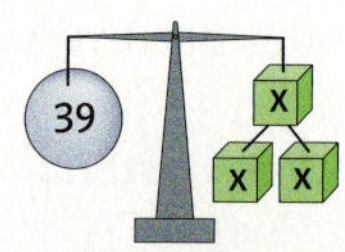

c)
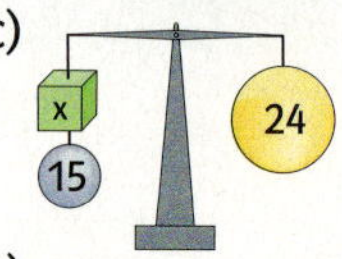

d)
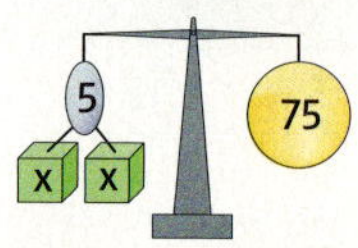

e)
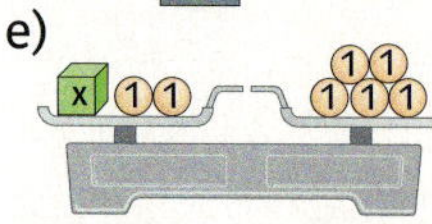

f)

g)
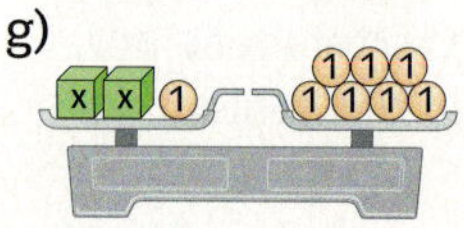

h)
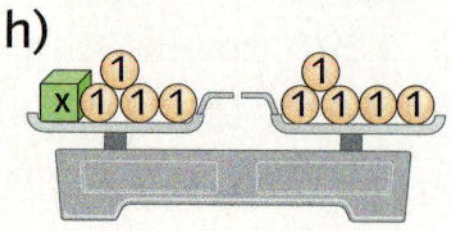

i) Erkläre Partner oder Partnerin, wie du die Lösung gefunden hast.

2 Gleichungen lösen

Jelena füllt in jeden Plastikbecher gleich viele Murmeln, ohne dass Steffen die Anzahl kennt. Becher und Murmeln verteilt sie so auf eine Balkenwaage, dass diese sich im Gleichgewicht befindet. Durch die Verteilung kann Steffen die Anzahl der Murmeln in einem Becher herausfinden.

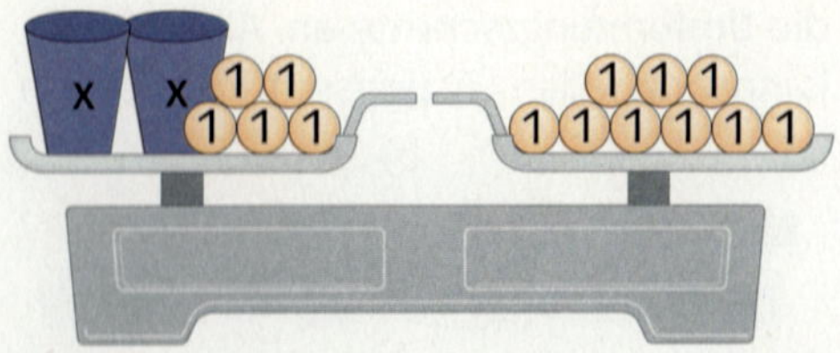

Das Gewicht des Plastikbechers muss nicht berücksichtigt werden.

➜ Wie viele Murmeln sind in einem Becher? Erkläre.

➜ Stellt euch gegenseitig ähnliche Aufgaben mithilfe einer Waage.

Steffen stellt Jelena die Aufgabe (1). Sie verändert schrittweise die Waagschalen, sodass sie zum Schluss die Anzahl der Murmeln im Becher direkt ablesen kann.

(1)

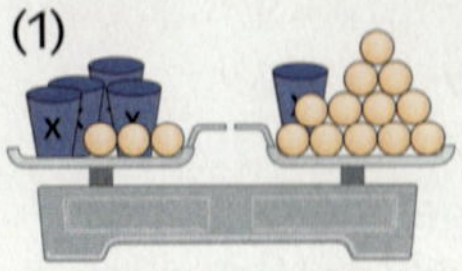

(2)

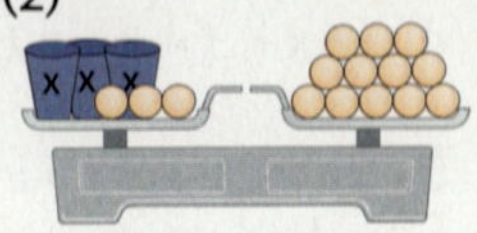

(3)

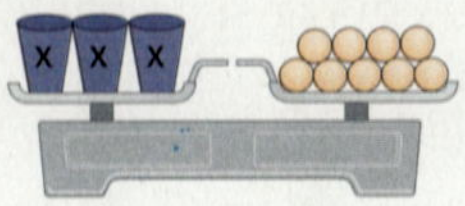

(4)

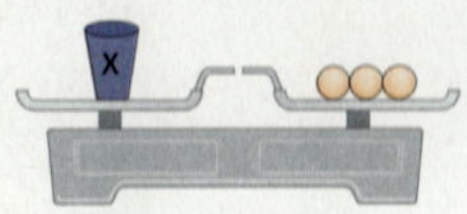

➜ Formuliert, wie Jelena vorgegangen ist.

➜ Jelena schreibt zum ersten Bild die Gleichung $4x + 3 = x + 12$ auf. Erklärt.

➜ Gib die Gleichungen zu Bild (2), (3) und (4) an. Erkläre, wie sich eine Gleichung aus der anderen ergibt.

Eine Gleichung wird durch Umformen gelöst. Ziel ist, dass die Variable allein auf der einen Seite steht und die Lösung auf der anderen Seite der Gleichung.
Beim **Umformen** darf man:
- auf beiden Seiten der Gleichung dieselbe Zahl addieren oder subtrahieren.
- beide Seiten der Gleichung mit derselben Zahl (außer 0) multiplizieren oder durch eine Zahl dividieren.

Weiter geht's

➜ Erkläre, wie die Gleichung schrittweise umgeformt wurde. Ordne den einzelnen Schritten die Abbildungen der Waagen auf der Randspalte zu.

$$3x + 4 = 13 \quad | -4$$
$$3x + 4 - 4 = 13 - 4$$
$$3x = 9 \quad | :3$$
$$3x : 3 = 9 : 3$$
$$x = 3$$

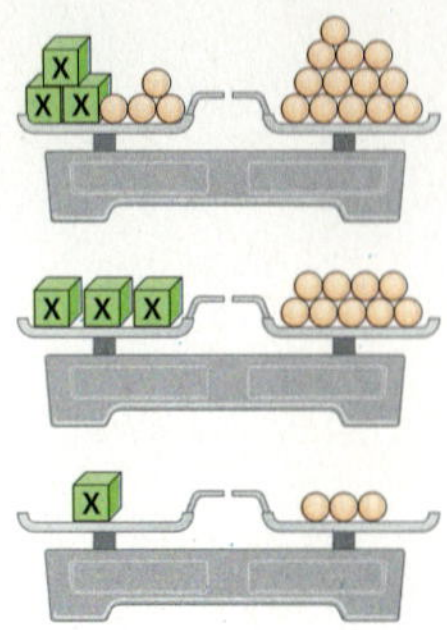

➜ Skizziere die zweite und dritte Waage.

Schritt 1: $4x + 3 = 3x + 7 \quad | -3x$

$4x + 3 - 3x = 3x + 7 - 3x$

Schritt 2: $x + 3 = 7 \quad | -3$

$x + 3 - 3 = 7 - 3$

$x = 4$

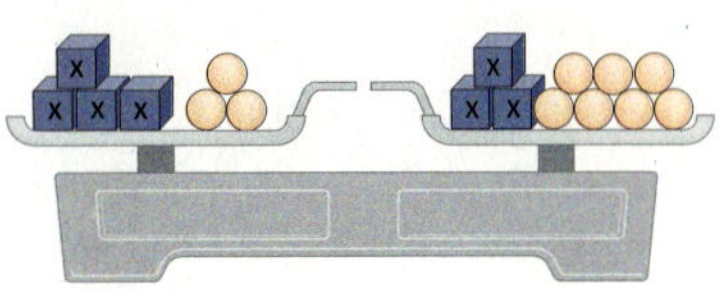

1 Stelle zu jedem Bild eine Gleichung auf und löse sie durch Umformen. Gib die Umformungsschritte an. Als Hilfe kannst du jeden Lösungsschritt zeichnen.

a)
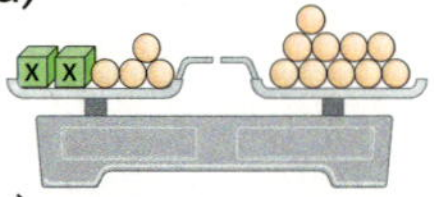
b)
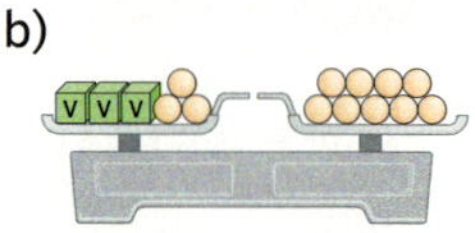
c)
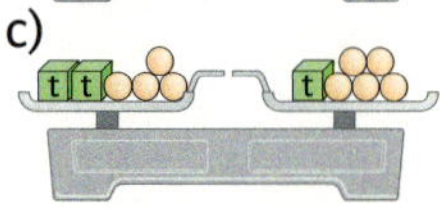
d)
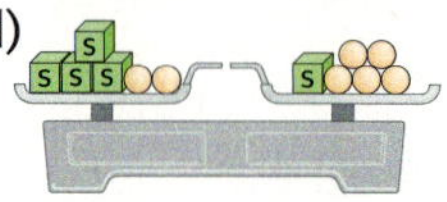

2 Das Mobile ist im Gleichgewicht. Stelle jeweils eine Gleichung auf und löse durch Umformen.

a)
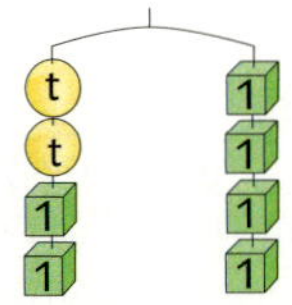
b)
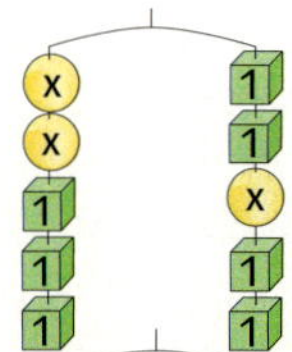
c)
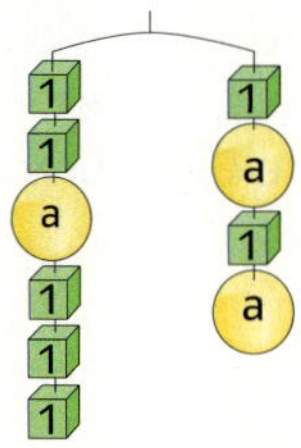
d)
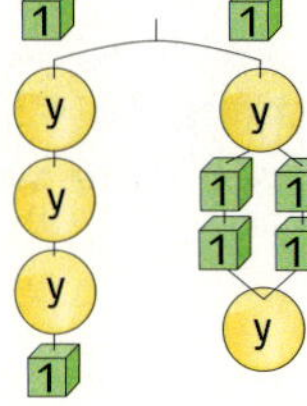

3 In jedem Becher ist die gleiche Anzahl an Murmeln. Stelle jeweils eine Gleichung auf und löse durch Umformen.

a)

b)
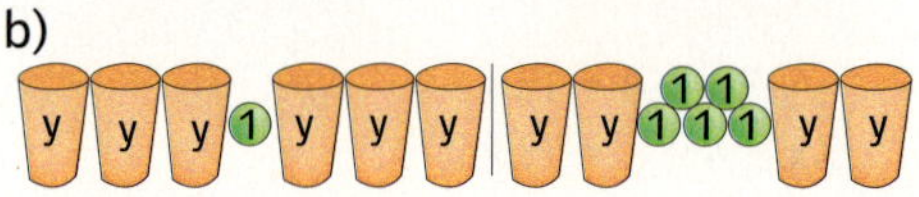
c)

d)
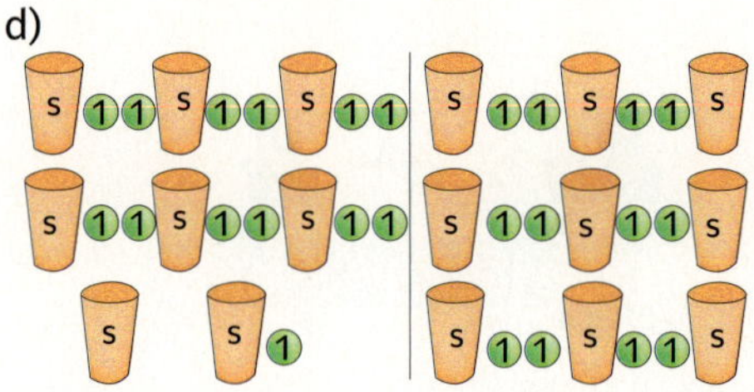

Aufgabe: $4x + 3 = x + 9$
Lösung: $x = 2$
Kontrolliere deine Lösung, indem du die gefundene Zahl einsetzt.

Probe: $4 \cdot 2 + 3 = 2 + 9$
$8 + 3 = 11$ ✓

4 Überprüfe die folgenden Lösungen, indem du eine Probe durchführst. Korrigiere falsche Lösungen.

a) $12x - 8 = 3x + 1$; $x = 2$?
b) $6x - 5 = x + 15$; $x = 4$? Achtung
c) $7x + 3 = 12x - 12$; $x = 3$? Fehler!
d) $2{,}5x + 3 = 3x + 2{,}5$; $x = 2$?

5 Löse die Gleichungen durch Umformen. Notiere die einzelnen Umformungsschritte und führe eine Probe durch.

a) $12 = x - 18$
$x - 72 = 8$
b) $9 = 34 - x$
$x + 23 = 23$
c) $2x - 10 = 22$
$15 = 11x - 7$
d) $89 = 8x + 9$
$10x + 4 = 54$

6 Stelle jeweils eine Gleichung auf und löse sie.

a) Max addiert zu einer Zahl 18 und erhält als Ergebnis 38.
b) Tim sagt: „Wenn ich zum Vierfachen einer Zahl 1 addiere, erhalte ich 17."
c) Ira subtrahiert das Doppelte einer Zahl von 16. Sie erhält 17 vermindert um das Dreifache der Zahl.
d) Formuliere zur Gleichung in Aufgabe 5 a) ein Zahlenrätsel.
e) Formuliere zur Gleichung in Aufgabe 5 c) ein Zahlenrätsel.

7 Löse die Gleichungen. Führe eine Probe durch.

a) $18 + 12x - 9 - 9x = 69$
b) $8x - 14 - 6x + 3 = 5$
c) $5x + 3{,}5 = 3x + 7{,}5$
d) $9x + 14 = x + 9 + 3x$
e) $5{,}25 + 14x + 1{,}25 = 17x - 3{,}5 + 2x$
f) $3{,}75 + 7x + 2 = 3x + 10{,}75 + 9x$

8 Jede Figur soll einen Umfang von 126 cm haben. Berechne x.

a) 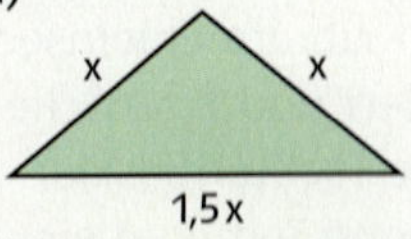

b) 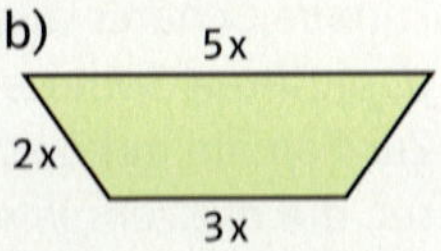

c) 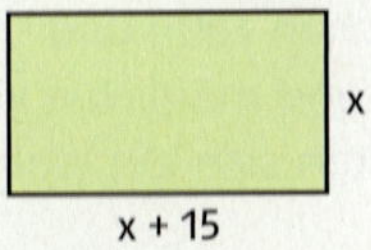

d) 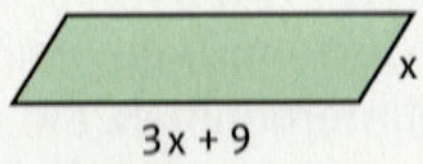

9 Erstelle jeweils eine Skizze und stelle dann die Gleichung auf.

a) Die Breite eines Rechtecks ist 4 cm kürzer als die Länge. Das Rechteck hat den Umfang 36 cm. Wie lang sind die Seiten?

b) Ein gleichschenkliges Dreieck hat den Umfang 28 cm. Die Grundseite ist 2 cm kürzer als ein Schenkel. Wie lang sind die Seiten des Dreiecks?

c) Ein Dreieck hat den Umfang 18,9 cm. Die zweite Seite ist doppelt so lang wie die erste, die dritte Seite ist 1,5-mal so lang wie die erste. Berechne die Seitenlängen.

d) Der Winkel β ist in einem Dreieck 10° größer als der Winkel α. Der Winkel γ ist um 20° größer als α. Gib die Winkel an.

10 Mehmet ist 10 Jahre älter als seine Schwester Ergül. Zusammen sind sie 46 Jahre alt.

Lösungsansatz von Tim:

Ergül: x	Gleichung:
Mehmet: x + 10	x + x + 10 = 46

a) Löse die Gleichung. Gib das Alter von Ergül und Mehmet an.

b) Pia beginnt anders. Kommt sie zum gleichen Ergebnis? Rechnet und begründet.

Lösungsansatz von Pia:
Mehmet: x
Ergül: x − 10

11 Frau Kern und ihre Mutter sind zusammen 100 Jahre alt. Die Mutter ist $1\frac{1}{2}$-mal so alt wie Frau Kern. Wie alt sind beide?

12 Nora hat im Drogeriemarkt eingekauft. Der Lippenstift kostete doppelt so viel wie der Nagellack. Der Lidschatten kostete 2 € weniger als der Nagellack. Insgesamt hat sie 14 € ausgegeben. Wie viel haben die einzelnen Kosmetikprodukte gekostet?

Adam Ries

Lesen

Adam Ries (1492–1559) war ein deutscher Rechenmeister. Er hatte eine Rechenschule und schrieb das erste deutsche Rechenbuch im Zehnersystem. In früheren Büchern wurden römische Ziffern verwendet.
Aufgaben aus dem Rechenbuch von Adam Ries:

1 **Drei Gesellen wollen ein Haus für 204 Gulden kaufen. Der Erste gibt dreimal so viel wie der Zweite, dieser viermal so viel wie der Dritte. Berechne, wie viel jeder zahlen muss.**

2 **So einer spricht: Gott grüß Euch Gesellen alle dreißig. Antwortet einer: Wenn unser noch so viel und halb so viel wären, so wären unser dreißig. Die Frag, wie viel ihr gewesen?**

a) Formuliere die Aufgabe mit deinen Worten.

b) Berechne.

Urlaub am Chiemsee

Familie Scherer aus Frankfurt am Main plant ihren Sommerurlaub am Chiemsee. Zur Familie gehören Herr und Frau Scherer, die dreizehnjährige Tochter Saskia, der sechzehnjährige Sohn Tom und ein Hund. Sie wollen zwischen zehn und vierzehn Tage bleiben und möglichst viel unternehmen. Sie mieten sich ein Wohnmobil.

➔ Bildet Gruppen und bearbeitet die folgenden Aufgaben. Präsentiert eure unterschiedlichen Urlaubsplanungen für die Familie in der Klasse.

1 a) Nehmt einen Atlas zu Hilfe und ermittelt die ungefähre Entfernung von Frankfurt am Main zum Chiemsee.
b) Überschlagt dann die im Urlaub gefahrenen Kilometer, wenn die Scherers den Chiemsee einmal umrunden wollen.

2 Verwendet die in Aufgabe 1 ermittelten Entfernungsangaben für die weiteren Berechnungen.
a) Berechnet die Mietkosten des Wohnmobils für einen zehn- bis vierzehntägigen Urlaub. Eine Tabellenkalkulation kann eure Arbeit erleichtern. Gebt jeweils das billigste Angebot an.
b) @ Ermittelt den aktuellen Dieselpreis und gebt so die voraussichtlichen Fahrtkosten an. Geht von einem durchschnittlichen Verbrauch von 11 Liter Diesel auf 100 km aus.

Angebote Wohnmobil

Angebot	Tageskosten	Kilometerpauschale
A	66 €	0,60 €
B	84 €	0,40 €
C	74 €	0,50 €

3 Familie Scherer möchte sich an mindestens zwei Tagen Fahrräder leihen. Empfehlt der Familie eines der beiden Angebote. Zieht auch die Wochentage in eure Überlegungen mit ein.

Radtour am See

	pro Tag	ab 3 Tagen
Tourenrad	9€	7€
Sportrad	11€	9€
Kinderrad	5€	4,50€
Helm	4€	2,50€

Chiemsee-Bikes

	pro Rad	ermäßigt*
6 Stunden	9,50€	6,00€
Tag	13,00€	8,00€
Wochenende (Fr–So)	21,00€	14,00€
Familienwochenende (Fr–So)**	35,00€	22,00€
Helm	4,00€	4,00€

* Schüler, Studenten; ** 2 Erw., 2 Kinder + Helm

4 Die Scherers wollen ungefähr die Hälfte des Urlaubs in Prien und die andere Hälfte in Chieming übernachten. Sie holen sich Angebote verschiedener Campingplätze ein. Welche Campingplätze würdest du der Familie empfehlen? Beachte auch hier die geplante Dauer des Urlaubs zwischen zehn und vierzehn Tagen.

€ pro Nacht	Prien		Chieming	
	A	B*	C	D*
Erwachsener	5,50	5,40	6,00	5,70
Kurtaxe Erwachsener	1,50	1,50	1,50	1,50
Kinder (3–14 J.)	2,60	2,50	2,70	2,50
Kurtaxe Kind	0,65	0,65	1,00	1,00
Hund	3,00	2,20	2,30	2,00
Stellplatz	6,40	5,70	8,50	7,70

* Müllentsorgung am Tag pro Person 0,50€.

5 In der Umgebung des Sees gibt es zahlreiche Freizeitangebote.

Chiemsee-light-Fahrradtour
32 km Radtour mit geliehenen Rädern von Prien nach Chieming, zurück mit dem Schiff über den Blumengarten, die Fraueninsel und das Schloss.
Für 4 Personen: 40 €

Märchenpark
Erwachsene 7 €
Kinder (6–13 Jahre) 6 €

Tageskarte für Familien
mit Schifffahrten auf dem Chiemsee: 33 €

Schloss Herrenchiemsee
auf der Herreninsel
Erwachsene 3 €
Ermäßigt 2 €

Freizeitpark Ruhpolding
Erwachsene 8 €
Kinder (6–13 Jahre) 7 €

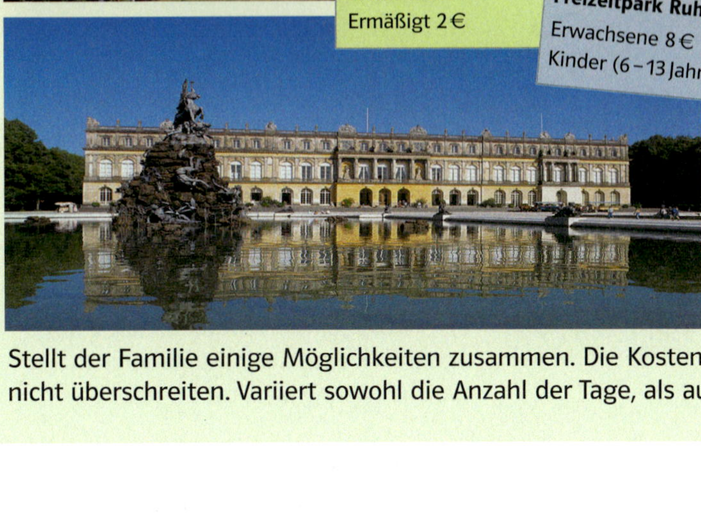

Stellt der Familie einige Möglichkeiten zusammen. Die Kosten des Urlaubs sollen dabei 2400€ nicht überschreiten. Variiert sowohl die Anzahl der Tage, als auch die Freizeitangebote.

Einblicke – Rückblicke

$12x$

$6x+3y$

$4x+4y+5z+4s$

$8x+4y$

$12x+6y$

$4z+2x+3y$

1 Die Modelle sind aus Draht hergestellt worden. Welche Terme auf der Randspalte gehören zu welchem Kantenmodell?

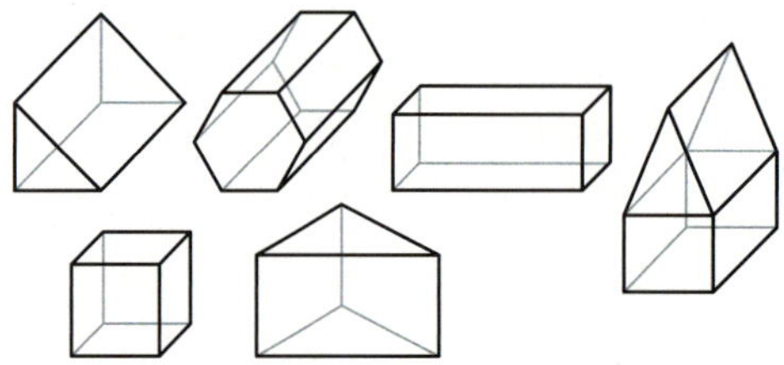

2 Ines und Jan stellen aus verschiedenen Glasperlen Armbänder her, indem sie diese auf elastische Nylonfäden fädeln.

Perle a (2 cm)

Perle b (4 cm)

Perle c (1,2 cm)

Perle d (1,5 cm)

Perle e (0,5 cm)

a) Fertige eine Skizze des Armbandes mit dem Term $a + 2c + a + 2c + a + 2c + a + 2c$ an, vereinfache den Term und bestimme die Länge des Bandes.
b) Entwirf selbst Muster für Armbänder. Gib auch hier jeweils einen Term und die Länge des Armbands an.

3 Immer zwei Gleichungen haben dieselbe Lösung. Ordne sie einander zu.

A $5x+3x=16$
B $4x-8=3x-3$
C $2x+x+2x=6x-1$
D $10x+8=38$
E $6x+5=3x+20$
F $12x-6=18$
G $9x-8x=2x-1$
H $5x+10=6x+7$

4 Vereinfache. Die Lösungen ergeben ein Lösungswort.

a) $8 \cdot 2x$
b) $12x \cdot \frac{1}{4}y$
c) $225y : 25$
d) $16xyz : 4zx$
e) $4x - 34y + 58y$
f) $27x : 3$
g) $x + y + x + 2 + x$
h) $2y + 5x - y - 3x$
i) $5 \cdot 2y \cdot 4x$
j) $64yz : 8z$
k) $x + 3x - 8y + 6y + 10x - 3x + 10y$
l) $\frac{1}{4}x + \frac{1}{4}y + 6x + 8y - \frac{1}{2}y$
m) $2{,}5y + 4x - 5{,}5y - \frac{1}{2}y - 8{,}5y$

G	$3x + y + 2$	E	$y + 2x$
I	$8y$	H	$9x$
C	$4x + 24y$	E	$9y$
C	$11x + 8y$	W	$40xy$
E	$25y$	I	$4y$
H	$6{,}25x + 7{,}75y$	T	$4x - 12y$
N	$5x + y + 7$	G	$16x$
L	$3xy$		

5 Berechne. Führe eine Probe durch.
a) $2x + 3{,}5 + x = 7{,}5 + x$
b) $10x - 5 + 5{,}5x + 2 = 13{,}5x - x$
c) $3{,}5s + 2{,}75 + 2s = 13{,}75 + 2s - 7{,}5$
d) $3{,}75y + 18 + 5\frac{3}{4}y = 6{,}5y + 30$

6 Drei Radfahrer kaufen in einem Fachgeschäft für 25 € ein. Ramin gibt doppelt so viel Geld aus wie sein Freund Karl. Jan gibt 5 € weniger aus als Ramin.
(Tipp: Wähle für Karl x)
Wie viel Geld hat jeder ausgegeben?

7 Drei achte Klassen haben bei einem Wettbewerb die drei ersten Plätze eingenommen. Die gewonnenen 130 € werden aufgeteilt. Die Klasse 8a erhält 10 € mehr als die Klasse 8b. Die Klasse 8b erhält 15 € mehr als die Klasse 8c.
a) Ermittle die Rangfolge. Tipp: Bezeichne den Gewinn der einen Klasse mit der Variablen x.
b) Wie viel Geld erhält jede Klasse?
c) Ordnet die Variable x nun einer anderen Klasse als in Aufgabe a) zu. Welche Lösung erhaltet ihr jetzt?

8 Die Mitglieder der Boygroup *US5* waren 2006 zusammen 102 Jahre alt. Chris und Richie sind beide ein Jahr jünger als Michael. Michael ist 4 Jahre jünger als Izzy. Jay ist ein Jahr älter als Izzy. Wie alt waren alle?

9 Aus einem alten Mathebuch:

Pythagoras (griech. Mathematiker, etwa 580 – 500 v. Chr.) antwortete auf die Frage, wie viele Schüler er habe: „Die Hälfte studiert Mathematik, ein Viertel Physik, ein Siebtel lernt Schweigen, und der Rest sind drei kleine Knaben."

10 Die Lösungen auf der Randspalte ergeben ein Lösungswort.

a) $2x + 18 = 12$	b) $45 + 7y = 3$
c) $4y - 1 = 2$	d) $8 = 5x - 7$
e) $-62 = 14x + 15$	f) $x + 28 = 6$
g) $y - 0{,}5 = 0{,}75$	h) $50 = 30x - 25$
i) $4{,}99 = z - 5{,}01$	j) $9s + 3 = 8s + 10$
k) $20 = 9{,}5 + 3y$	l) $-44 - 3x = x$
m) $5x + 14 + 5 = 74$	n) $6z - 7 = 11$

T	0,75
N	−22
T	10
I	−3
R	3,5
E	3
F	11
E	1,25
N	−6
E	3
I	−11
A	7
T	2,5
R	−5,5

11 Ein Vater vererbt seiner Frau, seinem Sohn und seinen beiden Töchtern 3600 Gulden. Sein letzter Wille ist, dass der Sohn zweimal so viel wie die Mutter und die Mutter zweimal so viel wie jede Tochter erhält. Berechne.

Trainingsmatte

1 Wandle die Flächeninhalte um.

a) $6{,}5\,cm^2 = \square\,mm^2$ b) $35\,m^2 = \square\,dm^2$
c) $300\,cm^2 = \square\,m^2$ d) $1{,}5\,km^2 = \square\,ha$
e) $\frac{1}{2}m^2 = \square\,cm^2$ f) $\frac{3}{4}m^2 = \square\,dm^2$

2 Wandle die Rauminhalte um.

a) $7\,dm^3 = \square\,cm^3$ b) $1\,m^3 = \square\,l$
c) $0{,}75\,l = \square\,ml$ d) $1\frac{1}{2}\,l = \square\,cm^3$
e) $1\,dm^3 = \square\,l$ f) $\frac{3}{4}\,l = \square\,cm^3$

3 Gib Flächeninhalt und Umfang der beiden Figuren an.

a)
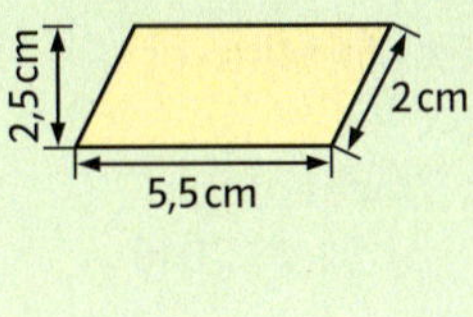

b)
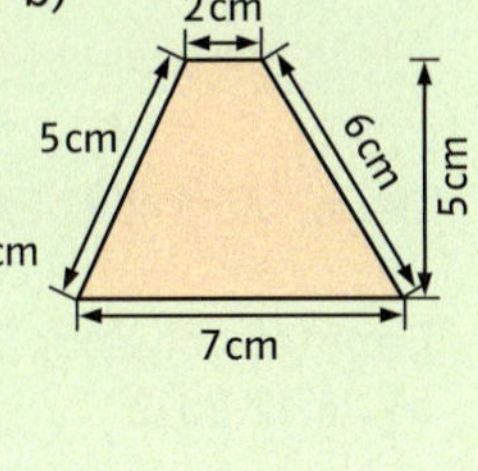

4 Berechne den Flächeninhalt.

a)
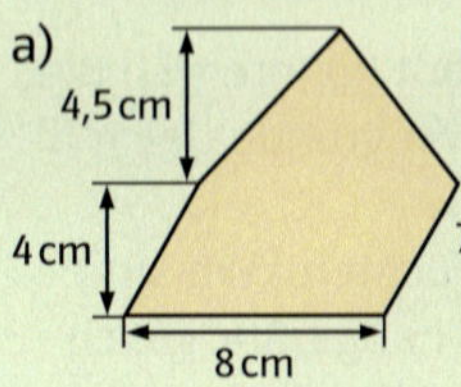

b)
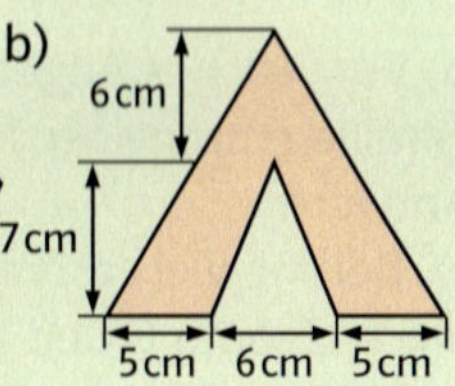

5 Berechne den Rauminhalt.

a)
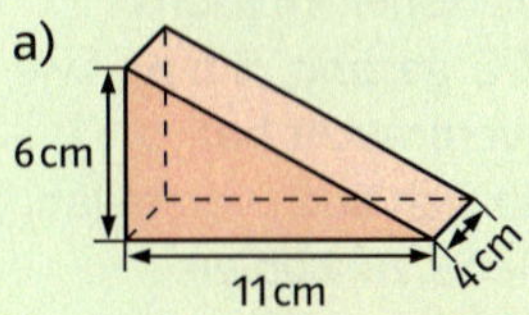

b)
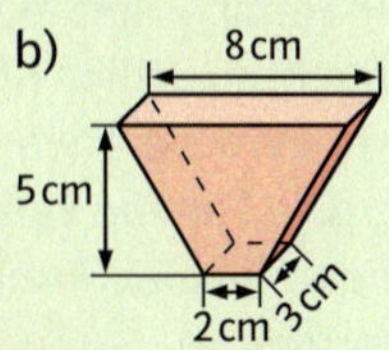

c)
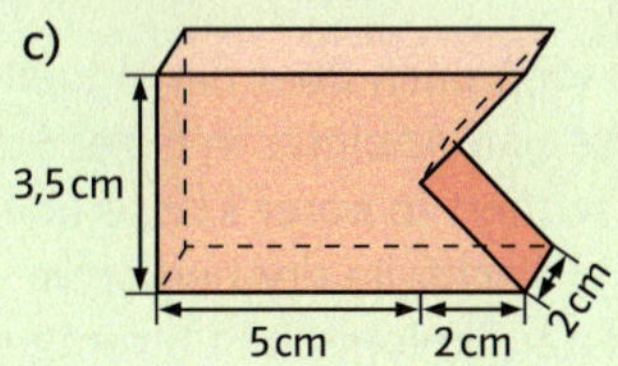

Die Lösungen zum Test findest du auf Seite 157.

12 Familie Heiß möchte ihren Stromanbieter wechseln. Bisher beziehen sie Strom vom Anbieter A.

a) Die Familie möchte aus ökologischen Gründen am liebsten Ökostrom beziehen. Vergleiche die Angebote bei 200 und 300 verbrauchten kWh pro Monat.

Anbieter	Gebühr pro kWh in Euro	Grundgebühr pro Monat in Euro	Besonderheit
Strom-Mix A	0,175	7,35	–
Strom-Mix B	0,171	6,50	Ökostrom
Strom-Mix C	0,190	6,00	Ökostrom
Strom-Mix D	0,166	5,50	–
Strom-Mix E	0,156	10,00	lokaler Versorger
Strom-Mix F	0,202	10,00	Ökostrom, lokaler Versorger
Strom-Mix G	0,185	6,90	lokaler Versorger
Strom-Mix H	0,174	7,30	–

b) Für welches Angebot könnte sich die Familie entscheiden? Begründe deine Antwort.
c) Bei wie viel verbrauchten kWh sind die Angebote G und H ungefähr gleich teuer? Versuche auch, eine Gleichung aufzustellen.
d) Familie Heiß hat bisher im Monat durchschnittlich 65€ gezahlt. Gib an, wie viel kWh sie etwa verbraucht hat.
e) Die Familie kann sich auch vorstellen, einen lokalen Anbieter zu wählen. Vergleiche.
f) @ Erkundigt euch über die aktuellen Strompreise und Anbieter in eurer Stadt.
g) Diskutiert in eurer Klasse über die Vor- und Nachteile der herkömmlichen und der ökologischen Stromgewinnung.

Dauerkalender **Lesen**

Auf welchen Wochentag fiel dein Geburtstag? An welchem Wochentag betrat Neil Armstrong als erster Mensch den Mond? An welchem Wochentag wirst du volljährig?

Um den Wochentag zu ermitteln, gibt es in einigen Kalendern sogenannte *Dauerkalender*. Der Wochentag lässt sich aber auch anhand einer Formel berechnen. Dazu muss man wissen, ob es sich bei dem betreffenden Jahr um ein Schaltjahr handelt, in dem der Februar 29 Tage hat.

$b = \frac{y + d + f}{7}$ mit y = Jahreszahl
d = Anzahl Tage
$f = \frac{(y - 1)}{4}$

Beispiel: *4. März 1992* (Schaltjahr)
Schritt 1: Berechnung von d
$d = 31 + 29 + 4 = 64$
(Jan.) (Febr.) (März)

Schritt 2: Berechnung von f
$f = \frac{y - 1}{4} = \frac{1992 - 1}{4} = 497$ ~~R3~~
Bei der Division wird das Ergebnis ohne Rest genommen, also $f = 497$

Schritt 3: Bestimmung des Wochentages
$b = \frac{y + d + f}{7} = \frac{1992 + 64 + 497}{7}$

$= 364$ R5
Bei dieser Rechnung ist der Rest entscheidend, bei diesem Beispiel also die 5. Mithilfe der folgenden Tabelle lässt sich der Wochentag ablesen.

Fr	Sa	So	Mo	Di	Mi	Do
0	1	2	3	4	5	6

Der 4. März 1992 ist ein Mittwoch.

Ermittelt folgende Wochentage:
a) 24.12.2012 b) 01.01.2010

Test

Leicht

Jede Aufgabe: 2 Punkte

1 a) Stelle einen Term zur Umfangsberechnung auf und vereinfache ihn.
b) Berechne den Umfang für $a = 3\,cm$.

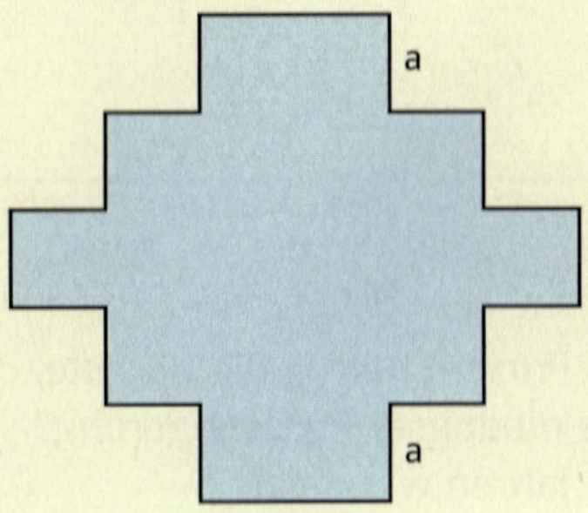

2 Vereinfache die Terme.
a) $x + x + x + x$
b) $x + y - 2x + x + y$
c) $3a + 2b - a$
d) $4x \cdot 3y$

3 Löse die Gleichungen durch Umformen.
a) $x - 7 = 15$
b) $12 + x = 35$
c) $6x + 27 = 93$
d) $62 = 20 - 3x$

4 Oma und Opa sind zusammen 156 Jahre alt. Die Enkelin Susanne ist 15 Jahre alt. Oma ist fünfmal so alt wie Susanne.
Bestimme mithilfe einer Gleichung das Alter von Oma und Opa.

5 Bei einem rechteckigen Rahmen ist die eine Seite um 12 cm länger als die andere Seite. Der Umfang des Rahmens beträgt 2 m. Berechne die beiden Seitenlängen mithilfe einer Gleichung.

Mittel

Jede Aufgabe: 3 Punkte

1 a) Stelle einen Term zur Umfangsberechnung auf und vereinfache ihn.
b) Berechne den Umfang für $a = 2\,cm$ und $c = 3\,cm$.

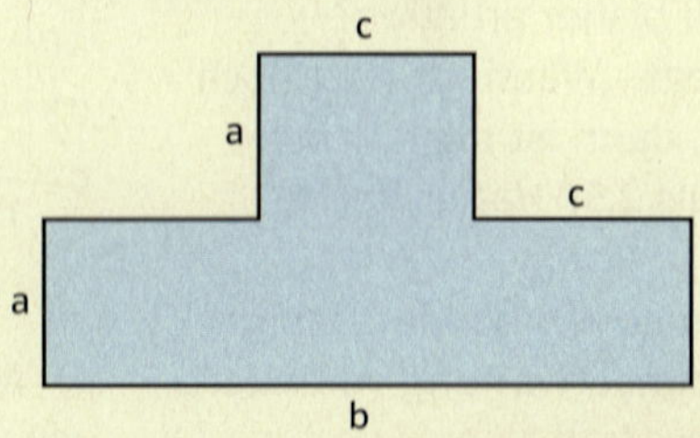

2 Vereinfache die Terme.
a) $3x + 4y - x + 5y + 2x - 4y$
b) $4 \cdot 3y \cdot 2x$
c) $ayz : yz$
d) $4a + ax + 2x - a$

3 Löse die Gleichungen durch Umformen.
a) $x + 9 + 2x + 5 = 74$
b) $4x + 81 = -70 + x + 100$
c) $6x - 12 = 33 + 3x - 12$
d) $3x - 10x - 3x = -26$

4 Ein Lehrer sagt: „Unsere Schülerzahl mit 4 multipliziert und um 20 verringert ergibt das Vierfache der Schülerzahl der Parallelklasse. Diese hat 22 Schülerinnen und Schüler."
Berechne.

5 Addiert man zu einer Zahl die beiden darauffolgenden Zahlen, so erhält man 255. Berechne die drei Zahlen mithilfe einer Gleichung.

Schwierig

Jede Aufgabe: 4 Punkte

1 a) Stelle einen Term zur Umfangsberechnung auf und vereinfache ihn.
b) Berechne den Umfang für $c = 2\,cm$.

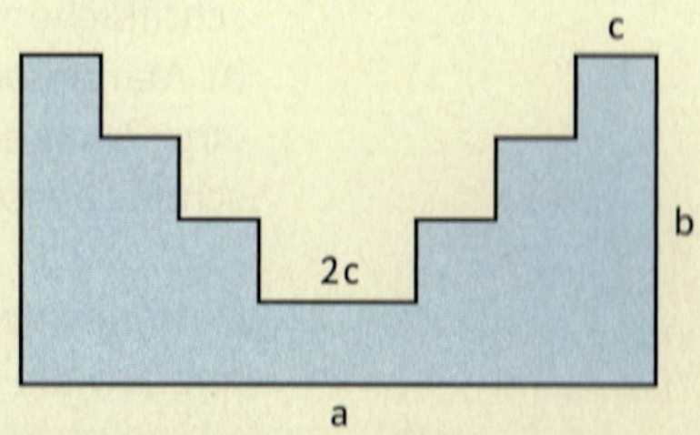

2 Vereinfache die Terme.
a) $5xy + 2y - 6x + 2xy + 5y$
b) $\frac{1}{2}x + \frac{3}{4}x - \frac{1}{5}x + 3y$
c) $2 \cdot 3a \cdot 4y \cdot x$
d) $115xy : 25x$

3 Löse die Gleichungen durch Umformen.
a) $7{,}5 + 2x + 6{,}5 = 6x + 3x$
b) $3{,}5x + 71{,}2 = -16{,}8 - 5{,}3x$
c) $2\frac{1}{2}x + 21 - 1\frac{1}{4}x = \frac{1}{4}x - 4$
d) $6{,}5x + 17 - 5x = x - 18$

4 Ein Vater ist dreimal so alt wie sein Sohn. Der Altersunterschied beträgt 20 Jahre. Berechne mithilfe einer Gleichung das Alter von Vater und Sohn.

5 Der Umfang eines Dreiecks beträgt 120 cm. Die zweite Seite ist 10 cm länger als die erste, die dritte ist um 20 cm kürzer als die zweite Seite. Bestimme die einzelnen Seitenlängen.

Die Lösungen zum Test findest du auf Seite 157.

Training

Daten und Zufall

1 Mario hat in den Mathematikklassenarbeiten folgende Noten geschrieben:

M1	M2	M3	M4	M5
2−	3+	2−3	3−4	2

a) Welche Gesamtnote würde er für den schriftlichen Teil bisher erhalten?
b) Mario überlegt: „Wenn ich jetzt noch eine 2 schreibe, dann ist mein Durchschnitt besser als 2,5." Hat er Recht?

2 In den vergangenen hundert Jahren hat sich die Lebenserwartung verändert.

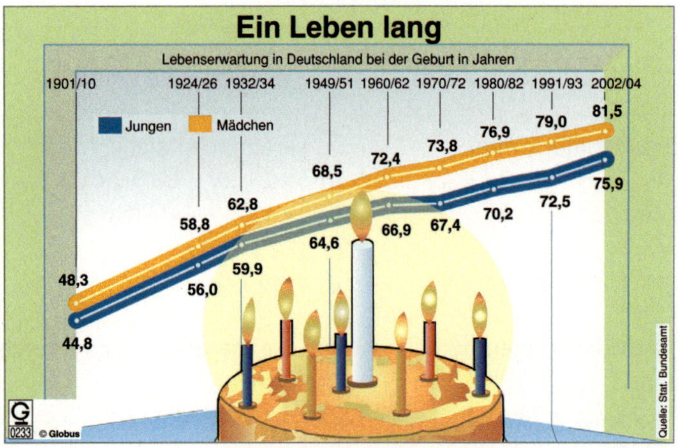

a) Welche Aussagen könnt ihr dem Diagramm entnehmen?
b) Welche Lebenserwartung hatte ein Junge/ein Mädchen, der/das 1901 geboren wurde?
c) Wer hat eine höhere Lebenserwartung? Die Jungen oder die Mädchen?
d) In welchen Geburtsjahrgängen ist der Unterschied zwischen der Lebenserwartung von Jungen und Mädchen am größten/am kleinsten?
e) Findet ihr Gründe, weshalb sich die Lebenserwartung so erhöht hat?
f) Mit welcher Lebenserwartung könnten vielleicht Jungen bzw. Mädchen rechnen, die 2013/15 geboren werden? Geht diese Steigerung so weiter?

3 Die Preise für Konsumgüter ändern sich im Laufe der Jahre. In der Vergangenheit sind sie meist gestiegen.

Jährliche Preissteigerung
Prozent

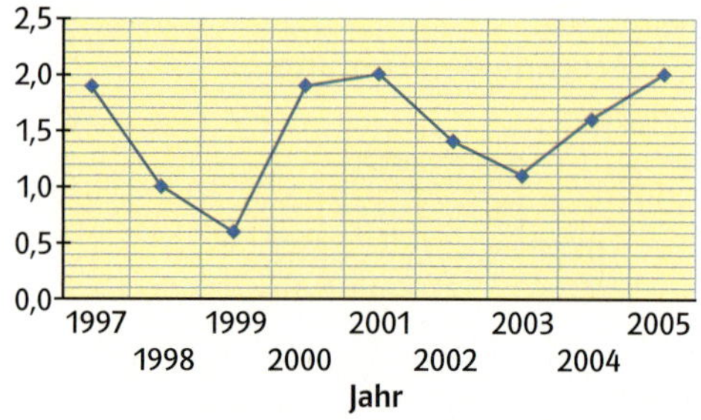

a) Wie viel Prozent betrug die höchste, wie viel die niedrigste Preissteigerung? In welchen Jahren war dies?
b) Ermittle den Unterschied zwischen dem höchsten und dem niedrigsten Wert.
c) Überprüfe folgenden Aussagen: „Die Preise sind von 1997 bis 1998 gefallen." „Die Preise sind von 1997 bis 2000 gleich geblieben."
d) Welche durchschnittliche Preissteigerung pro Jahr gab es von 2000 bis 2005?
e) Wie viel Euro hätte eine Ware, die 2002 noch 200 € gekostet hat, am Jahresende von 2005 vermutlich gekostet?
f) 1923 gab es in Deutschland eine Rieseninflation. Die Preise stiegen innerhalb eines Jahres in astronomische Höhen. Beispielsweise explodierte der Preis für ein Brot von etwa 100 Mark auf bis zu 1 Billion Mark! Berechne die Preissteigerung in Prozent. Überschlage, wie hoch die y-Achse in der obigen Grafik sein müsste, um diese Preissteigerung einzeichnen zu können.

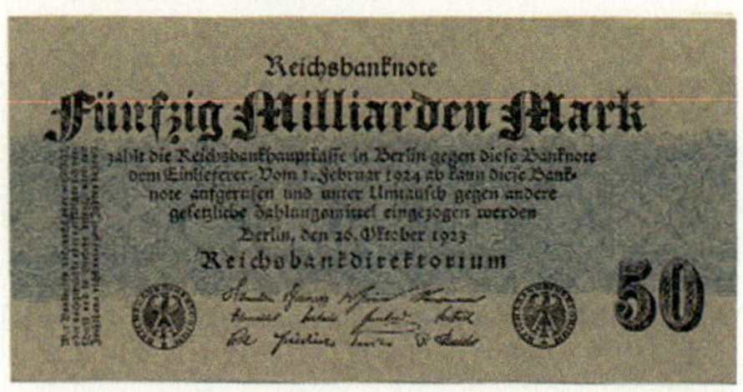

Die Lösungen findest du auf Seite 158.

4 Bei welchem der beiden Glücksräder ist die Gewinnchance für „grün gewinnt“ höher? Begründe.

(1)

(2)

5 Bei einem Stadtfest planen zwei Vereine je eine Tombola. Der Tennisverein will Loskäufer mit einem Plakat „Jedes dritte Los gewinnt“ anlocken, der Fußballverein will mit „Vier von zehn Losen gewinnen“ werben.

a) Bei welchem Verein ist die Chance auf ein Gewinnlos größer? Begründe.
b) Was könnte dafür sprechen, bei dem Verein mit der geringeren Gewinnchance Lose zu kaufen?
c) 600 Nieten werden mit Gewinnlosen gemischt. Wie viele Gewinnlose müssen bei jedem Verein eingesetzt werden, damit die Werbeangabe stimmt? Löse durch Probieren.
d) Beim Tennisverein gibt es als Hauptpreis eine Kurzreise. Diese kostet den Verein 360 €. Alle anderen 90 Sachpreise wurden von Vereinsmitgliedern kostenlos gespendet. Der Verein möchte mit dieser Tombola Gewinn erzielen. Besprecht, wie viel Euro ein Los kosten soll und wie viele Lose verkauft werden sollten. Wie viele Nieten werden benötigt?

Prismen und Zylinder

6 Dies ist die Grundfläche eines Dreieckprismas. Entnimm die Maße der Abbildung. Das Prisma ist 4,5 cm hoch.

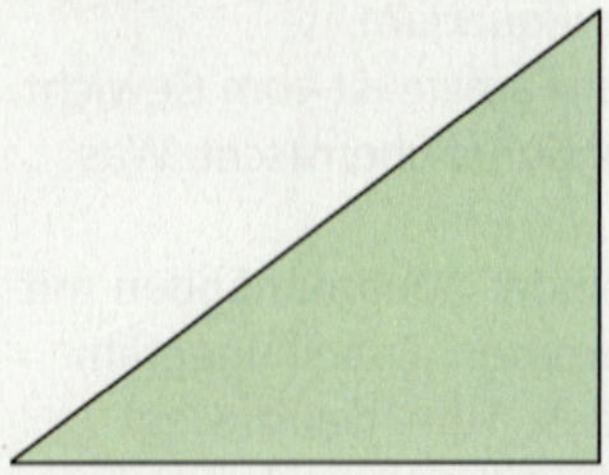

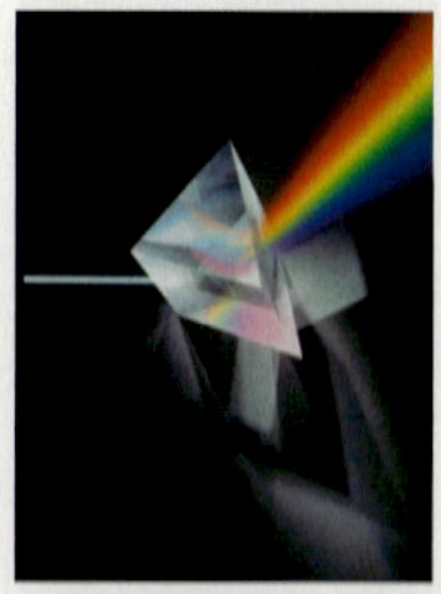

a) Skizziere das Schrägbild dieses Prismas.
b) Zeichne das Netz.
c) Berechne das Volumen und die Oberfläche.
d) Wie schwer ist das Prisma, wenn es aus Plexiglas besteht (1,19 g/cm³)? Würde dieses Prisma im Wasser schwimmen oder untergehen?

7 Ein Schreiner drechselt aus dem rechts abgebildeten Kantholz einen möglichst großen Rundstab.
a) Skizziere die quadratische Säule und den Zylinder in einer Figur.
b) Berechne das Volumen des Rundstabs.
c) Stimmt die Aussage? „Der Abfall ist halb so schwer wie der Rundstab.“

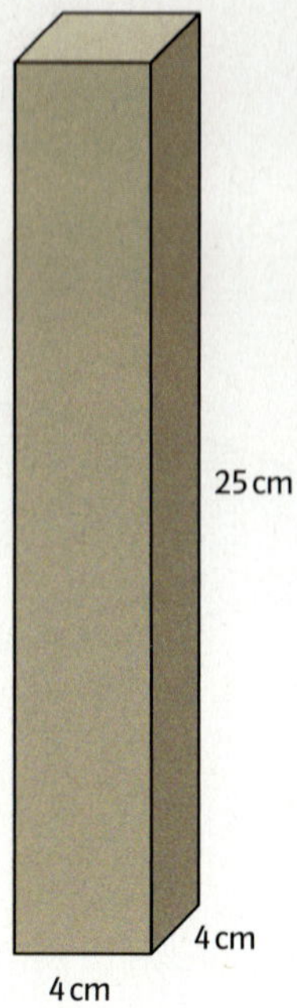

8 Übertrage die Tabelle ins Heft und fülle die Lücken.

	m^3	dm^3	cm^3	Liter
a)	1,2	▢	▢	▢
b)	▢	300	▢	▢
c)	▢	▢	4500	▢

9 Berechne.
a) $0{,}25\,m^3 + 1\frac{1}{4}\,m^3 + 500\,dm^3$
b) $70\,cm^3 - 700\,mm^3$
c) $4\,dm^3 + 2000\,cm^3 + 3\,l$

10 Familie Erson kauft ein quaderförmiges Aquarium. Es hat die Maße: 80 cm × 40 cm × 50 cm (Länge × Breite × Höhe). Das Glas ist 10 mm dick (Glas: 2,23 g/cm³).

a) Skizziert das Aquarium.

b) Der Sohn der Familie ist vom Gewicht des leeren Aquariums überrascht. Was meint ihr?

c) Zu Hause soll der Aquariumboden mit Sand bedeckt werden. Er soll ungefähr 5 cm hoch werden. 1 dm³ Sand wiegt 1,8 kg. Soll die Familie zwei oder drei 10-kg-Säcke kaufen?

d) Das Becken wird dann bis 5 cm unterhalb des oberen Randes mit Wasser gefüllt. Wie viel Liter Wasser braucht man etwa?

e) Frau Erson ist skeptisch. Sie meint, das Aquarium könnte für das vorgesehene Möbelstück zu schwer sein. Der Sohn macht den Vorschlag: „Wir drei setzen uns zusammen auf das Möbelstück. Wenn es unser Gewicht aushält, reicht es auch für das Aquarium.“ Ist der Vorschlag des Sohnes geeignet?

11 Berechne das Volumen und die Oberfläche dieses Zylinders. Entnimm die Maße der Zeichnung.

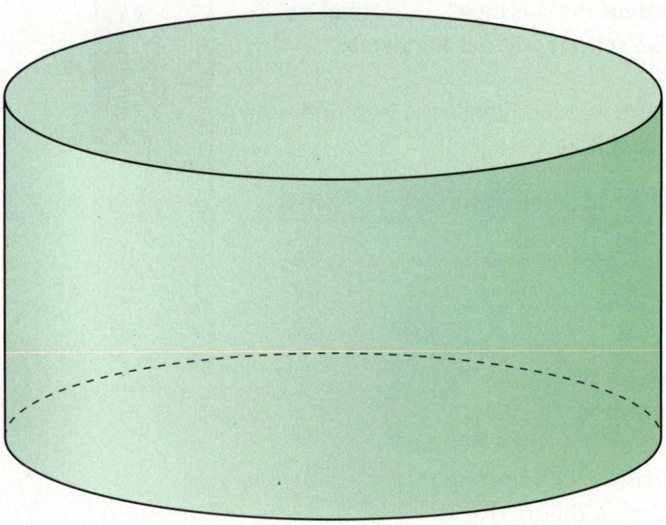

12 In Biogasanlagen gibt es häufig zylinderförmige Betonsilos, die als Güllevorratsbehälter dienen. Ein solcher Behälter ist in Aufgabe 11 im Maßstab 1:200 dargestellt.

Wie viel m³ Gülle sind enthalten, wenn der Behälter $\frac{1}{4}$, $\frac{1}{2}$ oder ganz voll ist?

13 Herr Holl will auf seinem Grundstück einen Autoabstellplatz mit Betonverbundsteinen pflastern. Er holt die Steine in einem Baustoffhandel mit seinem PKW-Anhänger. Den Anhänger darf er mit höchstens 1050 kg beladen.

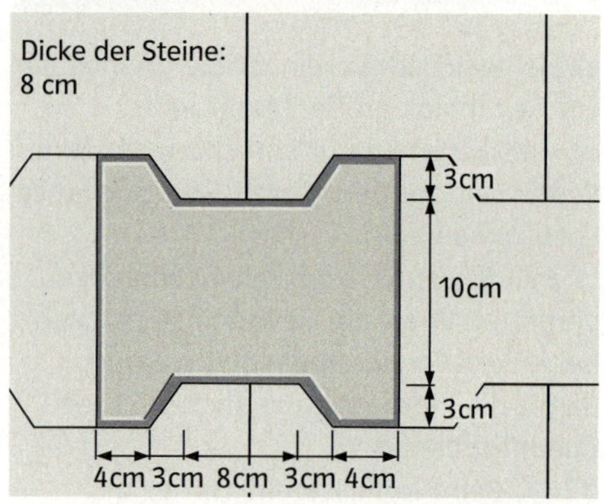

a) Legt die Größe des Abstellplatzes für einen PKW selbst fest. Denkt dabei auch an einen seitlichen Platzbedarf zum Ein- und Aussteigen.

b) 1 m² dieser Pflastersteine wiegt rund 190 kg. Wie oft muss er mindestens fahren?

c) Wie viele Steine muss er verlegen?

Die Lösungen findest du auf Seite 158.

14 Neue Autos werden mit Autotransportern zum Fahrzeughändler befördert.
a) Schätze die Länge, Breite und die Höhe dieses Transporters.
b) Schätze das Gewicht der Ladung.
c) Wie viel Euro sind die beladenen PKWs etwa Wert? Schätze.
d) Wie groß müsste ungefähr eine Ausstellungshalle sein, in der diese Autos ausreichend Platz hätten?

Terme und Gleichungen

15 Stelle einen Term für den Umfang der Figuren auf.

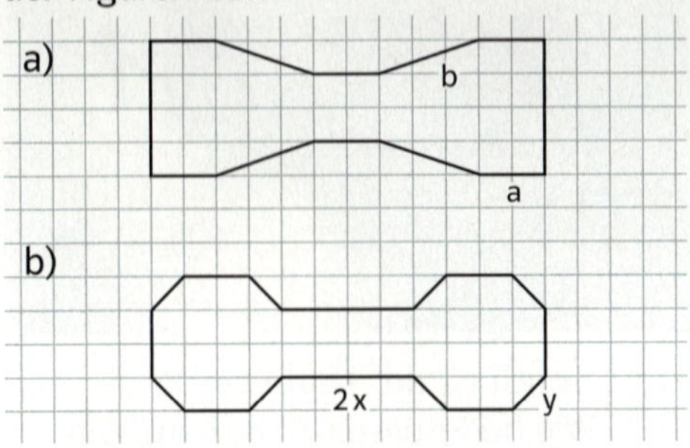

c) Berechne bei den Figuren a) und b) den Umfang. Setze für die Variablen selbst gewählte Zahlenwerte ein.

16 Vereinfache die Terme.
a) $2x + 3y - x - y + 4x - 2y$
b) $7a + b + 6a - 3b$
c) $2x \cdot 3y + 4xy$
d) $84st : 12s + 3t$

17 Löse die Gleichung.
a) $14 + 5x - 6 = 13$
b) $3{,}5x + 3 - 1{,}5x = 9$
c) $-24 = 3x - 9x$
d) $2x + 3{,}3x + 4{,}7x = -70$
e) $5x + 5 - 3{,}5x = 9 - 0{,}5x$
f) $4x + 75 = -60 + x + 100$

18 In einem Dreieck ist der Winkel β um 36° größer als Winkel α. Der Winkel γ ist um 15° kleiner als α. Stelle eine Gleichung auf und berechne die einzelnen Winkel.

19 Übertrage das Kreuzzahlenrätsel ins Heft. Löse die Gleichungen und notiere die Ergebnisse.
Tipp: Wenn du die Felder jeweils 1 cm groß zeichnest, kannst du deine Lösungen gut eintragen.

1	2		3			4			5
					6				7
8		9		10			11	12	
13		14	15			16		17	
18			19		20				

waagrecht
1 $3x = 69$
3 $2x + 2 = 2470$
5 $4x + 3 - x = 24$
6 $0{,}5x = 130$
7 $2 + 7x - 1 = 1$
8 $10x - 15 - 9x - 3 = 100$
10 $16 + x + 4x = 2x + 181$
11 $0{,}1x = 72$
13 $7x + 4 - 3x - 6 = x + 13$
14 $2x + 2 = 2000$
16 $6x - 12 = 22 + 4x - 30$
17 $14 - x - 2x = -1$
18 $2x + 3x + 4x = 8x + 61$
19 $12 - 3x - 8 = -5x + 6$
20 $20x - 11{,}5x - 3{,}5x = 575$

senkrecht
2 $10x = 3010$
3 $6x + 15 - x = 75$
4 $x + x + x = 140 - 2$
5 $0{,}2x = 140$
8 $4 + 4x + 3x = 6x + 160$
9 $2{,}5x + 4{,}5x = -3x + 890$
12 $3{,}3x - 1{,}3x = 4 \cdot 12 + 2$
15 $7x - 10x = 100 - 4x - 9$
16 $111x = 2333 - 2$

Die Lösungen findest du auf Seite 159.

Schätzen und Überschlagen

20 Der größte lebende Vogel ist der afrikanische Strauß. Straußenhähne sind 210 bis 275 cm, Straußenweibchen 175 bis 190 cm groß.

a) Schätze die Größe der abgebildeten Straußenküken. Sind sie größer als dein hochkant aufgestelltes Mathematikbuch?
b) Strauße können nicht fliegen. Sie sind jedoch schnelle Läufer. Nimm an, dass der Strauß ein Verkehrsteilnehmer wäre. Welche der links abgebildeten Schilder müsste er beachten? Stelle Vermutungen an.
c) Wie viele Spiegeleier kann man von einem Hühnerei braten? Wie viele von einem Straußenei? Überlege.
d) Welche ungefähren Maße hat ein Straußenei? Vergleiche mit den abgebildeten Hühnereiern .

e) Conni behauptet: „In ein Straußenei würden mehr als 15 Hühnereier passen." Hat sie Recht? Begründe deine Antwort.

21 Wie heißt das Lösungswort?
a) $4{,}35 \cdot 1000$
b) $4350 : 100$
c) 10 % von 4350
d) $6{,}5 \cdot 6{,}5$
e) $500 + 60 \cdot 60$
f) $850 \cdot \frac{1}{2}$
g) $-5{,}5 + 7 \cdot 7$
h) $210 : \frac{1}{2}$
i) $-100 \cdot (-4{,}45)$
j) $33{,}1 - (-9{,}5)$

P	42,25
F	425
I	445
R	43,50
E	4100
G	4350
A	435
U	420
T	42,6

22 In die Felsen des Mount Rushmore sind Köpfe von vier amerikanischen Präsidenten gehauen. Abgebildet ist hier der erste Präsident der USA.

a) Wie hoch ist der Kopf etwa?
b) @ Wie heißt dieser Präsident? Wie heißen die anderen Präsidenten, die in diesen Felsen gehauen sind?

23 a) Die Seitenfläche eines Würfels beträgt 70 cm². Wie lang sind die Kanten des Würfels? Welches Volumen hat er?
b) Das Volumen eines Würfels beträgt 200 cm³. Ermittle seine Kantenlänge möglichst genau.

Die Lösungen findest du auf Seite 159.

Zuordnungen/Sachaufgaben

24 Familie Hein verbrauchte im vergangenen Jahr 172 m^3 Wasser. Die Gemeinde verlangt einen Grundpreis von 36€. 1 m^3 Wasser kostet 1,80€, für das Abwasser müssen 2,90€ pro m^3 entrichtet werden. Auf den Gesamtpreis kommen noch 7% Mehrwertsteuer dazu.

a) Berechne die Wasserkosten des vergangenen Jahres der Familie Hein.
b) Bei einer Toilettenspülung werden etwa 6 Liter Wasser verbraucht. Wie viel kostet eine Spülung? Überschlage diese Kosten auf ein Jahr. Wie hoch sind diese Kosten für einen 4-Personen-Haushalt?
c) Frau Hein verbraucht an warmen Tagen durchschnittlich 60 Liter Wasser zum Gießen. Schätze, wie viel warme Tage es im Jahr ungefähr gibt und berechne die Kosten für das Gießwasser.

25 Ein Quader mit $a = 7\,cm$, $b = 4\,cm$ und $h = 3{,}5\,cm$ wiegt 274,4 Gramm.
a) Wie schwer ist ein aus gleichem Material hergestellter Zylinder mit $r = 8\,cm$ und $h = 2{,}5\,cm$?
b) Ein aus gleichem Material hergestelltes Dreieckprisma wiegt gleich viel wie der Quader. Wie hoch ist es, wenn seine Grundfläche 14 cm^2 groß ist?

26 Ines stellt aus 2 cm langen Perlen eine Halskette her. Sie verwendet 27 Perlen. Jans Kette soll gleich lang werden. Er verwendet 1,5 cm lange Perlen.

27 Frau Lang braucht für eine 225 km lange Strecke 2 Stunden 15 Minuten.
a) Mit welcher Durchschnittsgeschwindigkeit ist sie gefahren?
b) Verlief die Strecke eher auf der Autobahn oder eher auf der Landstraße?
c) Frau Lang fährt von Stuttgart nach Hamburg. Sie kalkuliert mit der Durchschnittsgeschwindigkeit von Teilaufgabe a). Wie lange braucht sie ungefähr? Ermittle die Streckenlänge aus dem Atlas.

28 Ein Taxiunternehmen rechnet seine Gebühren folgendermaßen ab:

Grundpreis:	2,30€
Wegtarif:	1,40€/km
Zeittarif bei Geschwindigkeiten von weniger als 10 km/h:	21,00€/h

a) Frank und Marga fahren mit dem Taxi nach Hause. Die Strecke ist 6 km lang. Unterwegs gibt es keine Fahrtunterbrechung. Berechne den Taxipreis.
b) Britta und Flori fahren auch eine 6 km lange Strecke. Unterwegs hält das Taxi an zwei Ampeln insgesamt drei Minuten. Wie viel kostet diese Fahrt?
c) Herr König fährt mit dem Taxi in eine 40 Kilometer entfernte Stadt. Unterwegs kommen sie in einen 10-minütigen Stau, bei dem es nur sehr langsam vorwärts geht. Wie viel Euro wird der Taxifahrer verlangen?
d) Ordne dem Sachverhalt der Teilaufgabe c) das richtige Schaubild zu. Begründe.

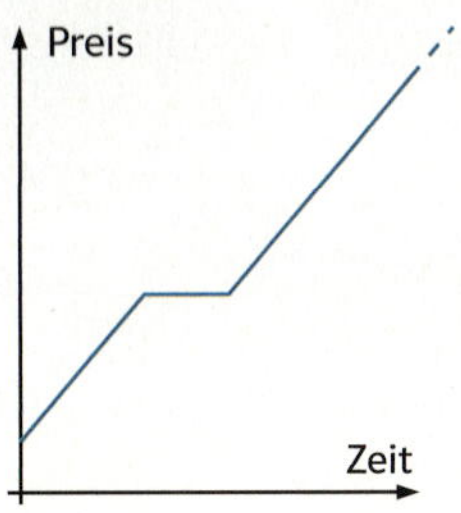

Schaubild A

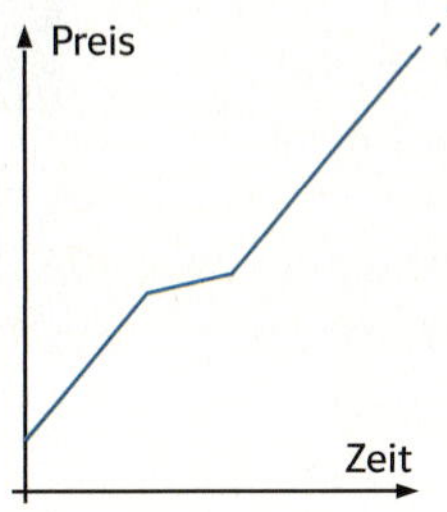

Schaubild B

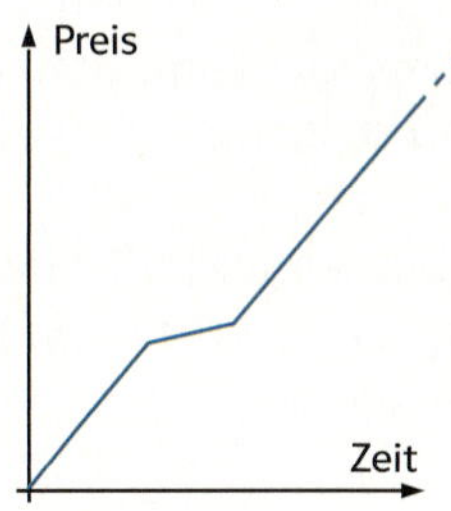

Schaubild C

Die Lösungen findest du auf Seite 159.

Im Alltag eines Automechatronikers gehört der Umgang mit Diagnosesystemen zur täglichen Routine. Schnell kann er Fehler erkennen, Informationen aus Steuergeräten abfragen oder Messwerte überprüfen. Der Umgang mit dieser Technik erfordert Vielseitigkeit und Beweglichkeit.

Industrie und Handwerk bemühen sich verstärkt darum, Mädchen attraktive Alternativen zu den traditionellen Berufen anzubieten. In Werbeaktionen versuchen sie, bei Mädchen Interesse zu wecken und sie für technische Berufe zu gewinnen.

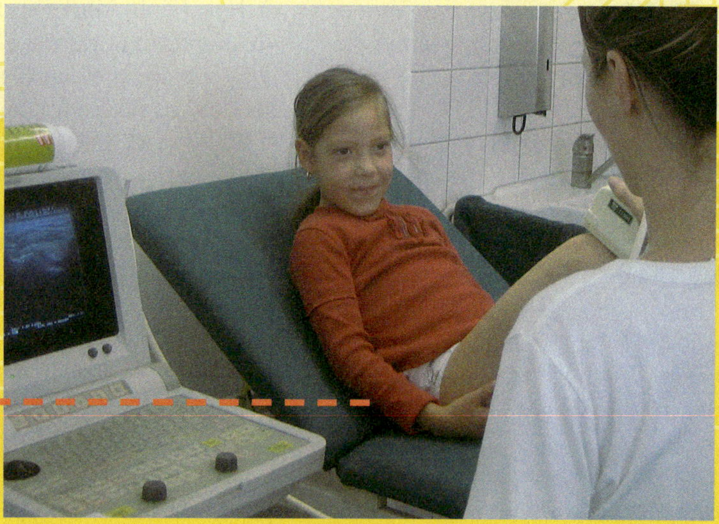

Medizinische Hilfsberufe sind traditionell bei Mädchen sehr beliebt. Auch hier wird ein hohes Maß an Beweglichkeit, Belastbarkeit und Fortbildungsbereitschaft erwartet.

Die Bereitschaft zum Umgang mit speziellen Mess- und Datenbanksystemen wird vorausgesetzt.

7 Zusatzunterricht

Berufswahl

Der Zusatzunterricht bereitet auf die Themen der 10. Klasse vor. Er vertieft und ergänzt die Themen des Regelunterrichts. Darüber hinaus bietet er vielfältige Möglichkeiten, mathematische Kompetenzen zu üben und zu fördern.

Er befähigt Schülerinnen und Schüler, Problemlösungen anzubahnen, zu „modellieren" und Alltagssituationen mathematisch zu bearbeiten.

In vielen Bereichen des öffentlichen Lebens hat die Elektronik revolutionären Ideen Tür und Tor geöffnet. Im Automobilbereich wird die Entwicklung im Bereich der Elektronik besonders deutlich.

Ausblick

In diesem Kapitel findest du:

- Berechnungen zur Wahrscheinlichkeit
- Rationale Zahlen
- Inkreis, Umkreis
- Kreisbogen und Kreisausschnitt
- Formeln der Prozentrechnung
- Statistische Auswertungen
- Rechnungen mit Variablen und Klammerausdrücken
- Sachaufgaben aus unterschiedlichen Themenbereichen

1 Glück im Spiel!?

Spiele begeistern die Menschen seit vielen Jahrhunderten. Ziel fast jeden Spieles ist es, den Sieger zu ermitteln. Um Sieger zu werden, braucht man entweder Geschick, Wissen, eine gute Strategie, Übung oder einfach nur Glück.

→ Untersucht verschiedene Spiele und gebt an, welche von den angegebenen Kriterien wichtig ist.

1 a) Würfel und Lose sind so genannte **Zufallsgeräte**. Nennt noch andere Zufallsgeräte und gebt passende Situationen dazu an.
b) Mit welchen Zufallsgeräten könnten diese Situationen entschieden werden?
- Welche Fußballmannschaft hat den Anstoß?
- Du möchtest mit zwei Freunden spielen. Wer hat den ersten Wurf?
- Welches Kind aus der Klasse darf die Bücher austeilen?
- Eine Zahl zwischen 0 und 999 soll zufällig gebildet werden.

2 Bei einigen Spielen muss man am Anfang eine 6 würfeln. Dann meint man, es sei besonders schwierig, eine zu würfeln.
a) Werft einen Würfel 50-mal nacheinander. Während der eine würfelt, notiert der andere in einer Strichliste, welche Zahl jeweils gewürfelt wurde.
Fasst eure Ergebnisse anschließend in einer gemeinsamen Tabelle zusammen.
b) Schätzt, wie das Ergebnis aussehen würde, wenn ihr 200-mal gewürfelt hättet.
c) Berechnet für jede Augenzahl den Quotienten aus der Anzahl der gewürfelten Zahl durch die Gesamtzahl der Würfe. Vergleicht mit den anderen aus eurer Klasse. Was lässt das Ergebnis vermuten?

3 Vier Kinder möchten ermitteln, wer beim Spiel beginnt. Welche der abgebildeten Zufallsgeräte könnten sie nehmen? Begründet.

4 Bei vielen Spielen wird mit zwei Würfeln gewürfelt.

a) Was meint ihr: Kommt jede Augensumme genauso oft vor wie beim Würfeln mit einem Würfel? Oder gibt es Augensummen die häufiger vorkommen als andere? Begründet.
b) Würfelt mit zwei Würfeln je 50-mal. Geht vor wie in den Aufgaben 2 a) und b). Bestätigt sich eure Vermutung?

2 Wahrscheinlichkeit

Onno und Bendix würfeln mit unterschiedlichen Würfeln.
Onno hat den roten Würfel mit sechs Flächen und den Zahlen von 1 bis 6.
Bendix benutzt den blauen Würfel mit zwölf Flächen und den Zahlen von 1 bis 12.
→ Wer von den beiden hat die größere Chance, eine 3 zu würfeln? Begründet eure Meinung.

Onno
Bendix

Haben alle möglichen Ergebnisse eines Zufallsversuches die gleiche Chance, so sagt man, dass jedes Ergebnis **gleich wahrscheinlich** ist.

$$\textbf{Wahrscheinlichkeit} \text{ eines Ergebnisses} = \frac{1}{\text{Anzahl aller möglichen Ergebnisse}}$$

Weiter geht's

→ a) Onnos Würfel hat sechs Flächen mit den Zahlen von 1 bis 6. Die Wahrscheinlichkeit, dass Onno eine 3 würfelt, beträgt „1 von 6" oder $\frac{1}{6}$. Begründe.

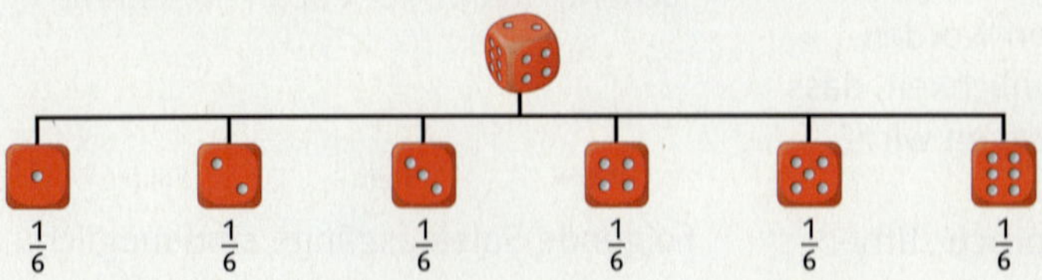

b) Gib die Wahrscheinlichkeit dafür an, dass Bendix mit seinem Würfel eine 12 würfelt.

→ Ergänze die Sätze:
Je größer die Anzahl aller möglichen Ergebnisse ist, desto ▢ ist die Wahrscheinlichkeit für ein bestimmtes Ergebnis.
Je kleiner die Anzahl aller möglichen Ergebnisse ist, desto ▢ ist die Wahrscheinlichkeit für ein bestimmtes Ergebnis.

1 Wie groß ist die Wahrscheinlichkeit
a) beim Werfen mit einer Münze *Zahl* zu werfen?
b) von drei Streichhölzern (zwei lang, eins kurz) das kurze zu ziehen?
c) aus dem rechts abgebildeten Beutel die rote Kugel zu ziehen?
d) von 100 Losen den Hauptgewinn zu bekommen?
e) aus einem Skatspiel das Kreuz-Ass zu ziehen?

2 Vergleiche die Wahrscheinlichkeiten.
a) Mit einem Würfel eine 4 zu würfeln und mit einer Münze *Zahl* zu werfen.
b) Aus einem Kartenspiel mit 32 Karten die Herz-Dame und den Hauptgewinn aus 30 Losen zu ziehen.
c) Von fünf verschieden langen Streichhölzern das kurze zu ziehen und aus einem Beutel mit fünf verschieden farbigen Kugeln die gelbe Kugel herauszuholen.

3 Welche Wahrscheinlichkeit ist kleiner?
a) beim Lottospiel als erste Zahl die 49 zu ziehen oder den Hauptgewinn aus 50 Losen?
b) aus einem Skatspiel das Kreuz-Ass zu ziehen oder beim Drehen eines Glücksrades mit 35 verschiedenen Zahlenfeldern die 1 zu drehen?

4 Vergleiche die Wahrscheinlichkeiten. Setze das Zeichen <, > oder = ein.

a) $\frac{1}{3} \square \frac{1}{5}$ b) $\frac{1}{8} \square \frac{1}{4}$
c) $\frac{1}{7} \square \frac{1}{9}$ d) $\frac{1}{32} \square \frac{1}{33}$
e) $\frac{1}{37} \square \frac{1}{49}$ f) $\frac{1}{101} \square \frac{1}{110}$

5 Nenne für die angegebenen Wahrscheinlichkeiten geeignete Zufallsversuche.
a) $\frac{1}{2}; \frac{1}{3}; \frac{1}{4}; \frac{1}{5}$ b) $\frac{1}{32}; \frac{1}{37}; \frac{1}{49}; \frac{1}{100}$

6 Beim Lotto sind bereits die Zahlen 9; 18; 10; 19 und 47 gezogen worden. Wie groß ist die Wahrscheinlichkeit, dass als nächste Zahl die 21 gezogen wird?

7 Was bedeutet der Ausspruch „fifty-fifty“? Woher kommt er? Überlege dir ein Beispiel.

Wahrscheinlichkeiten werden oft auch in **Prozent** angegeben.
Beträgt die Wahrscheinlichkeit z. B. $\frac{1}{5}$, so entspricht das 20 %.

$\frac{1}{5} = \frac{20}{100} = 20\,\%$

8 Wandle die Wahrscheinlichkeiten in Prozent um.
a) $\frac{1}{2}$ b) $\frac{1}{10}$ c) $\frac{1}{4}$ d) $\frac{1}{25}$

9 Wandle die Wahrscheinlichkeiten in einen Bruch um.
a) 2 % b) 5 % c) 25 %
d) 50 % e) 0,1 % f) 99 %

Wie groß ist die Wahrscheinlichkeit, dass jemand am 29. Februar Geburtstag hat?

10 In einem Beutel sind fünf verschieden farbige Kugeln, darunter eine blaue.

a) Es werden nacheinander zwei Kugeln gezogen. Darunter befindet sich keine blaue. Wie groß ist die Wahrscheinlichkeit, die blaue Kugel als nächste zu ziehen?
b) Wie groß ist die Wahrscheinlichkeit, die blaue Kugel zu ziehen, wenn die zuvor gezogenen Kugeln jedes Mal wieder zurückgelegt werden?

Schere, Stein, Papier **Spielen**

1 Zählt bis 3 und haltet dann eine Hand so, dass eines der drei Zeichen „Schere, Stein oder Papier“ entsteht.

Schere Stein Papier

Folgende Spielausgänge sind möglich:

Papier wickelt Stein ein — Papier gewinnt

Stein schleift Schere — Stein gewinnt

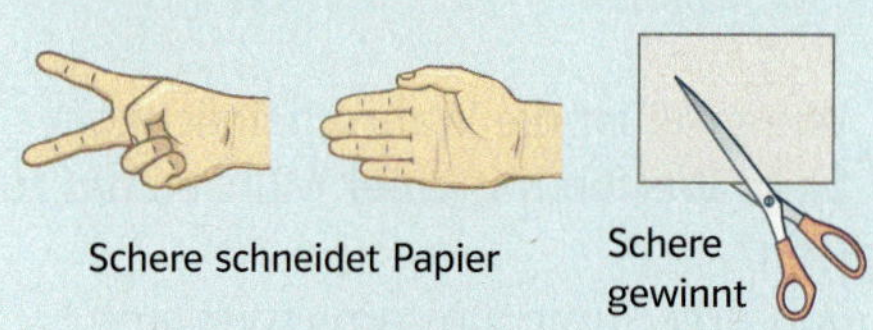

Schere schneidet Papier — Schere gewinnt

Bei gleichen Zeichen ist unentschieden und es wird noch einmal gespielt.

2 Wie groß ist die Wahrscheinlichkeit, bei diesem Spiel zu gewinnen? Skizziert die Möglichkeiten.

3 Rationale Zahlen

Du hast bisher mit natürlichen, ganzen und rationalen Zahlen, mit Bruch- und Dezimalzahlen gerechnet.

➜ Erkläre die verschiedenen Zahlbereiche und wie sie zusammenhängen.

➜ Zeichne ab und ordne die folgenden Zahlen den richtigen Zahlbereichen zu.

$-1\frac{3}{4}$; $+5$; $\frac{4}{5}$; $-0{,}6$; $\frac{5}{2}$; $+1{,}1$; $-\frac{3}{8}$; $-0{,}26$; $-1{,}75$; $0{,}8$; $+\frac{3}{5}$; -9; $-\frac{2}{3}$; $2\frac{1}{2}$; -6; $9{,}5$; $\frac{9}{10}$; $-0{,}375$; $\frac{11}{10}$; $-\frac{30}{5}$; 0

➜ Einige Zahlen haben den gleichen Wert. Ermittle diese Zahlenpaare.

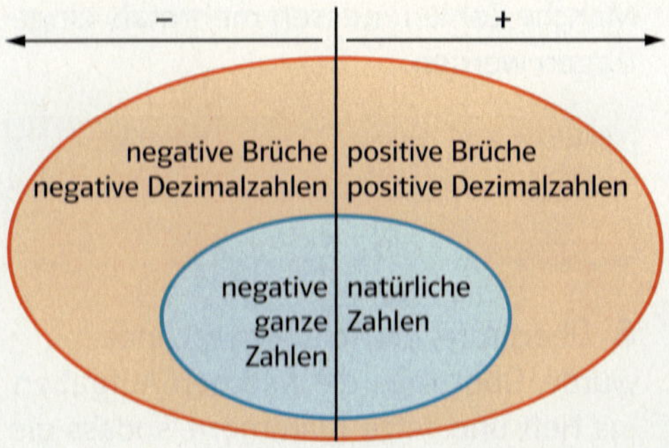

Alle natürlichen Zahlen sind auch ganze Zahlen.
Alle ganzen Zahlen sind auch rationale Zahlen.

1 Stimmen die folgenden Aussagen? Gib Beispiele an.

a) Ganze Zahlen sind immer auch natürliche Zahlen.

b) Alle Dezimalzahlen lassen sich als Bruch darstellen.

c) Ganze Zahlen sind auch Brüche.

d) Jeder Bruch lässt sich als Dezimalzahl darstellen.

Rechnen mit dem Taschenrechner

Eingabe von Brüchen

Viele Taschenrechner bieten die Möglichkeit, mit Brüchen zu rechnen. Das Ergebnis wird als gekürzter Bruch in Bruchschreibweise angegeben.

Aufgabe: $\frac{1}{6} + \frac{1}{2}$

Eingabe: 1 [a b/c] 6 + 1 [a b/c] 2 =

Anzeige: 1⌟6   1⌟2   2⌟3

Eingabe von gemischten Zahlen

Aufgabe: $2\frac{1}{3} + 4\frac{2}{5}$

Eingabe: 2 [a b/c] 1 [a b/c] 3 + 4 [a b/c] 2 [a b/c] 5 =

Anzeige: 2_1⌟3   4_2⌟5

6_11⌟15

Beim Rechnen ohne Bruchtaste kann es zu Rundungsfehlern kommen.

2 Berechne, überschlage zuerst.

a) $(-3{,}75)\cdot(+4{,}2)$

b) $(+4{,}6)\cdot(+3{,}2)\cdot(-0{,}8)$

c) $(-12{,}5)\cdot(-1{,}6)\cdot(-0{,}25)$

d) $\frac{1}{4} + \frac{3}{8} + \frac{1}{2}$ e) $\frac{4}{5} + \frac{7}{8} + \frac{9}{10}$

f) $6\frac{1}{5} + 2\frac{7}{10}$ g) $9\frac{1}{2} + 2\frac{1}{4} - 6\frac{3}{5}$

h) $\left(+\frac{7}{8}\right)\cdot\left(-\frac{1}{2}\right)\cdot\left(-\frac{3}{7}\right)$ i) $\left(+4\frac{1}{2}\right)\cdot(+3{,}6)\cdot\left(-2\frac{1}{2}\right)$

3 Berechne.

a) $0{,}75\,m^3 + 322{,}1\,dm^3 + 25\,000\,cm^3$

b) $3\frac{1}{2}\,m + 2{,}7\,m + 35\,cm + 0{,}25\,km$

c) $4\frac{1}{2}\,kg - 2370\,g + 3{,}75\,kg$

d) $6\frac{3}{4}\,t - 423{,}5\,kg - 1{,}84\,t - 2\frac{2}{5}\,t$

e) $0{,}76\,ha + 43{,}4\,a + 955\,m^2$

f) $53{,}6\cdot 4\frac{3}{4} + \frac{2}{5}\cdot 7\frac{1}{2}$

g) $(-0{,}6)\cdot\left(-2\frac{3}{4}\right) - \left(-\frac{5}{8}\right)\cdot\left(-\frac{13}{5}\right)$

h) $(-7{,}34)\cdot\left(5{,}2 - 4\frac{1}{2}\right)$

i) $\left(-2\frac{3}{4} + 1{,}6\right)\cdot\left(5{,}2 - 6\frac{1}{8}\right)$

4 Welches Ergebnis liegt am nächsten bei der Zahl 55?

$77{,}8 + 108{,}93 - 2\cdot(116{,}4 - 50{,}835)$

$31{,}5\cdot(7{,}6 - 5{,}9)$

$(1143{,}52 - 195{,}88)\cdot 2{,}5 - 2314$

$(309{,}1 + 699{,}22) : (36{,}9 - 18{,}5)$

$28{,}97 + 36{,}1 + 0{,}99 - 20{,}17$

−1	+7
−3,1	−2
2,8	−6
	+3
+17,2	0,6
2,4	+3,8
+4,1	

5 Lege im Heft eine Tabelle an und trage die Zahlen vom Rand dort ein. Manche Zahlen müssen mehrmals eingetragen werden.

natürliche Zahlen	ganze Zahlen	rationale Zahlen
	−1	−1

6 Überprüfe, ob richtig gerechnet wurde. Übertrage die falschen Aufgaben ins Heft und setze Klammern, sodass die Ergebnisse stimmen.

a) $4{,}5 \cdot 2{,}5 + 1{,}75 = 13$

b) $3\frac{2}{5} + 3\frac{1}{8} - \frac{1}{40} \cdot 2 = 13$

c) $43 - 75 : 2{,}5 = 13$

d) $62{,}4 + 2\frac{3}{5} \cdot 0{,}2 = 13$

e) $19{,}5 : 2{,}5 - 1 = 13$

f) $1\frac{3}{4} + 1\frac{1}{2} \cdot 2{,}5 + 1{,}5 = 13$

7 a) Subtrahiere von der Summe aus 1,23 und 4,32 die Zahl $5\frac{3}{5}$.

b) Verdreifache die Differenz aus $12\frac{3}{8}$ und 7,65.

c) Addiere zum Quotienten aus 0,56 und 0,64 die Summe aus $3\frac{1}{2}$ und $1\frac{4}{5}$.

d) Multipliziere das Produkt aus $2\frac{1}{4}$ und $1\frac{1}{2}$ mit der Differenz aus $3\frac{5}{8}$ und $1\frac{1}{4}$.

8 Berechne. Tipp: Nutze die Klammertasten deines Taschenrechners.

a) $(-5) - ((-3) + (-5))$

b) $((-12) + (-4)) : (-2)$

c) $(-2) - ((+2{,}5) - (-3{,}5))$

d) $((-4{,}5) - (-4{,}5)) \cdot 12{,}5$

e) $\left(-\frac{1}{2}\right) \cdot \left(\left(-\frac{1}{2}\right) + \left(-\frac{1}{4}\right)\right)$

f) $\left(-2\frac{3}{4}\right) - \left((-1{,}75) - \left(-2\frac{3}{4}\right)\right)$

9 Berechne.

a) $\left(-2\frac{1}{4}\right) + 3{,}25 : 5$

b) $(-1{,}6) \cdot \left(-\frac{1}{4}\right) + 2{,}5 \cdot 0{,}2$

c) $(-8{,}5) : (-1{,}7) \cdot 3{,}2 : (-1{,}6)$

d) $5 \cdot (-2{,}2) + (-3{,}6) : (-1{,}2) - 10\frac{2}{5}$

e) $((-2{,}5) \cdot 4 + (-3{,}2) : (-0{,}8)) : 0{,}5$

f) Formuliere die Teilaufgaben a) und b) ähnlich wie in Aufgabe 7.

10 Die Wasserstandsmeldungen informieren die Rheinschiffer über die Wassertiefe der Fahrstrecke. Wenn die Grenzwerte für Hoch- oder Niedrigwasser erreicht werden, ist besondere Aufmerksamkeit gefordert.

Messstelle	Grenzwerte für	
	Niedrigwasser	Hochwasser
Karlsruhe	2,74 m	6,94 m
Mainz	3,11 m	7,52 m
Koblenz	2,87 m	6,80 m
Andernach	2,01 m	6,25 m
Köln	1,21 m	8,10 m

An einem Tag wurden folgende Daten gemeldet: Karlsruhe: 2,78; Mainz: 3,21; Koblenz: 3,04; Andernach: 2,42; Köln: 1,76. Wegen der anhaltenden Trockenheit sank der Pegel täglich an allen Messstellen um 3 cm.

a) Errechnet, wie lange es an jeder Messstelle dauerte, bis der Grenzwert für Niedrigwasser erreicht war.

b) An einem anderen Tag wurden morgens um 8 Uhr folgende Daten übermittelt: Karlsruhe: 6,68; Mainz: 6,92; Koblenz: 5,85; Andernach: 5,63; Köln: 6,54. Bei Erreichen des Hochwassergrenzwertes wird die Schifffahrt eingestellt. Nach wie viel Stunden musste die Schifffahrt an den einzelnen Stationen eingestellt werden, wenn mit einem stündlichen Anstieg des Hochwassers von 5 cm gerechnet wurde?

Rund ums Wasser

Eine Klasse hat verschiedene Informationen zum Thema Wassersparen gesammelt.

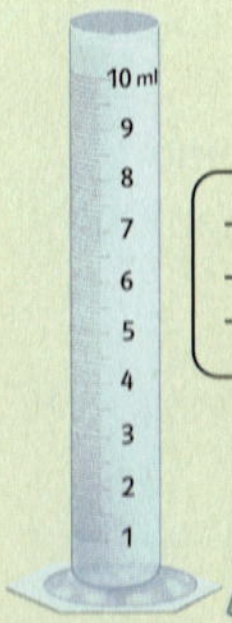

120 Tropfen
etwa 10 ml

10 l Wasser pro Toilettenspülung

Wasserverbrauch beim Duschen: 20 l/min

Dichtung für einen Wasserhahn nur 20 ct

1 m³ Wasser kostet 5,30 €

Ihr Geld tropft in den Abfluss – muss das sein?

Wasserverbrauch im Haushalt
Testen Sie sich selbst. Wir zeigen Ihnen, welche Kosten auf Sie zukommen und wie Sie sparen können.

www.wasserverbrauch.de

„Aus Liebe zur Umwelt"
Mit der Spartaste von Aquastop sparen Sie 40 % Wasser bei jeder Toilettenspülung.

Jetzt umrüsten!

Wassersparen ohne Verlust an Komfort: Mit dem Sparstrahlregler 8 Liter pro Minute sparen – ohne es zu merken – das lohnt sich.

Wir verbrauchen pro Tag etwa 130 Liter Wasser.

Wir haben, was Ihnen fehlt. Wassertanks ab 4000 Liter

Zisternen Jung
der Fachmarkt in Ihrer Nähe
modern – kompetent – günstig

1 a) Wie hoch ist der durchschnittliche Wasserverbrauch eines 4-Personen-Haushalts?
b) Berechne die jährlichen Wasserkosten eines 4-Personen-Haushalts.
c) Welche Möglichkeiten zur Einsparung werden genannt? Berechnet die Ersparnis für einen 4-Personen-Haushalt in einem Jahr. Für einige Rechnungen fehlen die genauen Zahlen. Ihr müsst dann Vermutungen anstellen.
d) Formuliert Aufgabenstellungen, die ihr mit den Informationen auf dem Poster bearbeiten könnt.
e) @ Verschafft euch Informationen zum Thema *Wassersparen* beim Fachhandel und im Internet.
f) @ Wofür wird das meiste Wasser verbraucht?

2 Eine Talsperre im Sauerland fasst 80 Millionen m^3 Wasser, wenn sie randvoll ist. Am 1. Mai ist sie zu 90 % gefüllt. Wegen der trockenen Jahreszeit rechnet die Betreibergesellschaft damit, dass in den Monaten Mai und Juni täglich 320 000 m^3 entnommen werden, aber nur 250 000 m^3 zufließen. In den beiden Folgemonaten soll der Verbrauch nochmals um 10 % zunehmen, während der Zufluss auf 230 000 m^3 zurückgeht.
a) Wie viel m^3 Wasser sind nach den Schätzungen Ende August in der Talsperre?
b) Wie lange würde es dauern, bis die Talsperre randvoll ist, wenn ab dem 1. 9. durchschnittlich 50 000 m^3 Wasser täglich mehr zufließen als entnommen werden?

Zirkel oder Computer?

1 Mittelsenkrechte

a) Zeichne eine Strecke auf ein Blatt Papier und teile sie durch Falten des Papiers in zwei gleich lange Teile.

b) In der folgenden Abbildung wird gezeigt, wie man mit Zirkel und Lineal eine **Strecke halbieren** kann. Beschreibe die dargestellte Konstruktion der Mittelsenkrechten mit einem kurzen Text und führe sie in deinem Heft durch.

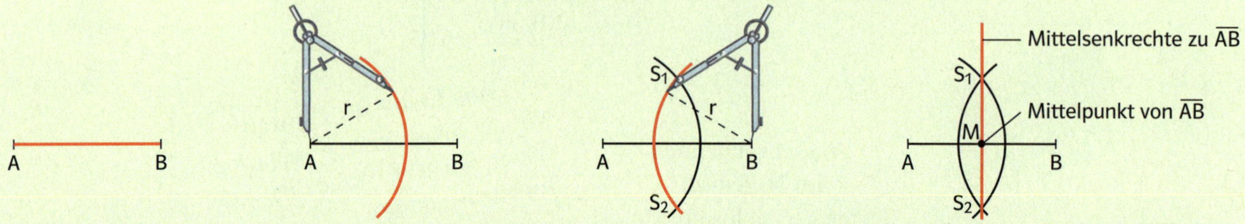

c) Einer von euch zeichnet eine beliebige Strecke und halbiert sie mithilfe des Zirkels. Die Partnerin oder der Partner halbiert dieselbe Strecke nun mit einem größeren (kleineren) Radius. Wie liegen die Schnittpunkte der Kreisbögen? Gibt es immer welche? Vergleicht eure Zeichnung auch mit der von anderen Mitschülern.

2 Winkelhalbierende

a) Auch Winkel kann man halbieren. Schneidet dazu je ein beliebiges Dreieck aus. Überlegt, wie ihr einen Winkel durch Falten halbieren könnt?

b) Wie man eine **Winkelhalbierende** nur mit Zirkel und Lineal zeichnet, zeigt euch diese Konstruktion. Erkläre sie deiner Partnerin oder deinem Partner.

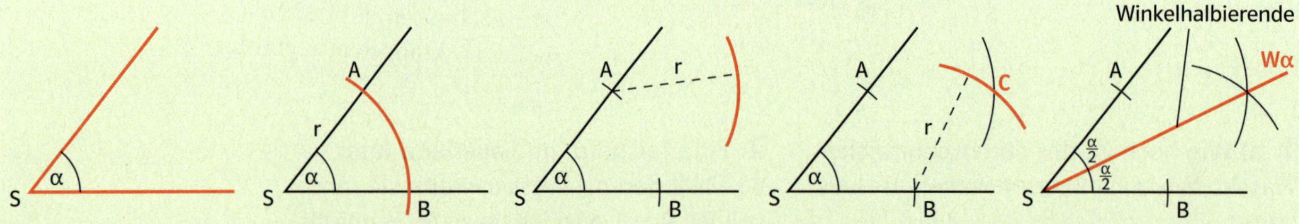

c) Zeichne einen Winkel von 90° (120°; 45°) und halbiere ihn mit Zirkel und Lineal.

d) Patrick halbiert seinen Winkel mit dem Geodreieck. Beschreibe, wie das geht.

3 Mittelsenkrechte mit Geometrie-Software

Öffne für jede Konstruktion eine neue Zeichenfläche.

Die Mittelsenkrechte einer Strecke $\overline{AB}$ lässt sich auf zweierlei Art konstruieren.

a)

1. Strecke $\overline{AB}$
2. Mit **Mittelpunkt** den Punkt C eintragen
3. Mit **Senkrechte** die Mittelsenkrechte einzeichnen

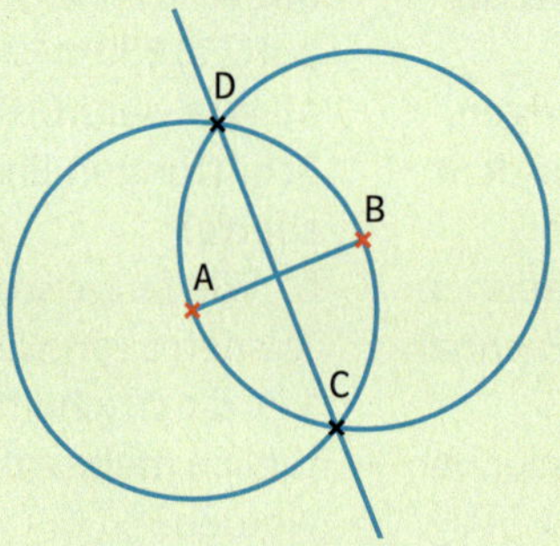

b)

1. Strecke $\overline{AB}$
2. Kreis um A mit Radius $\overline{AB}$
3. Kreis um B mit Radius $\overline{AB}$
4. Gerade durch die Schnittpunkte der Kreise (mit Cursor anklicken)

4 Dreiecke und Vierecke konstruieren

Die Gärtnerei Pflaumenbaum hat den Auftrag erhalten, die Fläche zwischen den Straßen zu bepflanzen.

➜ Mit welchen Messinstrumenten kann man diese Wiese vermessen?

➜ Übertrage das Dreieck in dein Heft. Kennzeichne die Maße, die du zum Zeichnen gemessen hast, farbig.

➜ Vergleicht eure Lösungswege.

1 Zeichne das Dreieck in doppelter Größe in dein Heft.

a)

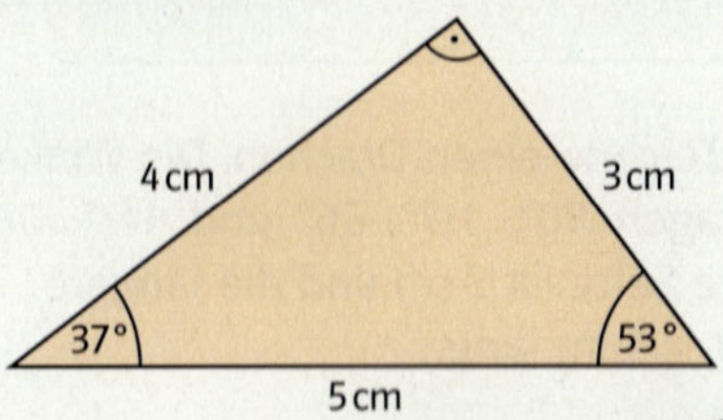

b)

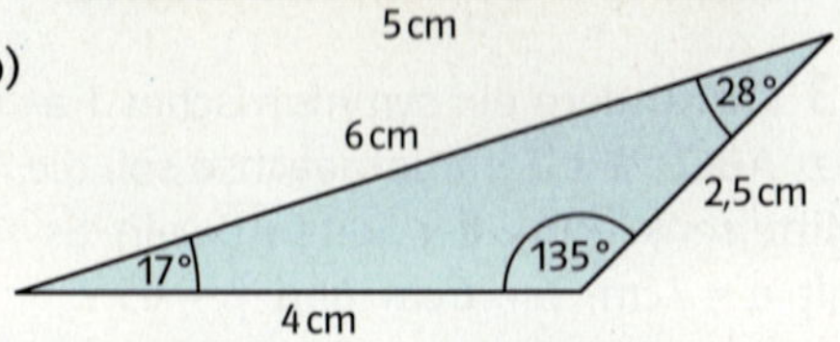

2 Mit einem Meterstab lassen sich verschiedene Dreiecke darstellen. Welche Dreiecksformen könnt ihr bilden? Zeichnet eure Ergebnisse auf ein Plakat und stellt es eurer Klasse vor.

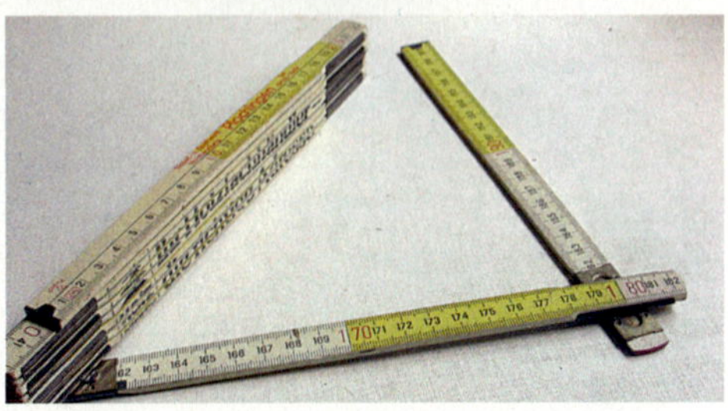

3 Zeichne ein Dreieck mit den Winkeln $\alpha = 60°$; $\beta = 30°$ und $\gamma = 90°$. Vergleiche deine Zeichnung mit denen deiner Mitschüler. Was fällt dir auf?

4 Zeichne ein Dreieck mit den Seiten $c = 10\,cm$; $a = 9\,cm$ und $b = 4{,}5\,cm$. Verwende als Hilfsmittel den Zirkel. Vergleiche deine Zeichnung mit denen deiner Mitschüler. Was fällt dir auf?

5 a) Übertrage von den beiden Dreiecken dasjenige in dein Heft, das du ohne weiteres Nachmessen im Buch abzeichnen kannst.

(1)

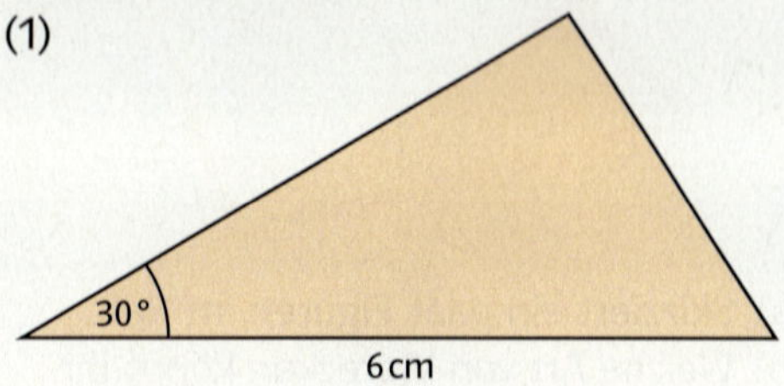

(2)

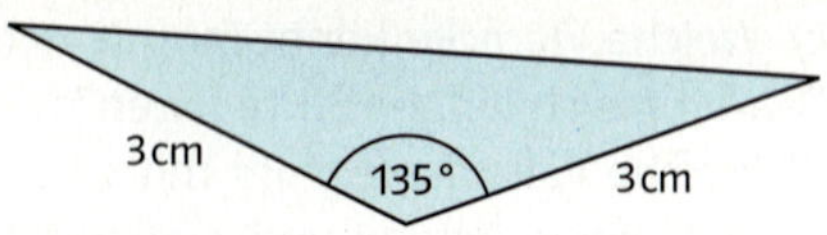

b) Übertrage auch das andere Dreieck in dein Heft. Welches weitere Maß benötigst du dafür? Finde hierzu zwei verschiedene Lösungen.

6 Zeichne ein Dreieck mit folgenden Maßen in dein Heft.

a) $b = 5\,cm$; $c = 4\,cm$ und $\alpha = 90°$

b) $a = 6\,cm$; $b = 7\,cm$ und $c = 4\,cm$

c) $a = 7\,cm$; $\beta = 75°$ und $\gamma = 60°$

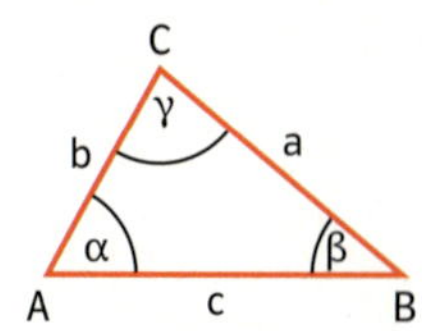

*Vor dem exakten Zeichnen ist eine Skizze hilfreich. Diese wird oft auch als **Planfigur** bezeichnet. Hier werden alle Dreiecksseiten und Winkel bezeichnet.*

7 Könnt ihr folgende Figuren zeichnen? Begründet.

a) ein Dreieck mit den Seitenlängen 7,5 cm; 6,0 cm und 4,5 cm

b) ein Dreieck mit den Seitenlängen 8 cm; 4 cm und 3 cm

c) ein rechtwinkliges Dreieck ($\gamma = 90°$) mit $a = 6\,cm$ und $\alpha = 45°$

d) ein gleichseitiges Dreieck mit $a = 12\,cm$

e) ein gleichschenkliges Dreieck mit $\beta = 40°$ und $b = 7\,cm$

f) ein Dreieck mit $\alpha = 100°$, $c = 7\,cm$ und $\beta = 100°$

8 Zeichne ein Dreieck mit der Seitenlänge $c = 8\,cm$, dem Winkel $\beta = 45°$ und der Höhe $h_c = 5\,cm$.

9 Nehmt mehrere verschieden lange Stifte. Einige davon sollten auch die gleiche Länge haben. Legt mit je vieren daraus unterschiedliche Vierecke.

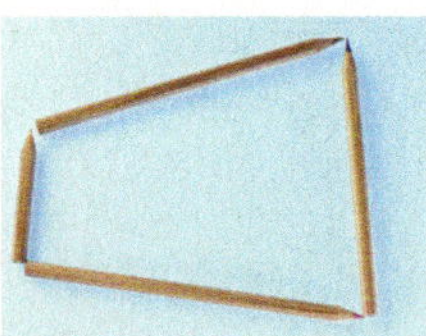

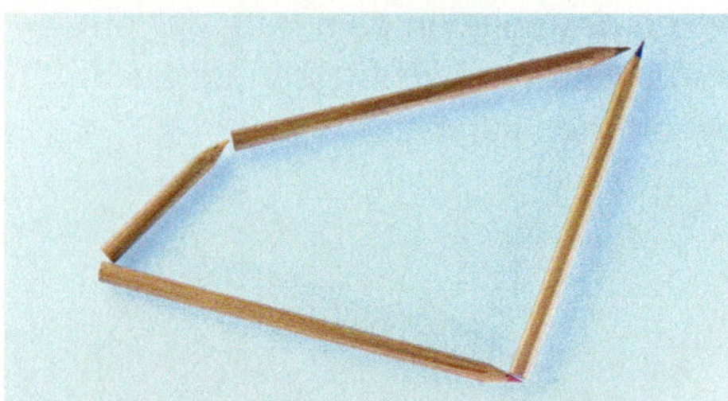

a) Skizziert ein paar Figuren im Heft.

b) Welche Art von Vierecken könnt ihr mit vier gleich langen Stiften legen?

c) Welche Vierecke könnt ihr mit zwei Paaren gleich langer Stifte legen?

d) Welche Vierecke legt ihr mit einem kurzen, einem langen und zwei mittleren gleich langen Stiften?

e) Vergleicht eure Ergebnisse. Sammelt die verschiedenen Vierecke und haltet sie auf einem Plakat fest.

10 Eine 5,20 m lange Leiter ist an eine senkrechte Hauswand gelehnt. Aus Sicherheitsgründen soll sie zum Erdboden einen Winkel von höchstens 75° bilden. Wie hoch reicht die Leiter?

11 a) Übertrage das gleichschenklige Trapez in dein Heft und zeichne die Seiten und Winkel rot, die du zum Zeichnen gemessen hast.

b) Wie viele und welche Maße brauchst du mindestens, um das Parallelogramm abzuzeichnen?

12 Zeichne einen Drachen. Die Winkel betragen 90°, 117°, 36° und 117°. Die kurze Seite ist 3 cm und die längere Seite 6,5 cm lang.

13 Konstruiere ein symmetrisches Trapez ABCD. Die Symmetrieachse soll die Mittelsenkrechte der Seite $\overline{AB}$ sein. Es gilt $a = 7\,cm$; $b = 6\,cm$ und $\beta = 65°$.

14 Das Dachgeschoss des abgebildeten Hauses soll ausgebaut werden.

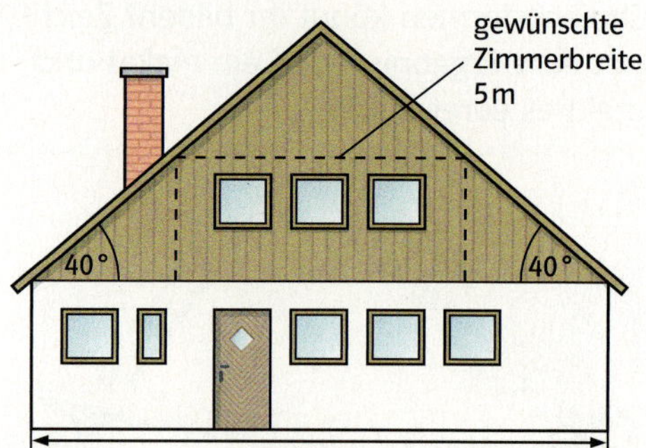

Kann beim geplanten Dachausbau ein 2,50 m hohes und 5 m breites Zimmer ohne Dachschrägen entstehen? Fertige eine maßstabsgerechte Konstruktionszeichnung an.

5 Umkreis und Inkreis

Zeichne auf einem Blatt Papier ein spitzwinkliges Dreieck, schneide es aus und benenne die Eckpunkte und die Seiten.
→ Falte das Dreieck so, dass der Punkt A auf den Punkt B fällt. Klappe es wieder auf. Falte ebenso B auf C und C auf A. Beschreibe die Eigenschaften der Faltlinien. Ist das immer so? Vergleiche mit anderen Dreiecken.

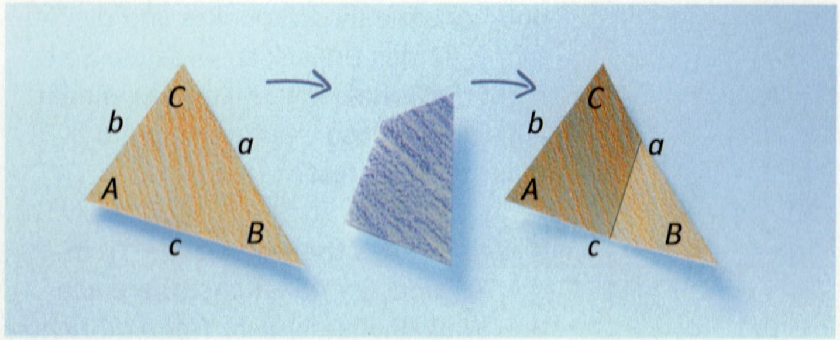

1 Zeichne ein spitzwinkliges Dreieck in dein Heft. Konstruiere zu jeder Dreiecksseite die **Mittelsenkrechte**. Wenn du richtig gezeichnet hast, entsteht ein Schnittpunkt M. Zeichne einen Kreis um den Mittelpunkt M, der durch den Eckpunkt A geht. Was stellst du fest?

2 Zeichne in ein Koordinatensystem ein Dreieck. Prüfe, ob du einen Kreis durch die Punkte A, B und C finden kannst.
a) A(2|1); B(10|3) und C(5|8)
b) A(0|0); B(7|0) und C(11|5)

Umkreis

Die Mittelsenkrechten der Dreiecksseiten schneiden sich im Punkt M. M ist der Mittelpunkt des Umkreises.

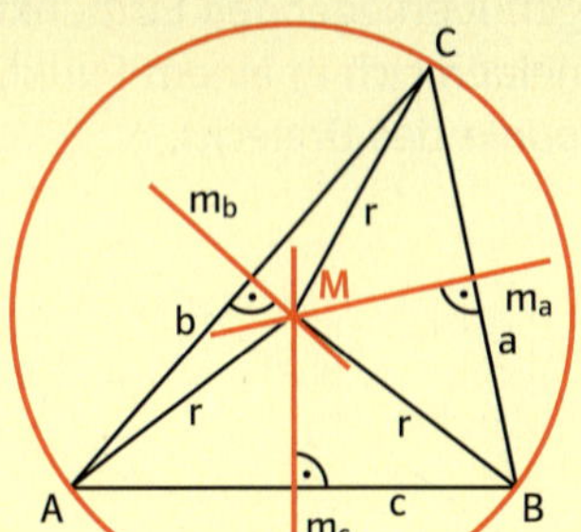

3 Zeichne einen Kreis durch Umfahren eines kreisförmigen Gegenstandes, z. B. einer Dose. Konstruiere den Mittelpunkt dieses Kreises.

4 Die Gemeinden Aheim, Bestadt und Codorf planen eine gemeinsame Satellitenanlage. Sie soll von allen Orten gleich weit entfernt sein. Konstruiere im Heft.

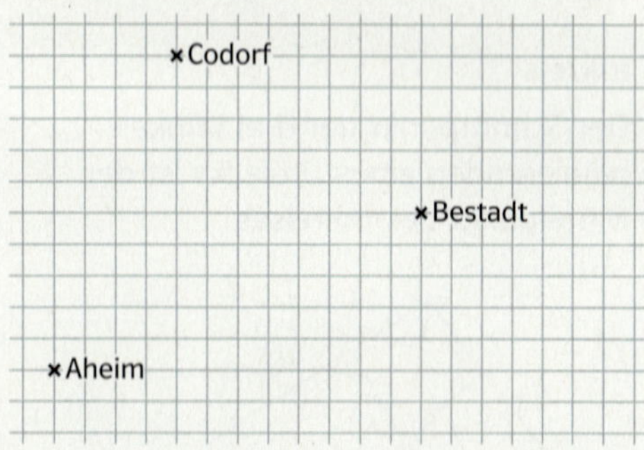

5 a) Zeichne einen Kreis mit r = 6 cm. Der Kreis soll der Umkreis eines rechtwinkligen Dreiecks sein. Laura behauptet: „Es gibt mehr als fünf Lösungen." Stimmt das?
b) Prüfe die Aussage von Laura auch für ein gleichseitiges Dreieck.

6 Zeichne ein Dreieck und konstruiere den Umkreis. Welchen Radius hat er?
a) c = 6,4 cm; b = 4 cm und $\alpha = 90°$
b) a = 7 cm; c = 5 cm und b = 5 cm

7 Was meint ihr?
a) Igor behauptet: „Wenn ich bei einem Quadrat die Mittelsenkrechten zeichne, erhalte ich einen Schnittpunkt M, der der Mittelpunkt des Umkreises ist."
b) Juliette sagt: „Beim Rechteck geht das dann sicher auch."

In einem spitzwinkligen Dreieck sind die Winkel kleiner als 90°.

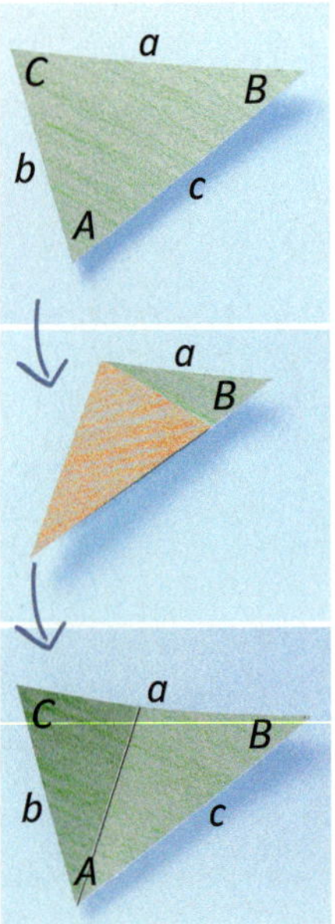

8 Zeichne auf einem Blatt Papier ein spitzwinkliges Dreieck, schneide es aus und benenne die Eckpunkte und die Seiten. Falte das Dreieck so, dass die Seite b auf die Seite c fällt. Klappe es wieder auf. Falte ebenso c auf a und a auf b. Was stellst du fest?

9 Zeichne das Dreieck mit c = 11 cm, $\alpha = 70°$ und $\beta = 45°$. Konstruiere alle drei **Winkelhalbierenden**. Wenn du richtig gezeichnet hast, entsteht ein Schnittpunkt, bezeichne ihn mit W. Zeichne einen Kreis um den Mittelpunkt W, der die drei Dreiecksseiten berührt. Wie hast du den Radius ermittelt?

Inkreis

Der Schnittpunkt der drei Winkelhalbierenden eines Dreiecks ist der Mittelpunkt des **Inkreises**.

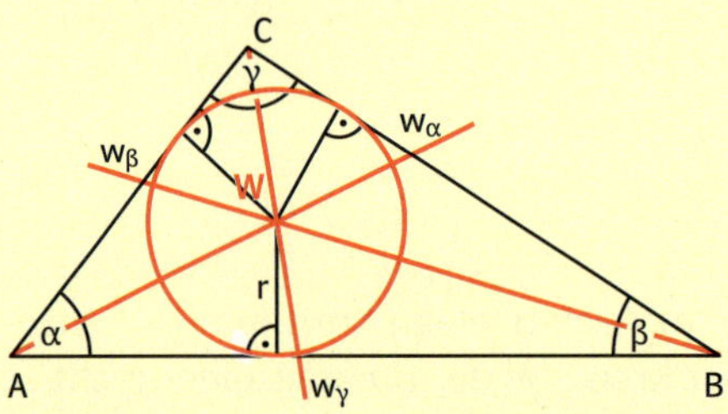

Der Mittelpunkt des Inkreises hat von allen Dreiecksseiten den gleichen Abstand.

10 Zeichne das Dreieck und konstruiere den Inkreis.
a) a = 9 cm; b = 10 cm und c = 11 cm
b) a = 8 cm; b = 7,2 cm und c = 66 mm
c) b = 6,6 cm; c = 8 cm und $\alpha = 90°$
d) c = 8 cm; $\alpha = 76°$ und $\beta = 52°$
e) ein stumpfwinkliges Dreieck

11 Betrachte das Foto auf der Randspalte. Welche der beiden Rosetten im Giebel des Turms ist ein Inkreis? Begründe.

12 a) Zeichne ein gleichseitiges Dreieck mit einer Seitenlänge von 8 cm. Zeichne den Inkreis und den Umkreis. Was stellst du fest?
b) Überprüfe deine Feststellung von Teilaufgabe a) an einem weiteren gleichseitigen Dreieck mit einer anderen Seitenlänge.

13 Konstruiere zwei Dreiecke mit:
(1) a = 5 cm; b = 5 cm und c = 9,5 cm
(2) a = 12 cm; b = 12 cm und c = 12 cm
Welches Dreieck hat den größeren Umkreis, welches den größeren Inkreis?

14 a) Zeichne ein spitzwinkliges Dreieck auf Pappe und schneide es aus. Kannst du es auf einem Lineal balancieren?
b) Zeichne die verschiedenen Auflagelinien ein. Was stellst du fest?

c) Versuche nun das Dreieck mit der Fingerspitze zu balancieren.

15 Die **Seitenhalbierenden** eines Dreiecks verbinden die Seitenmitten mit den gegenüberliegenden Eckpunkten. Sie schneiden sich in einem Punkt, dem **Schwerpunkt** des Dreiecks.

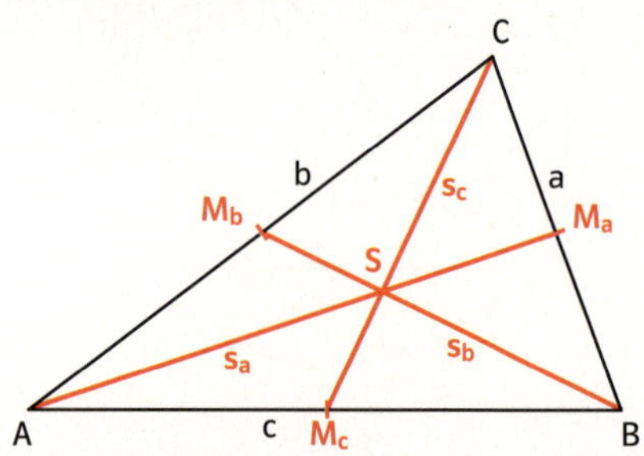

Zeichne ein neues Dreieck und den zugehörigen Schwerpunkt. Versuche auch jetzt das Dreieck auf dem Schwerpunkt mit der Fingerspitze zu balancieren.

6 Satz des Thales

Der griechische Gelehrte *Thales von Milet* entdeckte eine wichtige Gesetzmäßigkeit bei rechtwinkligen Dreiecken.

Der griechische Gelehrte Thales von Milet lebte von 624 bis 546 v. Chr. Schlage im Atlas nach, wo Milet liegt.

→ 👥 Findet selbst diese Gesetzmäßigkeit, den *Satz des Thales*, heraus.
Zeichnet dazu verschiedene Dreiecke auf dünnen Karton und schneidet sie aus.
Die Grundseite c soll immer 10 cm und der Winkel γ soll immer 90° betragen.
Teilt euch die Arbeit auf. Es sollen Dreiecke dabei sein mit den Winkeln
α = 10°; 20°; 30°; 40°; 50°; 60°; 70°; 80°.
Legt die Dreiecke an der Grundseite c übereinander. Welche Feststellung macht ihr?

→ 👥 Man spricht vom *Thaleskreis*.
Erläutere den Begriff.

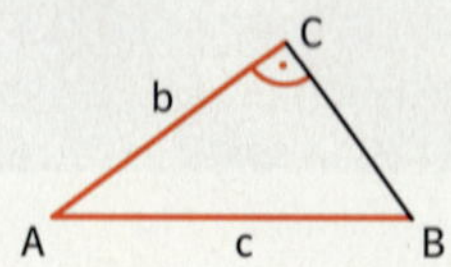

→ Mithilfe des Thaleskreises sollte ein Dreieck konstruiert werden mit
b = 4 cm, c = 5 cm und γ = 90°.
Zuerst wurde eine Planfigur gezeichnet.
Dann wurde das Dreieck in vier Schritten konstruiert.

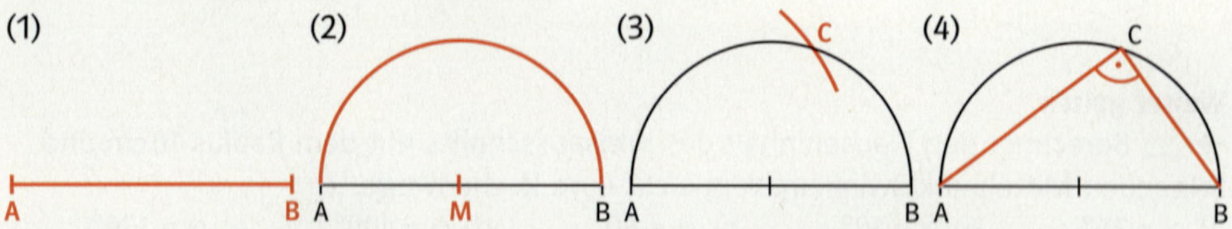

a) Übertrage die Planfigur und die vier Konstruktionsschritte in dein Heft.
b) Ordne den Zeichnungen die folgenden Konstruktionsbeschreibungen richtig zu.
Schreibe sie zu den entsprechenden Zeichnungen.
- Schlage einen Kreis um A mit dem Radius b = 4 cm. Der Schnittpunkt ist C.
- Zeichne die Strecke $\overline{AB}$ = 5 cm.
- Zeichne $\overline{AC}$ und $\overline{BC}$.
- Zeichne den Thaleskreis über $\overline{AB}$.

1 Zeichne jeweils in einen Halbkreis mit dem Radius r = 4 cm ein rechtwinkliges Dreieck mit
a) α = 40°   b) a = 5 cm

2 Konstruiere mithilfe des Thaleskreises ein rechtwinkliges Dreieck mit a = 3 cm, c = 7 cm und γ = 90°.
Beschreibe, wie du vorgegangen bist.

3 Konstruiere das rechtwinklige Dreieck.
a) b = 4,5 cm, c = 8 cm, γ = 90°
b) a = 10 cm, b = 3,5 cm, α = 90°
c) b = 8,8 cm, c = 6,3 cm, β = 90°

4 Zeichne die Dreiecke mit γ = 90°.
Gibt es jeweils mehr als eine Lösung?
a) c = 12 cm, h_c = 5 cm
b) c = 10 cm, h_c = 2,5 cm
c) c = 84 mm, h_c = 42 mm
d) c = 9,5 cm, h_c = 3,7 cm

5 Berechne die Größe der rot eingezeichneten Winkel.

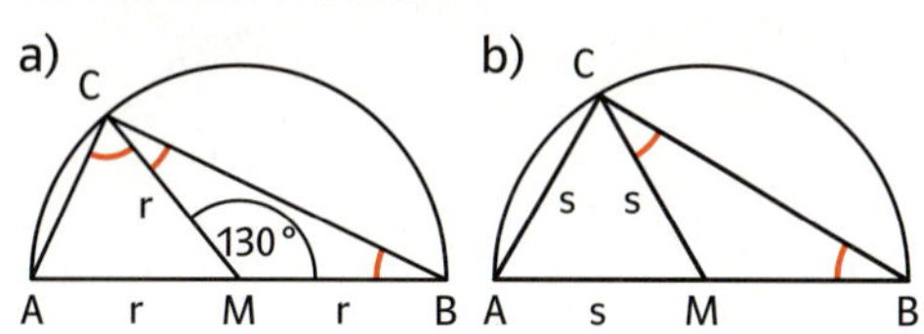

7 Kreisausschnitt, Kreisbogen

Das Foto zeigt den Kreisverkehr in Bisingen. Der Kreisel wurde mit Glassteinen in verschiedenen Farbabstufungen gestaltet.

➜ Berechnet den Flächeninhalt der abgebildeten Kreisausschnitte.

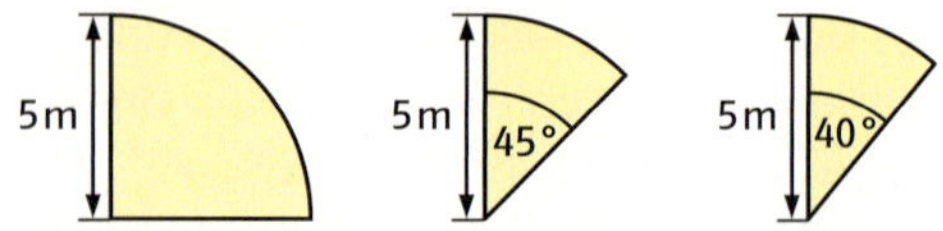

➜ Gestaltet selbst verschiedene „Kreisel" und berechnet die Flächen, für die die verschieden farbigen Glassplitsorten benötigt werden.

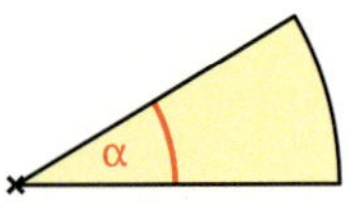

Kreisausschnitt

Der Winkel, der die Größe eines Kreisausschnitts bestimmt, heißt **Mittelpunktswinkel α**.

Weiter geht's

➜ Berechnet den Flächeninhalt des Kreisausschnitts mit dem Radius 10 cm und folgenden Mittelpunktswinkeln. Vergleicht eure Rechenwege.

a) $\alpha = 36°$ b) $\alpha = 10°$ c) $\alpha = 60°$ d) $\alpha = 100°$ e) $\alpha = 120°$

➜ Überprüfe folgende Aussagen:

A1: Der Kreisausschnitt von d) ist zehnmal so groß wie der von b).

A2: Der Kreisausschnitt von b) ist der 10. Teil des ganzen Kreises.

A3: Der Kreissauschnitt von e) ist so groß wie ein Drittel-Kreis.

➜ Erklärt die Formel zur Berechnung des Flächeninhalts eines Kreisausschnitts.

Flächeninhalt Kreisausschnitt

$A = \pi \cdot r^2 \cdot \frac{\alpha}{360}$

1 Die Abbildung zeigt verschiedene Kreisteile. Nicht bei allen ist der Flächeninhalt leicht zu berechnen. Suche diejenigen heraus, die du berechnen kannst. Begründe bei den übrigen, warum du sie nicht berechnen kannst.

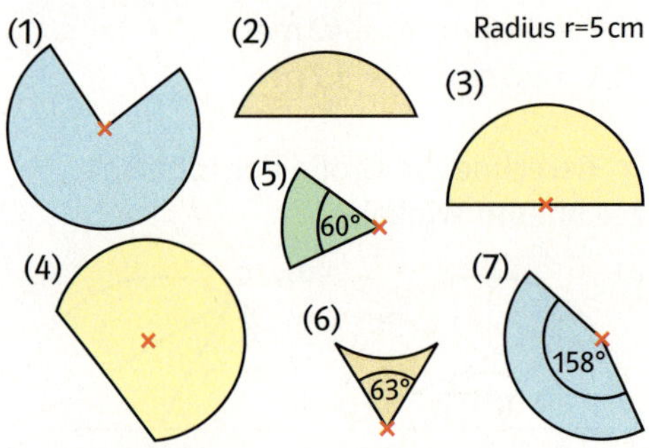

Einen Kreisausschnitt nennt man auch ***Sektor***.

2 Berechne den Flächeninhalt A.

Radius $r = 7$ cm:

a) $\alpha = 75°$ b) $\alpha = 12°$ c) $\alpha = 198°$

Radius $r = 3{,}5$ dm:

d) $\alpha = 3°$ e) $\alpha = 22°$ f) $\alpha = 257°$

3 Der Flächeninhalt eines Kreises beträgt 36 cm². Gib die Fläche der folgenden Kreisausschnitte an.

a) $\alpha = 240°$ b) $\alpha = 72°$ c) $\alpha = 324°$

4 Die Wasserfläche im Kreisel in Bisingen (s. Foto oben) hat etwa den Radius $r = 2{,}50$ m. Der Außenradius beträgt $R = 9{,}05$ m. Berechne die Gesamtfläche des Kreisels, die mit Glassplit belegt ist.

5 Ein Hochseeschiff kann Fischschwärme auf eine Entfernung von 20 km unter einem Winkel von 15° orten. Welche Fläche steht unter Beobachtung? Skizziere und berechne.

6 Berechnet den Kreisumfang und die **Kreisbögen** von den folgenden Kreisausschnitten. Der Radius beträgt jeweils 4 cm. Überlegt dazu, wie man bei der Berechnung des Flächeninhalts vom Kreisauschnitt vorgeht.

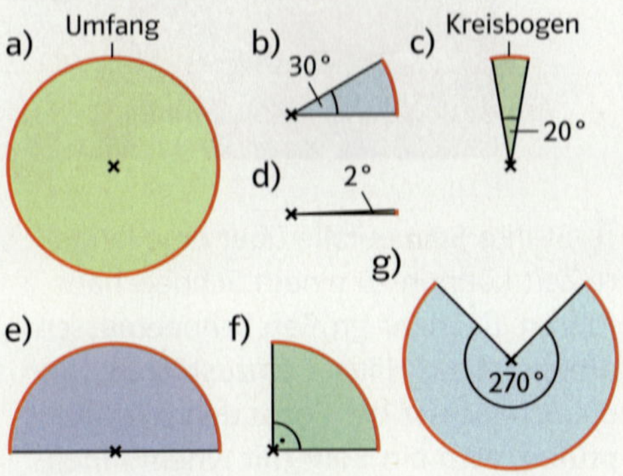

7 Übertrage die Formeln vom folgenden Infokasten ins Heft und ergänze sie.

Kreis

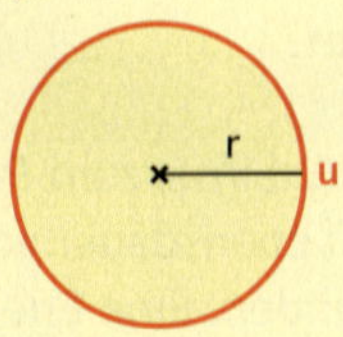

Kreisausschnitt

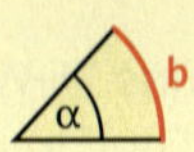

Flächeninhalt:
A = ▢

A = ▢

Umfang u:
u = ▢

Kreisbogen b:
b = ▢

8 Berechne die Länge der Kreisbögen von folgenden Kreisausschnitten.
a) r = 12 cm; α = 198°
b) r = 7 cm; α = 85°
c) r = 0,5 m; α = 3°
d) r = 3 dm; α = 22°
e) r = 3,5 cm; α = 17°

9 In der Schifffahrt werden Entfernungen in Seemeilen gemessen. Eine Seemeile ist die Bogenlänge auf dem Äquator, die zum Mittelpunktswinkel von $\frac{1}{60}$° gehört. Der Erdradius am Äquator beträgt 6378 km. Berechne die Länge einer Seemeile in km. Runde sinnvoll.

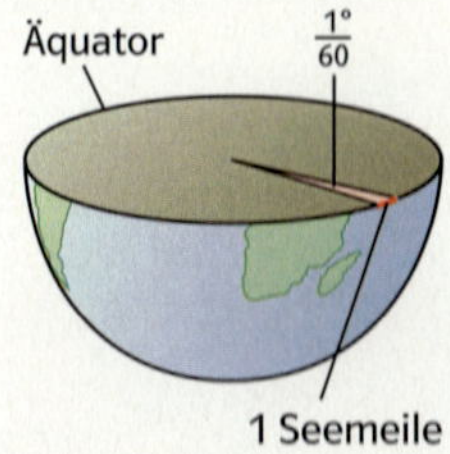

Kirchenfenster Lesen

Viele Kirchen beeindrucken durch ihre leuchtenden Fenster. In jeder Stilepoche finden sich charakteristische Formen. In der Romanik sind Rund- und Flachbögen typisch. Die darauffolgende Epoche, die Gotik, erkennt man an den hochaufstrebenden Formen. Die Fenster werden durch Spitzbögen eingerahmt.

Romanik ab Beginn des 11. Jh.
Gotik etwa 12. bis 16. Jh.

1 Zeichne einige Fenster.

2 Berechne die Länge der folgenden Fensterbögen.

a) romanischer Rundbogen

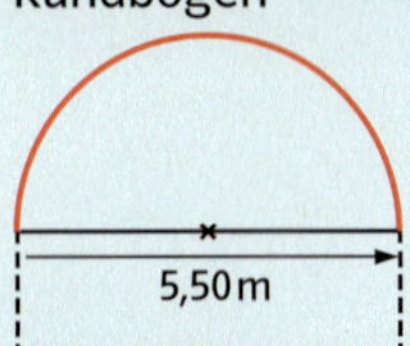

b) romanischer Flachbogen

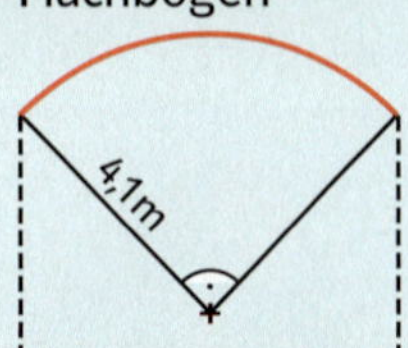

c) gotischer Spitzbogen

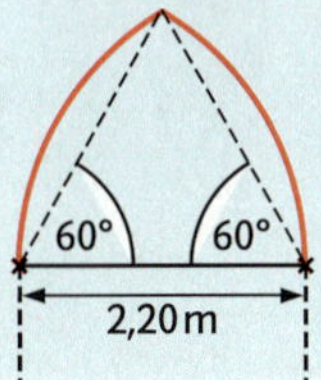

d) gedrückter gotischer Spitzbogen

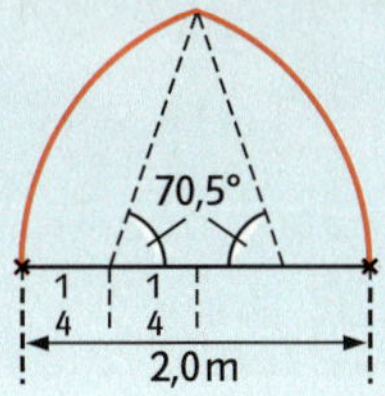

Sachaufgaben

Material:

Korkfußboden
im
Click System
19,95 €/m²

Raufaser-Tapete
grob, weiß
3,49 €
Rollenlänge 10 m
Rollenbreite 0,53 m

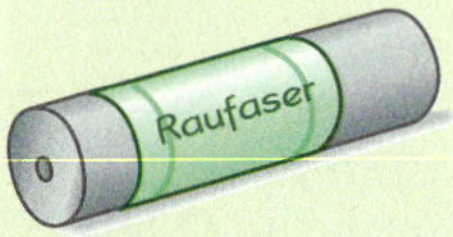

Tapetenkleister
extra stark,
für 26 m² Tapete
4,99 €

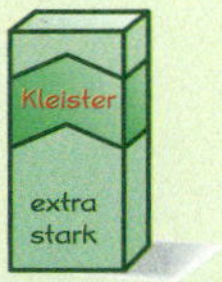

Farbe weiß
1 Eimer, ausreichend für 50 m²:
26,45 €

1 Ein Hobbyraum wird renoviert. Der 6,20 m lange, 4,60 m breite und 2,30 m hohe Raum erhält einen Korkfußboden. Drei Viertel der Wandfläche soll mit Raufasertapete tapeziert werden, die anschließend noch gestrichen werden muss. Wie hoch sind die Materialkosten für die Renovierung? (Siehe Rand.)

2 Stellt die Lösung der Aufgabe in der Klasse vor.
Frisch geschlagenes Fichtenholz hat ein Gewicht von etwa 850 kg/m³. Ein Fuhrunternehmer transportiert das Langholz aus dem Wald ab. Er möchte 16 Stämme laden. Sie haben etwa einen Durchmesser von 30 cm und eine Länge von 20 m. Der LKW darf insgesamt 40 t wiegen, er hat ein Eigengewicht von 19,5 t.
a) Darf der Fuhrunternehmer das Holz mit einer Fahrt abtransportieren, ohne sein Fahrzeug zu überladen?
b) Für den Transport zum Sägewerk berechnet der Fuhrunternehmer 9,50 € pro m³.
c) Ein Sägewerksbesitzer zahlt für den Ankauf von 1 m³ Rohholz 65 €. Er rechnet für die Verarbeitung pro Kubikmeter mit 115 € Betriebskosten, einschließlich der Trocknung. Beim Sägen entstehen 35 % Abfallholz. Der Sägewerksbesitzer möchte beim Verkauf einen Preis von 260 €/m³ erzielen. Ist seine Rechnung realistisch?

3 Starke Schneefälle über eine längere Zeit können zu einem Schneechaos führen. Bei sehr großen Schneemassen drohen sogar Häuser einzustürzen. Um die Schneelast bei Gebäuden zu überprüfen, wird ein Rohr mit einem Innendurchmesser von 10 cm von oben in den Schnee gesteckt. In einem Fall hatte die entnommene Schneemenge ein Gewicht von 780 g. Bei dem entsprechenden Dach darf eine Dachlast von 130 kg/m² nicht dauerhaft überschritten werden. Ist das Haus einsturzgefährdet?

4 Eine 75-Watt-Glühbirne, zum Preis von 60 Cent, hat eine Lebensdauer von etwa 1000 Betriebsstunden. Eine Energiesparlampe mit derselben Lichtleistung kostet 8 Euro und hat eine Lebensdauer von 12 000 Stunden. Ihr Verbrauch beträgt nur 20 % der Energie einer normalen Glühbirne.
a) Was ist günstiger? Welche Überlegungen spielen eine Rolle?
b) In einer Wohnung werden an fünf Stellen Glühbirnen benötigt. Sie brennen täglich etwa 5 Stunden. Wie viele Glühbirnen werden in einem Jahr etwa verbraucht?
c) Eine Kilowattstunde kostet etwa 20 Cent. Vergleiche die Kosten.

8 Prozentrechnen

In einem Restaurant werden die Preise um etwa 6 % erhöht. Dabei rundet der Wirt jeweils auf 10-Cent-Beträge auf.
Er rechnet so:

$$100\,\% \;—\; 9{,}20\,€$$
$$1\,\% \;—\; \frac{9{,}20\,€}{100}$$
$$6\,\% \;—\; \frac{9{,}20\,€ \cdot 6}{100} = 0{,}552\,€$$

Neuer Preis: 9,20 € + 0,60 € = 9,80 €

➜ Überschlage die Preiserhöhung für jedes Gericht.
➜ Rechne nun genau. Schreibe die neue Speisekarte. Dazu musst du nicht jedes Mal den vollständigen Dreisatz notieren.

Der Küchenchef empfiehlt:

Paniertes Schnitzel mit Beilage	*9,20 €*
Putenschnitzel mit Kroketten und Salat	*10,90 €*
Maultaschen nach Art des Hauses	*8,30 €*
Fleischkäse mit Röstzwiebeln/Salat	*7,20 €*
Zwiebelrostbraten, Spätzle, Salat	*15,20 €*
Putengeschnetzeltes mit Beilagen	*9,70 €*
Zanderfilet in Weinsauce mit Reis	*13,80 €*
Vegetarisches Tagesgericht	*9,80 €*

1 Häufig ist beim Prozentrechnen eine Formel hilfreich:

$$P = \frac{G \cdot p}{100}$$

Was bedeuten die Buchstaben? Erklärt die Formel. Tipp: Schaut euch dazu den letzten Schritt beim Dreisatz an.

2 Ein Restaurantbesitzer plant, die Preise für Getränke zu ändern. Alkoholische Getränke sollen etwa 10 % teurer werden, alkoholfreie etwa 10 % billiger.

Mineralwasser	*(0,5 l)*	*1,50 €*
Limonade	*(0,5 l)*	*1,80 €*
Tee · div. Sorten	*(0,2 l)*	*2,00 €*
Bier vom Fass	*(0,5 l)*	*2,10 €*
Weizenbiere	*(0,5 l)*	*2,30 €*
Tischwein	*(0,25 l)*	*2,00 €*
Sekt Hausmarke	*(Glas)*	*4,10 €*
Liköre und Schnäpse		*2,50 €*

Erstellt eine neue Getränkekarte. Rundet die Beträge sinnvoll.

3 Berechne den Prozentwert mithilfe der Formel. Runde sinnvoll.

	Grundwert G	Prozentsatz p%
a)	7400 €	15 %
b)	324 €	6,5 %
c)	56,90 €	3,4 %
d)	2131,80 €	14,2 %

4 Berechne den Grundwert mithilfe der Formel. Runde sinnvoll.

	Prozentwert P	Prozentsatz p%
a)	175 €	70 %
b)	1611 €	45 %
c)	187,56 €	36 %
d)	15,42 €	4,8 %

5 Berechne den Prozentsatz mithilfe der Formel. Runde sinnvoll.

	Grundwert G	Prozentwert P
a)	1700 €	1105 €
b)	165 €	70,95 €
c)	63,20 €	53,72 €
d)	2364,18 €	867,65 €

Prozentwert

$$P = \frac{G \cdot p}{100}$$

Grundwert

$$G = \frac{100 \cdot P}{p}$$

Prozentsatz

$$p = \frac{100 \cdot P}{G}$$

Prozentwert

$P = \frac{G \cdot p}{100}$

Grundwert

$G = \frac{100 \cdot P}{p}$

Prozentsatz

$p = \frac{100 \cdot P}{G}$

Hinweis zu Aufgabe 11: ***Durchschnittsgeschwindigkeit****: Ein Radfahrer fährt eine Stunde lang und legt dabei insgesamt 22 Kilometer zurück. Er fährt mal langsamer und mal schneller, radelt also mit unterschiedlichen Geschwindigkeiten. Über die ganze Strecke gesehen kann man aber eine Durchschnittsgeschwindigkeit angeben. Sie ist der Quotient aus Weg durch Zeit und beträgt 22 km/h.*

6 Berechne die fehlenden Größen. Runde sinnvoll.

	G	P	p%
a)	178 km		35 %
b)	54 m^2	28,08 m^2	
c)		29,76 m^3	31 %
d)	212 kg	319,06 kg	
e)	380 ha		58,6 %
f)		487,62 m	64,5 %
g)	417 hl	45,036 hl	
h)	452 m^3		12,5 %
i)		70,04 t	$5\frac{2}{3}$ %

7 Die Weltmeere haben eine Fläche von 361 Millionen km^2. Das sind 71 % der Erdoberfläche. *Schelf* nennen sich die Gebiete, mit einer Wassertiefe bis zu 200 Metern. Diese Meerestiefen nutzt der Mensch am intensivsten. Sie betragen aber nur 8,3 % der gesamten Meeresfläche. Berechne.

8 Der Nil ist mit 6671 Kilometern der längste Fluss der Welt.
a) Der Amazonas ist 6437 km lang. Wie viel % bezogen auf den Nil sind das?
b) Die Länge des Rheins beträgt nur 19,8 % der des Nils. Überschlage. Berechne dann die genaue Länge des Rheins.
c) Im Vergleich zur Donau beträgt die Länge des Rheins 46,2 %. Berechne die Länge der Donau.

9 Tropische Meere sind durchschnittlich 29 °C warm. Die Temperatur des Roten Meeres liegt noch etwa 21 % höher. Wie warm ist es?

10 Auf einer Fläche von 30,3 Mio. km^2 leben in Afrika 769 Mio. Menschen. In Amerika sind es auf 42,1 Mio. km^2 insgesamt 817 Mio. Einwohner.
a) Überschlage, wie viele Menschen im Durchschnitt auf einem Quadratkilometer leben.
b) Berechne die Werte genau und runde sinnvoll. Vergleiche die Ergebnisse und berechne, um wie viel Prozent der eine Wert über dem anderen liegt.
c) Europa hat eine Fläche von 9,8 Mio. km^2. Die Bevölkerungsdichte beträgt etwa 70 Einwohner pro Quadratkilometer. Berechne die Einwohnerzahl.

11 Im Mai 2006 wurde der 171 km lange Abschnitt der Bahnlinie von München nach Nürnberg freigegeben. Er kostete 3,6 Milliarden Euro. Stolz verkündete der Bahnchef, die Fahrzeit werde um 40 Minuten auf eine Stunde verkürzt.
a) Wie teuer war ein Kilometer der Neubaustrecke?
b) Um wie viel Prozent wurde die Fahrzeit verkürzt? Tipp: Die ursprüngliche Fahrzeit ist der Grundwert.
c) Berechne die ursprüngliche und die neue Durchschnittsgeschwindigkeit.
d) Auf dem 81 Kilometer langen Teilstück von Nürnberg nach Ingolstadt fährt der Zug mit einer Durchschnittsgeschwindigkeit von 156,8 km/h. Wie lange braucht er für diese Strecke?

12 Insgesamt 40 Schülerinnen und Schüler der Klassen 8a und 8b nahmen an einer Umfrage zu ihrem Lieblingsessen teil. Das Ergebnis haben sie mithilfe einer Tabellenkalkulation grafisch dargestellt.

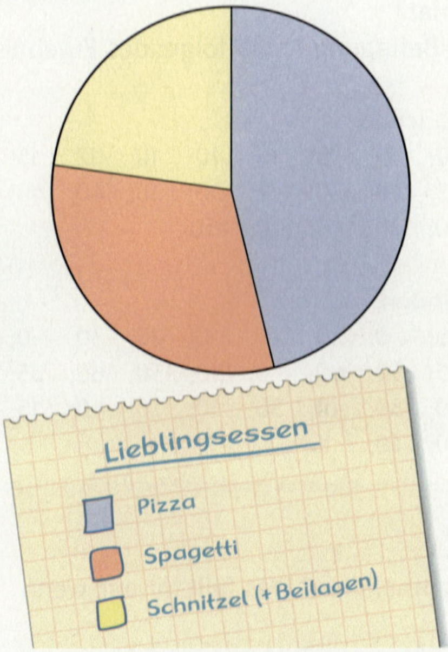

a) Wie muss man vorgehen, um anhand des Kreisdiagramms die Prozentsätze zu bestimmen?
Wie genau lassen sie sich angeben?
b) Schätze im Kopf ab, wie viele Schülerinnen und Schüler sich jeweils für eines der Gerichte entschieden haben.
c) Ermittle nun durch genaue Rechnung, wie viele Schüler sich jeweils für eines der Gerichte entschieden haben. Warum musst du hier runden?
d) Als Getränk wählten 57,5% Cola, 32,5% bevorzugten Mineralwasser, der Rest wählte einen Saft. Stelle dieses Ergebnis grafisch dar.
e) Rechne aus, wie viele Schüler jeweils welches Getränk wählten.
f) In der Klasse 9a entschieden sich 12 Schüler (37,5%) für Pizza. In der 9b war das Schnitzel für 15 Schüler (62,5%) der Favorit.
Wie viele Schüler nahmen jeweils an der Befragung teil?

13 Die folgende Grafik ist das Ergebnis einer Umfrage unter Kindern und Jugendlichen über die Einschätzung ihres Schulalltags.

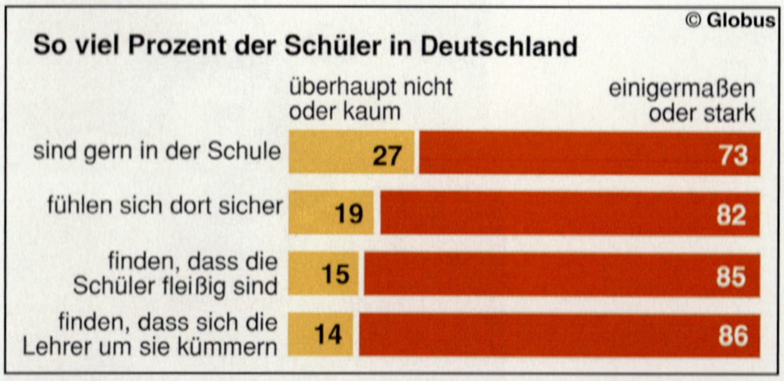

a) Was sagt das Schaubild aus?
b) An einer Stelle dieser Auswertung stutzt ein aufmerksamer Leser. Ist dir auch etwas aufgefallen? Kann das sein?
c) Führt eine Erhebung in eurer Lerngruppe bzw. bei allen Schülern eurer Schule durch. Bewertet die Ergebnisse. Wie wirkt sich die Anzahl der Teilnehmer einer Befragung auf das Ergebnis aus?

14 Die Umsätze einiger Imbiss-Ketten sind im Folgenden aufgelistet.

Nettoumsätze

Lecker Lecker: 2424 Mio. € in 1264 Betrieben
Futtermeile: 726 Mio. € in 44 Betrieben
Gut und günstig: 595 Mio. € in 489 Betrieben
Bestfood: 286 Mio. € in 367 Betrieben
Der Verwöhner: 248 Mio. € in 277 Betrieben
Gaumenfreuden: 208 Mio. € in 169 Betrieben
Ruckzuck Satt: 152 Mio. € in 1271 Betrieben

a) Wer ist „Umsatzkönig“? Gibt es hier eine eindeutige Antwort? Begründet eure Entscheidung.
b) In welcher Kette wird durchschnittlich pro Betrieb der höchste Umsatz erzielt? Berechne jeweils, wie viel Prozent die anderen Ketten hinter dem Spitzenreiter zurückbleiben.
c) Erstelle eine Tabellenkalkulation, die es dir ermöglicht, deine Rechenschritte zu überprüfen.

9 Statistische Auswertungen

Die Mädchen und Jungen der Klasse 8 an der Hauptschule Bisingen wurden gefragt:
„Wie viele SMS versendest du im Monat?“
Die Befragung ergab folgendes Ergebnis:

Mädchen:
0; 0; 5; 10; 10; 10; 12; 15;
15; 20; 20; 25; 30; 30; 40; 40;
60; 75; 100; 100; 150

Jungen:
5; 0; 15; 20; 0; 20; 30; 0;
35; 50; 60; 0; 150; 150; 60; 35;
10; 30; 10; 30; 10; 70; 40; 15;
0; 10; 15

→ Welche Informationen kannst du den Daten entnehmen? Was fällt dir auf, wenn du die Daten vergleichst?
→ Welche Auflistung ist übersichtlicher?
→ Welche Gruppe verschickt durchschnittlich mehr SMS? Schätze zuerst.

*Der Mittelwert wird häufig auch als **arithmetisches Mittel** oder als **Durchschnitt** bezeichnet.*

!

Wenn man die Daten einer Urliste der Größe nach ordnet, erhält man eine **Rangliste**.
Der Wert in der Mitte einer Rangliste ist der **Zentralwert**.
Ein weiterer wichtiger statistischer Wert ist der **Mittelwert.**

$$\text{Mittelwert} = \frac{\text{Summe der Einzelwerte}}{\text{Anzahl der Einzelwerte}}$$

Weiter geht's

→ Betrachte die beiden Listen, in denen die Häufigkeit der versendeten SMS der Achtklässler angegeben ist. Welche der beiden stellt eine Rangliste dar?
Erstelle für die andere Liste ebenfalls eine Rangliste.
→ Ermittle für jede Rangliste den Zentralwert.
Berechne dann auch den Mittelwert für beide Listen. Vergleiche.
→ Im Jugendclub prahlen zwei Mädchen der 8 a, die sich an der Befragung nicht beteiligten. Die Erste meint: „Ich sende monatlich 500 SMS.“ Die Zweite kontert: „Bei mir sind es sogar 600!“
Ermittelt nun erneut den Zentralwert und den Mittelwert. Vergleicht mit der ersten Rechnung.

1 Auf Seite 62 kannst du die Ergebnisse einer Umfrage zu den Fernsehgewohnheiten von Achtklässlern nachlesen.
a) Erstelle eine Rangliste.
b) Ermittle den Mittelwert und den Zentralwert.
c) Eine Schülerin fehlte bei der Auswertung. Sie hatte 15 Stunden ferngesehen. Jemand meinte: „Dann müssen wir den Zentralwert neu bestimmen." Welche Schwierigkeit tritt auf? Welche Lösung ist sinnvoll? Du darfst dich auch auf den Seiten *Zum Nachschlagen* informieren.

2 Der Kassierer eines Schulfördervereins verbuchte in einem Jahr folgende Spenden (in Euro):

200;	100;	50;	25;	100;	50;	100;	100;	50;
50;	50;	100;	25;	50;	75;	60;	250;	100;
200;	200;	10;	50;	50;	20;	200		

a) Erstelle eine Rangliste und ermittle den Zentralwert und den Mittelwert.
b) Richtig oder falsch? Begründe.
A1: Mehr als 40 % aller Spender gaben mehr als 100 Euro.
A2: Spenden bis 50 Euro machten fast 20 % des Spendenaufkommens aus.
A3: Mehr als 30 % aller Spender gaben genau 50 Euro.
A4: Die Vorsitzende erklärte bei der Mitgliederversammlung: „Wir haben 195 Mitglieder, die jährlich je 8 Euro einzahlen. Unsere Spenden übersteigen die Mitgliedsbeiträge um etwa 45 %."

3 Ein Industrieunternehmen hatte in den vergangenen 15 Jahren folgende Gewinne und Verluste zu verzeichnen (Angaben in Millionen Euro):

+7,5;	+12,4;	+8,5;	+2,6;	−0,8;
−10,3;	−1,5;	+3,9;	+6,7;	+14;
+3,6;	−5,1;	−4,2;	+4,8;	+4,5

a) Stellt die Geschäftsbilanz in einem geeigneten Diagramm dar.
b) Tragt den Zentralwert und den Mittelwert im Schaubild ein.

4 Ein Unternehmer zahlte am Ende des Monats folgende Löhne:
Lehrlinge: 650 €, 650 €, 720 €
Gesellen: 1780 €, 1820 €, 2040 €
Angestellte: 1820 €, 2040 €
Meister: 2180 €, 2350 €
Aushilfen: 4-mal 400 €
Firmeninhaber: 6500 €
a) „Der durchschnittliche Verdienst ist sehr hoch", meint der Chef.
Der Lehrling ist anderer Meinung: „Mit Ihrem Gehalt schon." Was meinst du?
b) Wie hoch sind die Gesamtlohnkosten des Unternehmers, wenn zusätzlich 45 % Lohnnebenkosten entstehen? Überlege, was Lohnnebenkosten sind.

5 Im Folgenden sind die Schülerzahlen der Astrid-Lindgren-Grundschule für die zurückliegenden Schuljahre angegeben:
140; 147; 150; 147; 144; 154; 151; 169; 194; 202; 209; 212; 198; 215; 215
a) Bewerte die Zahlen. Was kannst du über die Schule aussagen?
b) Stimmen die Behauptungen? Begründe deine Antwort.
A1: Die Schule kann optimistisch in die Zukunft blicken.
A2: In den letzten 8 Jahren lag die Schülerzahl durchschnittlich über 200.
A3: In den letzten Jahren lag die Schülerzahl durchschnittlich über 200.

Pippi Langstrumpf, die berühmte Romanfigur der Kinderbuch-Autorin Astrid Lindgren.

Knobeln

Vater (42), Mutter (40), Tochter (18) und Sohn (16) machen eine Wanderung.
a) Unterwegs begegnet ihnen ein Bekannter. Das Durchschnittsalter der Gruppe ändert sich dadurch nicht.
b) In einem Gasthof setzen sie sich zu einem Mann an den Tisch. Mit ihm steigt das Durchschnittsalter um 3 Jahre.
c) Wie alt müsste ein Zwillingspaar sein, wenn sich das Durchschnittsalter mit ihnen zusammen um ein weiteres Jahr erhöhen würde?

10 Zuordnungen

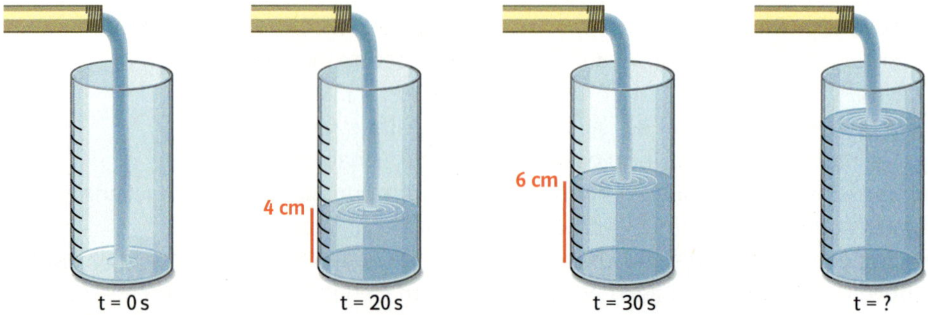

Schon früh erfanden die Menschen Geräte, mit denen sie mithilfe von Wasser, Sand oder Kerzen eine Zeitdauer messen konnten.
Das Prinzip einer Wasseruhr funktioniert folgendermaßen: In ein Gefäß lässt man gleichmäßig Wasser einlaufen, sodass der Pegel ständig steigt. Der Wasserzufluss ist so eingestellt, dass z. B. bei einem Pegelstand von 4 cm genau 20 Sekunden verstrichen sind. Nach 30 Sekunden liegt der Wasserstand bei 6 cm.

→ Wie kann die Zeit bei einer Wasseruhr abgelesen werden? Lege dazu eine Wertetabelle mit mindestens sieben Werten an.

Wasserstand (cm)	▢	...	4	▢	6	...
Zeit (s)	0	...	20	▢	30	...

→ Zeichne die Wertepaare in ein Koordinatensystem und verbinde die Punkte. Lies auch Zwischenwerte ab.

→ Vergleiche Sanduhr und Wasseruhr. Nenne Beispiele, bei denen man eher eine Sanduhr, und solche, bei denen man eine Wasseruhr verwenden würde.

Die 1. Größe ist der 2. Größe zugeordnet. Dafür ist auch die folgende Schreibweise üblich:
1. Größe → 2. Größe

1 a) Erkläre die Abbildung und erstelle eine Wertetabelle für die Zuordnung *Brenndauer → Abbrand.*

b) Zeichne ein Schaubild.
c) Du kannst aus dem Schaubild ablesen oder rechnen: Wie weit wird die Kerze nach $1\frac{1}{2}$ h (30 min, 40 min) abgebrannt sein? Wann etwa ist die Kerze vollständig abgebrannt?

2 Nenne ein Beispiel für eine proportionale Zuordnung.
Gib ein weiteres Beispiel an, bei dem keine proportionale Zuordnung vorliegt. Begründe.

3 Ergänze die Tabellen zu den proportionalen Zuordnungen im Heft.

a)

Stück	4	6	8	12
Euro	▢	▢	26	▢

b)

Gramm	100	150	300	450
Euro	1,20	▢	▢	▢

c)

Größe 1	▢	500	700	▢
Größe 2	▢	2500	▢	▢

4 In der Luftfahrt werden alle Höhenangaben in foot/feet (Fuß), die Geschwindigkeiten in knots (Knoten) angegeben.

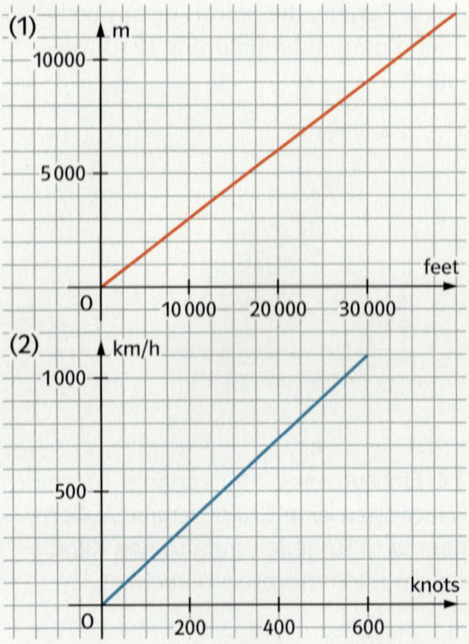

a) Übertrage die Tabelle in dein Heft und ergänze sie.

feet	▢	25 000	32 500	▢	35 000
m	6000	▢	▢	9000	▢

b) Ergänze die fehlenden Werte im Heft.

knots	200	425	▢	600	▢
km/h	▢	▢	500	▢	1500

c) Welche Vor- und Nachteile hat ein solches Schaubild?

5 a) Zeichne ein *Weg* → *Zeit*-Diagramm für ein Fahrzeug, das mit einer Durchschnittsgeschwindigkeit von $80\,\frac{km}{h}$ unterwegs ist. Verwende möglichst Millimeterpapier.
b) Lies aus deinem Diagramm ab, wie lange das Fahrzeug für eine Strecke von 200 km braucht.
c) Welche Strecke legt das Fahrzeug in $3\frac{3}{4}$ h zurück?

6 Der Schall breitet sich in der Luft mit etwa $340\,\frac{m}{s}$ aus. Im Wasser ist die Schallausbreitung mit rund $1500\,\frac{m}{s}$ wesentlich schneller. Zeichne ein Koordinatensystem und stelle beide Zuordnungen zeichnerisch dar.
Rechtsachse: 1 cm für $\frac{1}{2}$ s
Hochachse: 1 cm für 500 m

7 In der Tabelle sind die Maße von flächengleichen Rechtecken gegeben. Zeichne ein Schaubild.

Länge (cm)	5	8	10	16	20
Breite (cm)	16	10	8	5	4

Eine Zuordnung heißt **umgekehrt proportional**, wenn dem Doppelten (dem Dreifachen, …) der einen Größe die Hälfte (ein Drittel, …) der anderen Größe entspricht.
Das Produkt aus beiden Größen hat immer denselben Wert.
Alle Punkte dieser Zuordnung liegen auf einer Kurve. Sie heißt **Hyperbel**.

Beispiel: Länge und Breite eines Rechtecks mit konstantem Flächeninhalt.

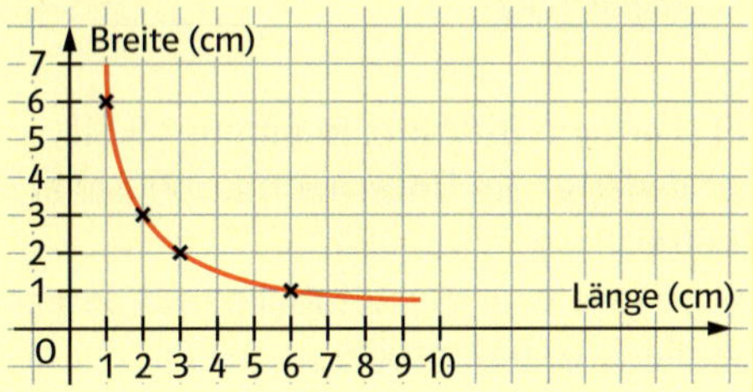

8 Die Landebahn eines Flughafens soll vom Schnee befreit werden. Wenn 6 Schneepflüge arbeiten, dann ist die Landebahn in 12 Minuten geräumt. Aber in 9 Minuten kommt das nächste Flugzeug an.

9 Lies einige Werte aus dem Schaubild ab. Zu welcher Gegebenheit könnte es gehören?

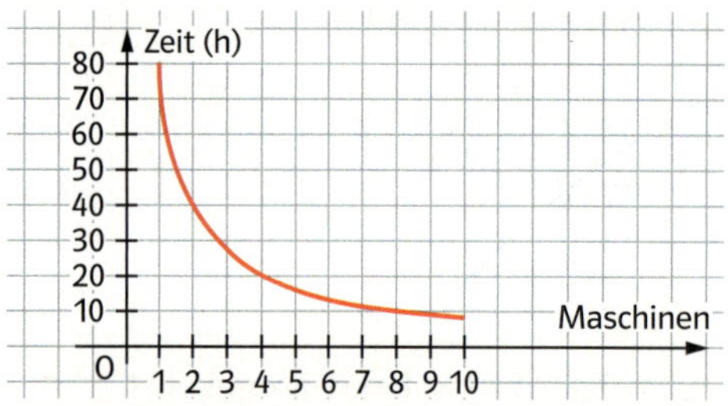

10 Entscheide, ob es sich um eine proportionale oder umgekehrt proportionale Zuordnung handelt. Begründe.

a)

Länge in m	4	6	8	10	12
Kosten in €	20	30	40	50	60

b)

Anzahl Maschinen	2	3	4	6
Zeit in h	48	32	24	16

c)

Kosten in €	2	4	6	8	10
Nägel in kg	□	2	3	□	□

11 Für eine Busfahrt in einem 45-Sitzer verlangt ein Unternehmer pauschal 1800 €.
a) Erstelle eine Wertetabelle und berechne die Einzelfahrpreise.
b) Zeichne ein Schaubild.

Es gibt Zuordnungen, die weder proportional noch umgekehrt proportional sind. Trotzdem ist der Graph eine Gerade, die jedoch nicht durch den Koordinatenursprung (0 | 0) verläuft.

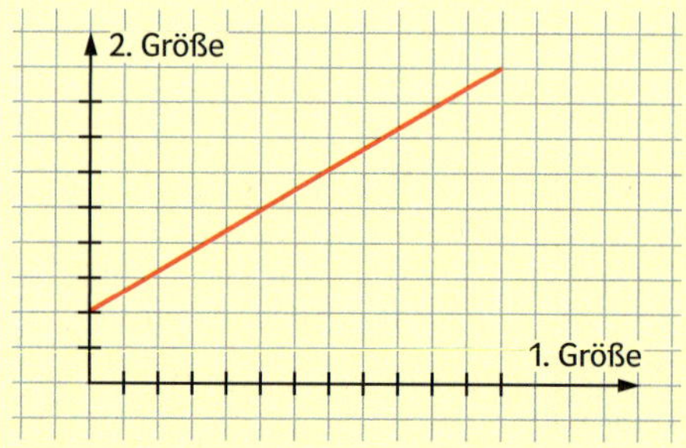

12 Ein Autovermieter verlangt für seine Mietwagen eine Grundgebühr. Außerdem wird für jeden gefahrenen Kilometer ein Kilometerpreis berechnet.

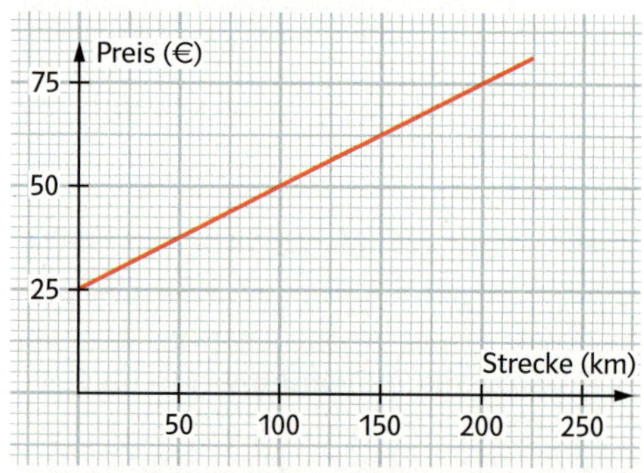

a) Wie hoch ist die Grundgebühr?
b) Welchen Gesamtbetrag muss man für eine Strecke von 50 km (100 km; 200 km; 225 km) bezahlen?
c) Berechne den Kilometerpreis.
d) Welche Wegstrecke ist dem Betrag 50 € (45 €; 60 €) zugeordnet?

13 Beim Start einer Rakete mit einem Startgewicht von 800 t werden in den ersten 120 Sekunden 612 t Treibstoff gleichmäßig verbrannt.
a) Zeichne ein Schaubild.
b) Wie schwer ist die Rakete 10 Sekunden nach dem Start?

Temperaturskalen

1 Gabriel D. Fahrenheit aus Danzig entwickelte 1714 das erste brauchbare Quecksilber-Thermometer. Die Einheit *Fahrenheit* wird noch heute in Amerika genutzt. Eine Mischung aus Wasser, Eis und Salmiak, die eine Temperatur von etwa −17 °C erreichte, bezeichnete er als 0 °F. Die Körpertemperatur des Menschen definierte er als 100 °F.
Wandle mit der folgenden Formel die Gradzahlen von Celsius in Fahrenheit um.

$$T_F = \frac{9}{5} \cdot T_C + 32°$$

a) 5 °C; 11 °C; 17 °C; −3 °C; −12 °C
b) −17 °C; 35 °C; 85 °C; 100 °C; 120 °C

2 Wandle mit der folgenden Formel die Temperaturen von Fahrenheit in Celsius um.

$$T_C = \frac{5}{9} \cdot (T_F - 32°)$$

a) −90 °F; −36 °F; −9 °F; 18 °F
b) 45 °F; 72 °F; 90 °F; 153 °F

3 Bei der Wettervorhersage im amerikanischen Fernsehen wird die Temperatur in Zehnerblöcken angegeben. Kühl ist es in den 50ern (50–59 °F), mild in den 60ern, angenehm in den 70ern, warm in den 80ern und „real hot" in den 90ern. Rechne die einzelnen Spannen in °C um.

4 In dem folgenden Koordinatensystem wird eine Zuordnung der Temperaturen in Celsius und in Fahrenheit dargestellt.

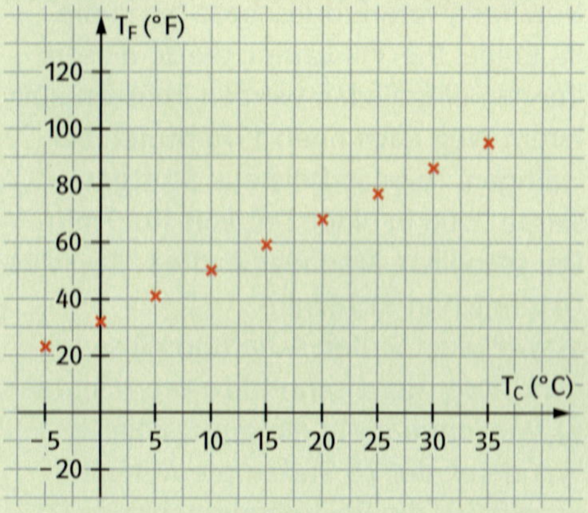

a) Kontrolliere die Wertepaare. Welcher Wert liegt bei 0 °C?
b) Übertrage das Schaubild auf Millimeterpapier. Verlängere die x- und die y-Achse auch in den negativen Bereich. Wie kannst du leicht – ohne weitere Wertepaare zu berechnen – das Schaubild erweitern?
c) Prüfe nach, ob du dieses Schaubild für die Umrechnung verwenden kannst, indem du einzelne Zahlenpaare aus Aufgabe 1 und 2 wählst.

5 Temperaturangaben in Kelvin sind in der Naturwissenschaft von Bedeutung. Lord Kelvin schlug eine Skala vor, die beim absoluten Temperatur-Nullpunkt beginnt. Dieser liegt bei etwa −273 °C. Die Temperatur in Kelvin lässt sich deshalb aus der Temperatur in Celsius leicht nach folgender Formel ableiten:

$$T_K = T_C + 273°$$

a) Wandle einige selbst gewählte Temperaturangaben aus Celsius in Kelvin um.
b) Stimmt es, dass die Raumtemperatur bei 300 K liegt?
c) Entwickle eine Formel, um von Kelvin in Fahrenheit umzuwandeln.

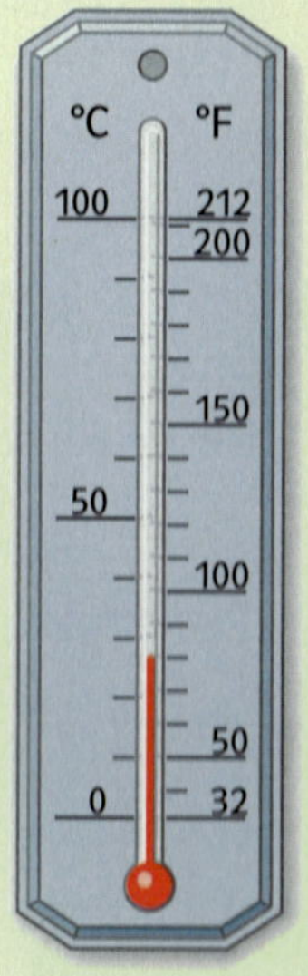

@ Suche im Internet nach Umrechnungstabellen und überprüfe damit deine Ergebnisse aus den Aufgaben 2 und 3.

Sportlich, sportlich

Im Sport werden die Zeiten digital angezeigt.

Was bedeutet das?

1 Der bekannteste Treppenlauf der Welt wurde 2006 zum 29. Mal ausgetragen. Er führt im *Empire State Building* in New York, vom Erdgeschoss bis in die 86. Etage. Die 100 Läufer, die zu diesem Rennen eingeladen werden, müssen auf ihrem Weg nach oben 1576 Stufen bewältigen. Thomas Dold aus Stuttgart siegte 2006 in einer Zeit von 10:19 min. Die schnellste Frau war Andrea Mayr aus Österreich in 11:23 min.

a) Wie viele Stufen schafften diese beiden Läufer durchschnittlich pro Minute?

b) Wie lange hätte ein gut trainierter Wanderer, der 75 Stufen pro Minute schafft, für die Besteigung gebraucht?

c) Der 93-jährige Scico Scimone aus Italien schaffte die Strecke in 22:18 min. Hätte ein trainierter Wanderer mit ihm Schritt halten können?

2 Das längste Treppenrennen der Welt findet seit 2001 in Radebeul in Sachsen statt. Hundertmal müssen die Teilnehmer eine Höhendifferenz von 88,48 Metern überwinden.

a) Warum wählten die Veranstalter den Namen *Mount Everest*?

b) 39 700 Stufen müssen von den Ausdauerathleten bewältigt werden. Im Jahr 2005 bestieg der Sieger Kurt Hess in einer Zeit von 17 h 9 min und 42 s virtuell den höchsten Berg der Welt.
Wie lange brauchte er im Schnitt, um 100 Meter zu steigen?

c) Wie viele Stufen schaffte der Sieger Kurt Hess im Durchschnitt pro Stunde?

3 Die längste Treppe Europas, die im sportlichen Wettkampf bezwungen wird, verläuft entlang der Niesenbahn im Berner Oberland. Von der Talstation (693 m) bis zur Bergstation (2362 m) sind 11 674 Stufen zu bewältigen. 2005 siegte Markus Bieri in der Zeit von 1 h 2 min 32 s.

a) Wie viele Stufen schaffte er im Schnitt pro Minute?

b) Wie hoch ist eine Stufe?

c) Wie lange brauchte er etwa, um 100 Meter zu steigen?

4 Berechne die Durchschnittsgeschwindigkeit.

a) Anni Friesinger gewann 2006 den Weltcup im Eisschnelllauf über 1500 Meter. Im letzten Rennen lief sie eine Zeit von 1:55,67 Minuten.

b) Daniel Tynell aus Schweden gewann 2006 den *Wasalauf*, das längste Langlaufrennen auf Skiern über 90 km, in 4:34:09 Stunden.

5 Zu den härtesten Mannschaftsrennen der Welt zählt der *Dolomitenmann* in Österreich.

a) @ Informiert euch, welche besondere sportliche Leistung jeder der vier Teilnehmer einer Mannschaft erbringen muss.

b) Formuliert aus den Informationen Aufgaben für eure Klasse.

11 Klammern

Uwe und Carla bekommen die Aufgabe, den Flächeninhalt des rot umrahmten Rechtecks mithilfe der gegebenen Variablen anzugeben.
Sie erhalten zwei unterschiedliche Lösungen:

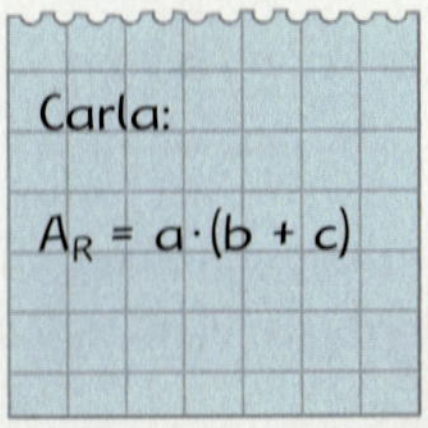

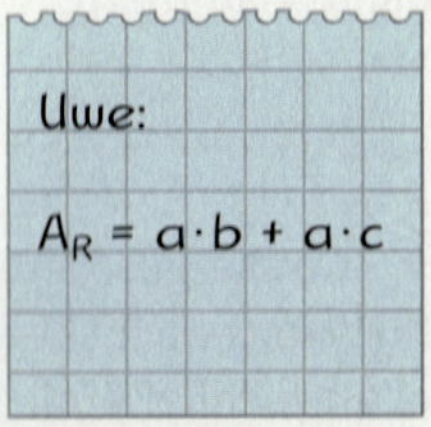

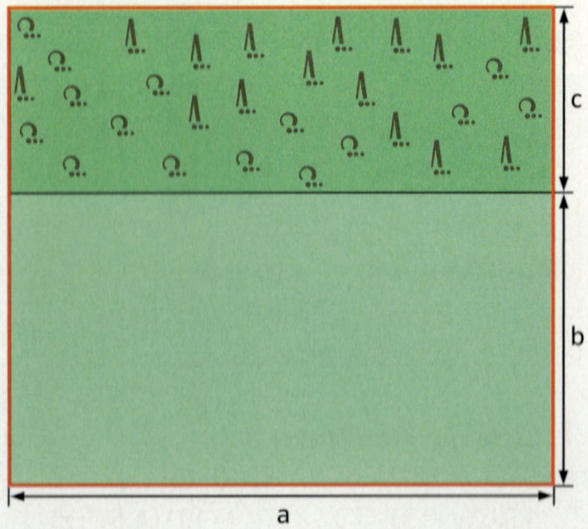

➜ Wer hat Recht? Überprüfe, indem du für a, b und c konkrete Zahlen einsetzt und den Flächeninhalt berechnest.
➜ Wie kommen Uwe und Carla jeweils zu ihrem Ergebnis? Erkläre.

➜ Welche Fläche wird durch den Term $a \cdot (b - c)$ berechnet?
Gebt den Flächeninhalt dieser Fläche noch anders an.
Ergänzt: $a \cdot (b - c) = \dots$

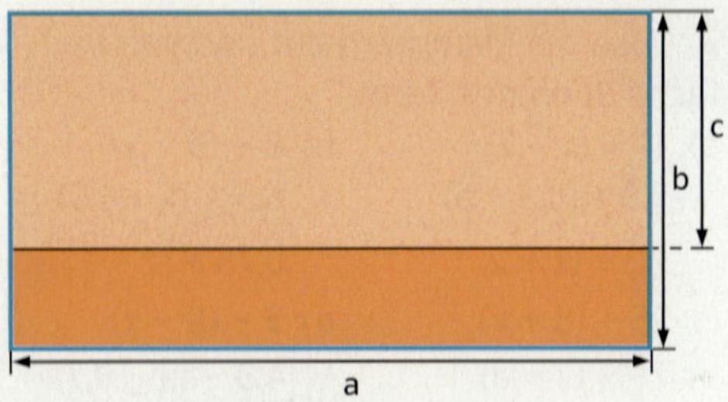

➜ Eine Klammer kann man durch „Ausmultiplizieren" auflösen.
Es gilt: $a \cdot (b + c) = a \cdot b + a \cdot c$. Formuliert gemeinsam eine Regel.

Weiter geht's

➜ Löse die Klammern auf.

a) $x \cdot (y + z)$ $t \cdot (s + r)$	b) $5 \cdot (a + c)$ $3 \cdot (x + y)$	c) $a \cdot (b - c)$ $x \cdot (y - z)$	d) $5 \cdot (x - y)$ $7 \cdot (a - c)$
e) $1 \cdot (y + z)$ $1 \cdot (s + t)$	f) $1 \cdot (y - z)$ $1 \cdot (a - b)$	g) $-1 \cdot (a + b)$ $-1 \cdot (x + y)$	h) $-1 \cdot (s - t)$ $-1 \cdot (c - a)$

➜ Löse die Klammern auf. Achte genau auf die Vorzeichen.

a) $x \cdot (a + b)$ $-a \cdot (b + c)$	b) $-5 \cdot (x + y)$ $-7 \cdot (a + c)$	c) $-a \cdot (b - c)$ $-9 \cdot (y - z)$	d) $1 \cdot (2 + x)$ $-1 \cdot (4 - y)$

➜ Der Faktor 1 kann bei der Multiplikation weggelassen werden.
Es gilt also $-1 \cdot (b + c) = -(b + c)$. Klammere aus.

a) $+(b + c)$ $-(x - y)$	b) $+(6 - y)$ $-(a - 8)$	c) $x - (z + y)$ $b - (a - c)$	d) $4 - (5 + x)$ $7 + (c - 2)$

Klammern werden nach folgenden Regeln aufgelöst:

Bei der Multiplikation wird jedes Glied in der Klammer mit dem Faktor ausmultipliziert. Das Vorzeichen wird nach den üblichen Regeln gesetzt.

$a \cdot (b + c) = ab + ac$ $\qquad$ $-a \cdot (b + c) = -ab - ac$

$a \cdot (b - c) = ab - ac$ $\qquad$ $-a \cdot (b - c) = -ab + ac$

Plusklammern: $+(b + c) = b + c$; $+(b - c) = b - c$

Minusklammern: $-(b + c) = -b - c$; $-(b - c) = -b + c$

1 Löse die Klammern auf.

a) $5 \cdot (x + 2)$; $1{,}5 \cdot (w - 3)$; $(b + 4) \cdot 12$

b) $8 \cdot (5 + y)$; $-10 \cdot (4{,}5 - z)$; $(1 + a) \cdot -6{,}5$

c) $-2 \cdot (x + 0{,}5)$; $\frac{1}{2} \cdot (4x + 8)$; $-8 \cdot (3x - 3)$

d) $-4 \cdot (0{,}25 - w)$; $(40 - 16v) \cdot \frac{1}{4}$; $(20 - 4x) \cdot \frac{1}{2}$

2 Löse die Klammern auf und vereinfache dann den Term.

a) $17 + (x + 2)$; $9{,}5 + (0{,}5 + a)$; $2\frac{1}{2} + (z + 2)$

b) $8 + (5 - x)$; $6{,}5 + (x - 1{,}5)$; $0{,}75 + \left(z - \frac{3}{4}\right)$

c) $25 - (8 + x)$; $7\frac{3}{4} - (7 + a)$; $8\frac{1}{2} - (0{,}5 + z)$

d) $9 - (8 - x)$; $4{,}3 - (a - 0{,}7)$; $6\frac{1}{4} - (6{,}25 - z)$

3 Löse die Klammern auf und vereinfache.

a) $19 - (-x + 24) + (12 + 4x)$

b) $(18{,}5x - 18{,}5) + 18{,}5$

c) $(3x + 5y) - (2x + 3y)$

d) $-9x + (5x - 25) - (-x + 25)$

e) $-3{,}5x - (1{,}3x - 6) - (6 - 4{,}8x)$

4 a) Sucht euch mindestens vier Karten auf der Randspalte aus und verbindet sie mit den Rechenzeichen „+" und „–". Stellt euch Aufgaben und kontrolliert euch gegenseitig.

b) Welche drei Karten ergeben addiert das Ergebnis $8s + 7$?

c) Suche dir drei Karten aus und multipliziere sie mit 5 $\left(8;\ -3;\ \frac{1}{2}\right)$. Dein Partner bzw. deine Partnerin kontrolliert.

$2s + 3$

$5s - 3$

$s - 6$

$-s + 2$

$3{,}5 - 5s$

$2s - 2$

$8s$

$s + 2$

$4s + 6$

$5s + 10$

5 Gib die gesamte Kantenlänge eines Körpers geschickt als Term an. Vereinfache anschließend.

a)

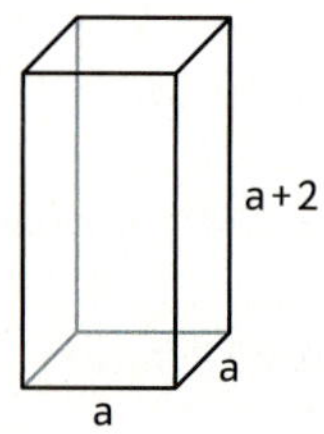

b)

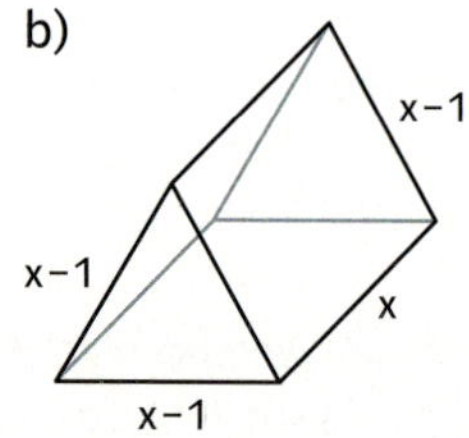

6 a) Gib den Umfang der Flächen geschickt an. Vereinfache anschließend.

(1)

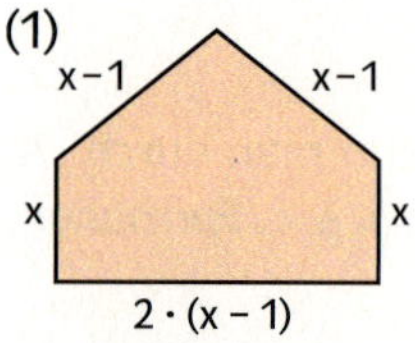

(2)

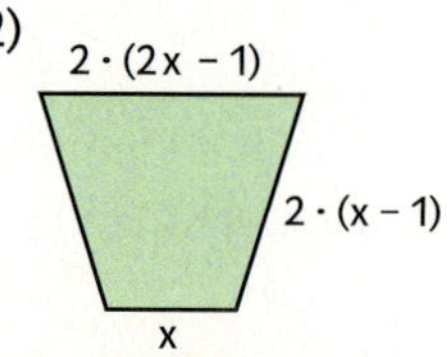

(3)

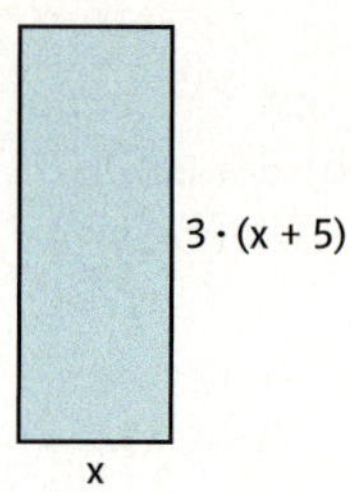

(4)

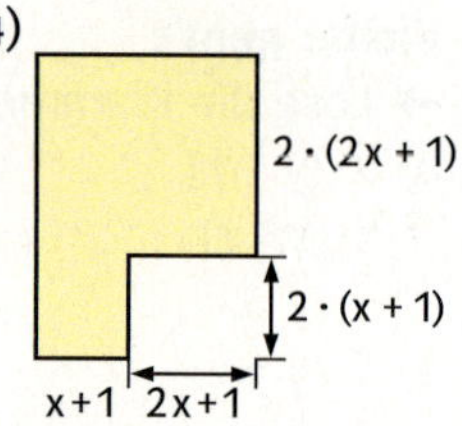

b) Gib den Flächeninhalt der Fläche (3) vereinfacht an.

7 Erkläre jeweils den Fehler.

a) $5(2x + 5) = 10x + 5$

b) $18(3x - 4) = 54x - 14$

c) $8 - (4y - 7) = 1 - 4y$

d) $9 - (4s + 3) = 6 + 4s$

Achtung Fehler!

Kommen in einer Gleichung Klammern vor, so werden sie nach den bekannten Regeln aufgelöst. Danach kann die Variable durch Zusammenfassen und Umformen berechnet werden.

Überprüfe mit einer Probe!

$$
\begin{aligned}
6(3x - 4) - (x + 2) + 1 &= 60 \\
18x - 24 - x - 2 + 1 &= 60 \\
17x - 25 &= 60 \quad | + 25 \\
17x &= 85 \quad | : 17 \\
x &= 5
\end{aligned}
$$

Probe:

$$
\begin{aligned}
6(3\cdot 5 - 4) - (5 + 2) + 1 &= 60 \\
6\cdot 11 - 7 + 1 &= 60 \\
66 - 7 + 1 &= 60 \\
60 &= 60
\end{aligned}
$$

8 Löse die Gleichungen. Beachte die Klammern.

a) $12x + (4x + 96) = 0$
b) $6x - (x + 6) = 100 - 16$
c) $4(2x + 3) = 3(2x + 2)$
d) $9x + 33 - (45 - 15x) = 15 - 3x$
e) $12 = (25 - x) - (19 - 2x)$
f) $10(x - 1) + 4 = 12x$
g) $6(2x + 3) = 10(x + 1) + 6$
h) $-8(2x - 3) = -40$
i) $22 - 2(4 - x) = (7 - 3x)\cdot(-10)$

9 Berechne jeweils die Kantenlängen.

a) gesamte Länge: 54 cm
b) gesamte Länge: 75 cm

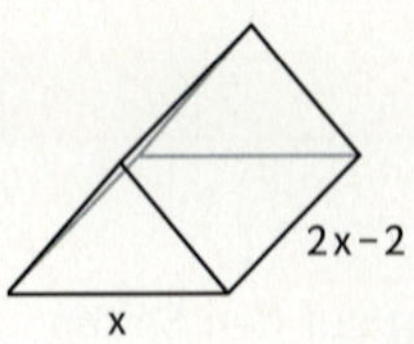

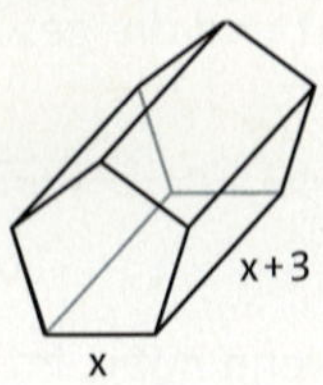

10 Ordne jedem Text die passende Gleichung zu und löse sie.

1 Ziehe von 12 die Differenz aus 10 und einer Zahl ab und du erhältst 4.

2 Addiere zu 12 die Differenz aus 10 und einer Zahl und du erhältst 4.

3 Subtrahiere von 12 die Summe aus 10 und einer Zahl und du erhältst 4.

A $12 - (10 + x) = 4$

B $12 - (10 - x) = 4$

C $12 + (10 - x) = 4$

11 Löse die Gleichungen. Richtige Ergebnisse ergeben ein Lösungswort.

a) $18(x - 2) = 4x + 34$
b) $4(t + 4) = 116t - 72 - 68t$
c) $-(3x + 6) + 16x = 33$
d) $3y + 14 + (2y - 7) = 7y + (19 - 4y)$
e) $90 - (12 - 8y) = 150$
f) $2(x + 3) + 5 = x + 18$
g) $4(x + 3) + 4x - 2 = 12x + 30$
h) $3x + 5(2x + x) = 10x + 64$
i) $-(12x - 7) + 13 = -(15x - 23)$
j) $30 + 2(6x - 8) = 2x - (5 - 2x) + 51$
k) $20x - 18 = 5(3x + 5) + 2$

F	4
N	7
T	9
E	3
Z	5
N	1
A	9
K	-5
I	2
U	8
L	6

12 Löse die Gleichungen. Multipliziere dazu mit dem Hauptnenner.

a) $\frac{x}{3} + \frac{1}{3} = 2$
b) $\frac{x}{3} + \frac{1}{2} = \frac{2}{3}$
c) $\frac{x}{3} + \frac{x}{4} = 7$
d) $12 = \frac{x}{2} - \frac{x}{5}$
e) $\frac{x}{5} + \frac{1}{10} = \frac{x}{2} - 1\frac{2}{5}$
f) $\frac{x}{2} + \frac{x}{5} - \frac{x}{6} = 13 + \frac{x}{10}$
g) $\frac{x}{3} + \frac{x}{4} + \frac{11}{12} = x - 2$
h) $\frac{x}{8} - \frac{1}{2} + \frac{x}{4} = -1\frac{1}{4}$
i) $\frac{x}{12} - \frac{x}{6} + 2 = \frac{x}{3} + 3\frac{2}{3}$

*Der **Hauptnenner** ist der kleinstmögliche gemeinsame Nenner.*

Im Beispiel ist 4 der Hauptnenner:

$$
\begin{aligned}
\tfrac{x}{4} + \tfrac{1}{2} &= 12 \quad |\cdot 4 \\
\tfrac{x}{4}\cdot 4 + \tfrac{1}{2}\cdot 4 &= 12\cdot 4 \\
x + 2 &= 48 \quad | - 2 \\
x &= 46
\end{aligned}
$$

12 Formeln

Der Marathonlauf geht auf eine Überlieferung aus dem Jahre 490 v. Chr. zurück. In der Stadt Marathon westlich von Athen wütete eine Schlacht zwischen Persern und Athenern. Der Legende nach brachte ein Bote die Nachricht des Sieges nach Athen und brach dann sterbend zusammen. Die Marathonstrecke beträgt ungefähr 42 km.

Geschwindigkeit

$v = \frac{s}{t}$

mit
v Geschwindigkeit
s Weg
t Zeit

➜ Beim *Freiburgmarathon* lief ein Läufer die Marathondistanz von 42 km in 2,5 Stunden. Berechne die durchschnittlich gelaufene Geschwindigkeit in km/h. Beachte die Formel auf der Randspalte.

➜ Eine weibliche Teilnehmerin erreichte eine durchschnittliche Geschwindigkeit von 14 km/h. Berechne ihre Laufzeit.

➜ Von einem *Ultramarathon* spricht man, wenn die Strecke länger als 42 km ist. Bei einem solchen Lauf erreichte ein Läufer das Ziel nach 6,25 Stunden. Er lief eine Durchschnittsgeschwindigkeit von 11,52 km/h. Über wie viele Kilometer führte der Ultramarathon?

Formeln enthalten mehrere Variablen. Ist eine Variable gesucht, muss man die anderen Werte zur Berechnung kennen.
Zuerst formt man die Formel so um, dass die gesuchte Variable alleine auf einer Seite steht.
Dann werden die bekannten Werte eingesetzt und die gesuchte Variable berechnet.

Weiter geht's

➜ Sucht zu den Begriffen Formeln. Seht, wenn nötig, im Anhang auf den Seiten *Zum Nachschlagen* oder in einer Formelsammlung nach.

Trapezfläche — Leistung — Dreiecksfläche — Kapital — Quadratumfang — Arbeit — Prozentformel — Oberfläche des Quaders — Kreisfläche

Auflösen der Formel $A_R = a \cdot b$ nach der Variablen a:

$A_R = a \cdot b$

$a \cdot b = A_R \quad |:b$

$\frac{a \cdot \not{b}}{\not{b}} = \frac{A_R}{b}$

$a = \frac{A_R}{b}$

➜ Fertigt zu Formeln aus der Geometrie Skizzen an und beschriftet sie.

➜ Finde zu den abgebildeten Figuren Formeln. Forme sie dann so um, dass eine Variable auf einer Seite alleine steht.

(1)

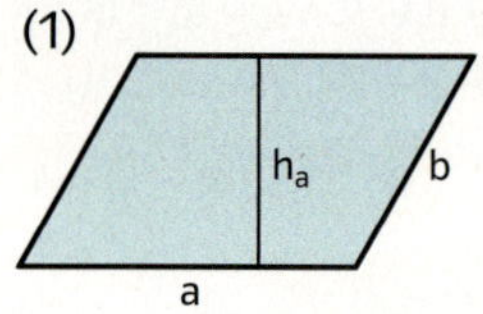

(2)

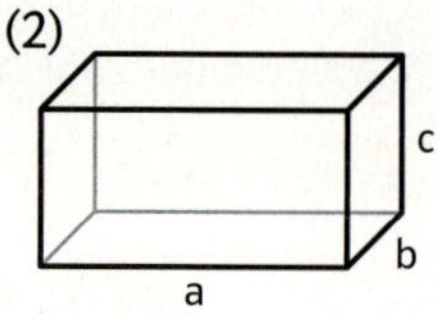

1 Stelle die Formeln so um, dass jede Variable einmal alleine steht.

a) $u = 4 \cdot a$ b) $P = \frac{G \cdot p}{100}$

c) $A = a \cdot h_a$ d) $u = 2(a + b)$

2 a) Stelle jeweils eine Formel für den Umfang und den Flächeninhalt auf.

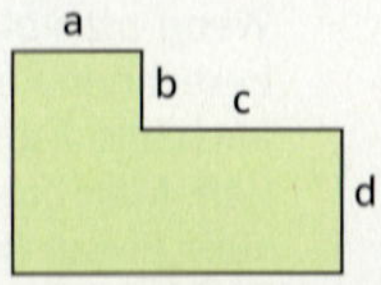

b) Berechne die Länge der Seite b, wenn $A = 9\,cm^2$, $a = 1\,cm$, $c = 4\,cm$ und $d = 3\,cm$ ist.

c) Berechne die Länge der Seite c, wenn $u = 28\,cm$, $a = 2\,cm$, $b = 3\,cm$ und $d = 4\,cm$ ist.

3 Eine Wippe ist im Gleichgewicht, wenn das Produkt aus Kraft (F) und Hebelarm (a) auf beiden Seiten gleich ist.

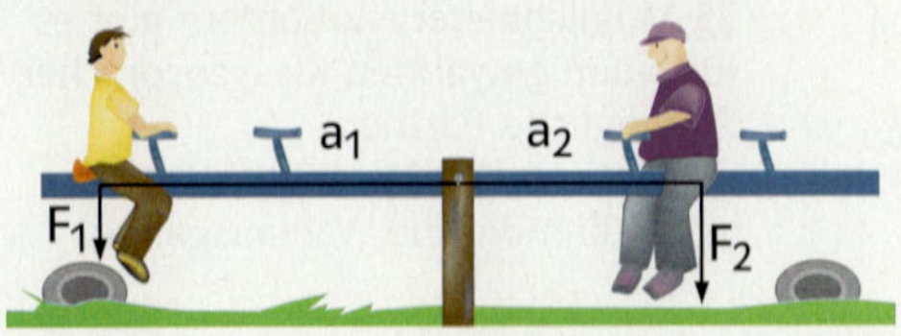

a) Stelle eine Gleichung auf.

b) Mit Simon, der 56 kg wiegt und 1,5 m vom Drehpunkt der Wippe sitzt, wippt zuerst Susi (42 kg), dann Oma (70 kg). Wann ist die Wippe im Gleichgewicht?

4 Frau Litz erklärt die Noten: „Der Durchschnitt aller Tests zählt doppelt; der Durchschnitt der mündlichen Noten einfach. Die Summe teilt man durch 3."

a) Stelle eine Formel zur Berechnung der Noten auf.

b) Einige Noten fehlen. Ergänze im Heft.

Name	schriftlich	mündlich	Note
Paul	3,6	1,2	▢
Tine	▢	3,2	3,0
Uwe	4,2	▢	4,1
Willi	1,5	▢	1,6

c) Erkundige dich, welche Formel deine Lehrerin verwendet.

Das Umstellen von einfachen Formeln wie $v = \frac{s}{t}$ kannst du dir mithilfe eines Dreiecks erleichtern. Decke die gesuchte Größe mit dem Finger ab und lies dann die Umformung der Formel einfach ab.

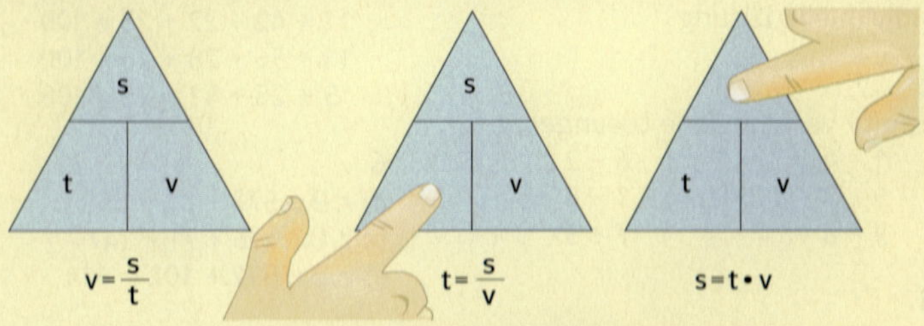

Verfahre ebenso mit der Formel $p\% = \frac{P}{G}$.

5 a) Berechne die Bevölkerungszahlen der verschiedenen Bundesländer.

b) Ordne die Bundesländer den Ziffern der Deutschlandkarte zu.

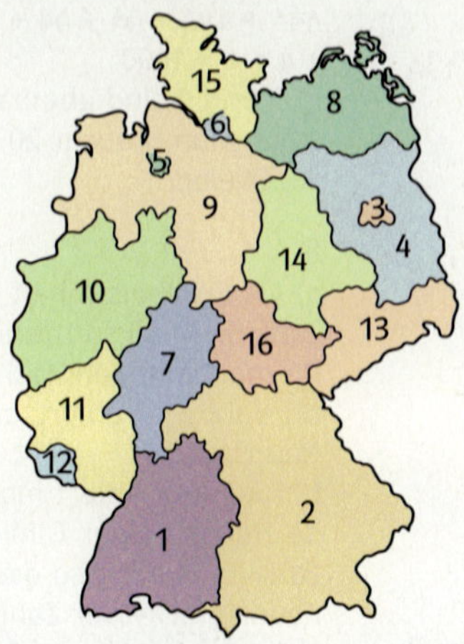

Bundesland	Einwohner in %	Bundesland	Einwohner in %
Nordrhein-Westfalen	21,9	Schleswig-Holstein	3,4
Bayern	15,1	Brandenburg	3,1
Baden-Württemberg	13,0	Mecklenburg-Vorpommern	2,1
Niedersachsen	9,7	Thüringen	2,9
Hessen	7,4	Hamburg	2,1
Sachsen	5,2	Sachsen-Anhalt	3,0
Rheinland-Pfalz	4,9	Saarland	1,3
Berlin	4,1	Bremen	0,8

Stand: 03/2006; Gesamteinwohnerzahl von Deutschland: 82 411 000

Lösungen

Training, Seite 6, 7

1
Individuelle Lösung

2
Es gibt verschiedene Lösungen, z. B.:

1 – 4 6 – 2
7 – 5 – 8 – 2 oder 4 – 1 – 8 – 5
3 – 6 7 – 3

3

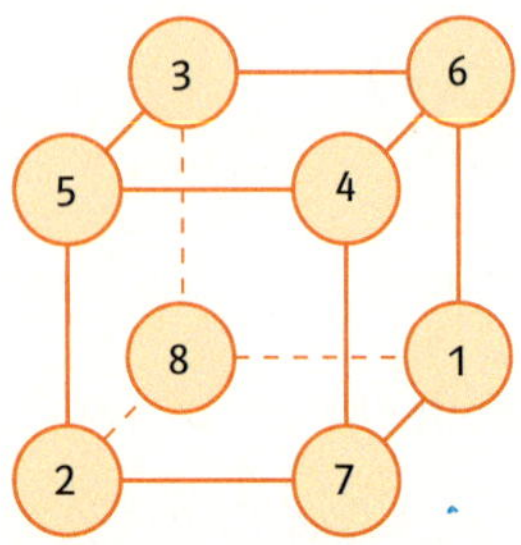

Weitere Lösungen kommen durch Drehen des Würfels zustande.
Beispiel:

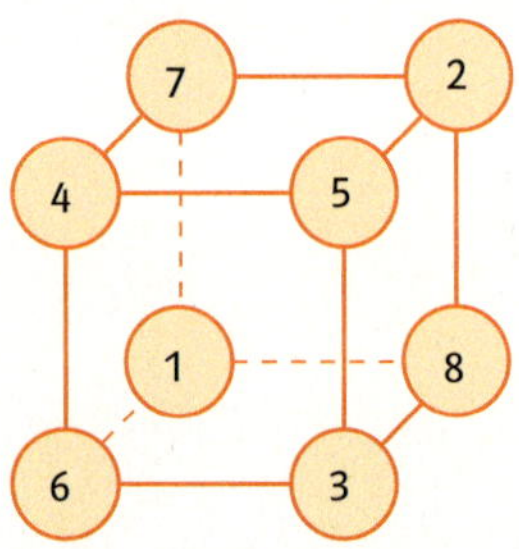

4
Es gibt verschiedene Lösungen, z. B.:

1	3	4	2
4	2	1	3
2	4	3	1
3	1	2	4

1	4	3	2
2	3	4	1
4	1	2	3
3	2	1	4

5
a) Es gibt 27 Wege, die in die Mitte des Labyrinths führen.
b) 17 + 36 + 22 + 25 = 100
11 + 42 + 22 + 25 = 100
11 + 36 + 28 + 25 = 100
9 + 25 + 41 + 25 = 100

6
a) z. B.: 572 + 81 = 653
b) z. B.: 76 + 71 = 147
c) z. B.: 512 + 102 = 614

7
a) Miriam hat Recht. 8 ist Teiler von 1000. Wenn man geschickt Vielfache von 8 (wie 8; 88 und 888) addiert, erhält man deshalb 1000.
b) Da 4 die Hälfte von 8 ist, erhält man mit der doppelten Anzahl von Vierern, wenn man sie entsprechend aufschreibt und addiert, auch 1000:
444 + 444 + 44 + 44 + 4 + 4 + 4 + 4 + 4 + 4 = 1000
c) 5 und 2 sind ebenfalls Teiler von 1000. Man braucht 20 Fünfer und 23 Zweier.

8
a) Als Ergebnis erhält man stets die Zahl, die man subtrahiert hat.
Da man vom Zehnfachen der Zahl die Zahl subtrahiert, erhält man das Neunfache.
b) Hier subtrahiert man vom Hundertfachen einer Zahl einmal die Zahl. Es bleibt also das Neunundneunzigfache der Zahl übrig.
c) Jetzt muss die Zahl von ihrem Tausendfachen subtrahiert werden, z. B.: 42 000 – 42

9
a) Es sind 16 kleine Dreiecke, 4 aus 4 kleinen Dreiecken zusammengesetzte Dreiecke, 3 aus 9 kleinen Dreiecken zusammengesetzte Dreiecke und 1 aus 16 kleinen Dreiecken zusammengesetztes Dreieck. Also insgesamt 24 verschiedene Dreiecke.
b) Individuelle Lösung

10
240 + 156, also 396-mal.

11
Wenn man als Ergebnis die Zahl 1 berechnen kann, dann kann man auch alle Zahlen von 1 bis 50 berechnen. Man braucht nur entsprechend viele Einser (bzw. Terme mit dem Ergebnis 1) addieren.
z. B.: 3 = 4 + 4 – 5; …
41 = 4 · 9 + 5; …

12
a) Es werden 76 Pfosten benötigt.
b) Der Abstand beträgt ca. 10,53 m.

13
a) Es sind 300 Handschläge.
(24 + 23 + 22 + … + 1 = 300)
b) Jeder der 25 Schüler kann Klassensprecher werden. Das sind 25 Möglichkeiten. Außerdem gibt es für jeden gewählten Klassensprecher 24 mögliche Partner.
Es sind also 25 · 24 Möglichkeiten, also 600 mögliche Wahlausgänge.

Test Kapitel 1, Seite 21

1 (Leicht)
29,1

2 (Leicht)
a) 1,7; 4,7; 7,7; 10,7
b) −13,4; −18,4; −23,4; −28,4

3 (Leicht)
a) −1,3 b) −3,1
c) −7,2 d) −9,6

4 (Leicht)
a) 72 b) −1
c) −200 d) 150

5 (Leicht)
Der neue Kontostand beträgt −757,55 €.

1 (Mittel)
Jan. 7,1 °C Apr. 4 °C
Aug. 1,7 °C Nov. 5,8 °C

2 (Mittel)
a) −3,4; −1,1; 1,2; 3,5
b) 84; −168; 336; −672

3 (Mittel)
a) 11,5 b) 21,4 c) 20,6

4 (Mittel)
a) 0,5
b) (+12)·(−12) = (−144)
c) 2,2

5 (Mittel)
Der neue Kontostand beträgt 666,60 €.

1 (Schwierig)
Moskau ≈ 4,3 °C
Warschau ≈ 8,2 °C

2 (Schwierig)
a) −6,7; −9,8; −12,9; −16
b) 139,95; 265,20; 390,45; 515,70

3 (Schwierig)
a) −58,2 b) 4,02
c) 44 d) −14,76

4 (Schwierig)
a) −107,2 b) −300 400
c) −597,8 d) −217,3

5 (Schwierig)
a) Der neue Kontostand beträgt −1632,9 €.
b) Es müssen 1632,90 € eingezahlt werden.

Trainingsmatte Kapitel 2, Seite 29

1
A 50 %; B 75 %;
C 25 %; D $33\frac{1}{3}$ %

2
a) 23 m b) 192 g
c) 57 l d) 105,80 €

3
a) 64 % b) 16 %
c) 24 % d) 7,2 %

4
a) 75 Personen b) 90 km
c) 700 m^2 d) 5 €

Test Kapitel 2, Seite 39

Die Ergebnisse, bei denen mit π gerechnet wurde, sind gerundet.

1 (Leicht)
u = 28,3 cm

2 (Leicht)
A = 20 106,2 cm^2 ≈ 2 m^2

3 (Leicht)
b = 11 cm

4 (Leicht)
u = 34 cm A = 48 cm^2

5 (Leicht)
a) A = 8,05 cm^2 b) A = 4,57 cm^2

1 (Mittel)
a) u = 207 cm
b) 483 Umdrehungen

2 (Mittel)
A = 14 627 m^2

3 (Mittel)
u = 22,9 cm

4 (Mittel)
A = 600 m^2

5 (Mittel)
A = 4,57 cm^2

1 (Schwierig)
r = 6378 km

2 (Schwierig)
A = 12,6 m^2

3 (Schwierig)
A = 32,3 cm^2
u = 24,8 cm

4 (Schwierig)
b = 25 cm

5 (Schwierig)
A = 9,4 cm^2

Trainingsmatte Kapitel 3, Seite 46

1
a) 14x b) 19x

2
a) 5x b) 11a + 4b
c) 10xy d) 10a

3
a) 7 b) 6a
c) 3 d) 7x

4
a) x = 2 b) x = 3
c) x = 8 d) x = 8

5
22 + b + 12 + b = 48
2b + 34 = 48
b = 7
Die Strecke b ist 7cm lang.

Test Kapitel 3, Seite 59

1 (Leicht)
a) 42€ b) 45km

2 (Leicht)
Das Skonto beträgt 23,67€. Familie Köhler muss noch 765,33€ bezahlen.

3 (Leicht)
Die Aussage a) stimmt.

4 (Leicht)
In einem halben Jahr bekommt man 37,50€ Zinsen.

5 (Leicht)
Der Zinssatz beträgt 4,5%.

1 (Mittel)
a) 75% b) 3%

2 (Mittel)
Nach der ersten Preissenkung kosteten die Schuhe noch 63,20€, nach der zweiten noch 56,88€.

3 (Mittel)
Die Aussagen a) und b) stimmen.

4 (Mittel)
Herr Klaiber muss 10€ Zinsen bezahlen.

5 (Mittel)
Beim Sofortkredit würden in einem Monat 400€ Zinsen anfallen, bei der Bank wären es 150€.

1 (Schwierig)
a) 160€ b) 7400km

2 (Schwierig)
34€ + 29,70€ + 3,30€ = 67,00€
67,00€ + 19% MwSt. =
67,00€ + 12,73€ = 79,10€

3 (Schwierig)
Die Aussagen a) und b) stimmen.

4 (Schwierig)
Frau Olma hat ihr Konto um 1800€ überzogen.

5 (Schwierig)
Bank A: 6510€ Zinsen + 840€ Bearbeitungsgebühr = 7350€
Bank B: 6720€ Zinsen + 800€ Bearbeitungsgebühr = 7520€.
Die Firma müsste der Bank A insgesamt 217350€ zurückzahlen.

Trainingsmatte Kapitel 4, Seite 70

1
a) 6000 ml; 2,5 l b) 5000 cm^3; 0,7 l
c) 9,4 l; 0,871 dm^3
d) 7500 cm^3; 213 000 ml

2
a) 810 cm^2; 870 cm^2; 2316 cm^2 (= 23,16 dm^2)
b) 162 g; 283,5 g; 1360,8 g

3
a) 180 cm^3 b) 6 mm
c) 8 dm d) 0,7 km (= 700 m)

Test Kapitel 4, Seite 75

1 (Leicht)
Säulendiagramm mit einer Achse für die Höhe in 1er- oder 2er-Einteilung (zum Beispiel von 0 bis 16).

2 (Leicht)
34 % Beleuchtungsmängel,
13 % Mängel an der Bereifung,
7 % sonstige Mängel,
46 % ohne Mängel.

3 (Leicht)
Individuelle Lösung

4 (Leicht)
Die Achse mit den Namen der Lieblingsfarben wurde nicht beschriftet.

1 (Mittel)
a) LKW 8;
PKW 37;
Motorrad 3;
Fahrrad 17;
Sonstige 2
b) Für die Darstellung eignet sich z. B. ein Säulendiagramm.

2 (Mittel)
Milch 19,3 %;
Kakao 32,1 %;
Cola 20,8 %;
Limo 18,2 %;
Wasser 9,6 %

3 (Mittel)
a) Individuelle Lösung
b) Alle bekannten Diagrammtypen sind geeignet. Die Verteilung lässt sich aber besonders gut am Kreis- und am Streifendiagramm veranschaulichen.

4 (Mittel)
Die Y-Achse ist nicht korrekt beschriftet worden. Die Abschnitte müssen gleich eingeteilt sein, z. B. 0; 50; 100; 150; 200 oder 0; 100; 200

1 (Schwierig)
Kreisdiagramm. Die Sektoren haben folgende Winkel:
Note 1: 30°
Note 2: 60°
Note 3: 90°
Note 4: 120°
Note 5: 45°
Note 6: 15°

2 (Schwierig)

sehr dafür	150
dafür	450
unentschieden	225
dagegen	300
sehr dagegen	125

3 (Schwierig)
Die Verteilung lässt sich gut mit einem Kreis- oder Streifendiagramm veranschaulichen.

4 (Schwierig)
Die Aufteilung der Noten muss die Summe 100 % ergeben. Hier ergibt sich aber 105 %. Außerdem sind dementsprechend die Sektoren des Kreisdiagramms falsch gezeichnet, die Winkelmaße müssen in Summe 360° ergeben.

Training, Seite 76–81

Alle Berechnungen mit π wurden mit dem Taschenrechner berechnet und entsprechend gerundet. Beim Ergebnis wird das Gleichheitszeichen verwendet.

1
a) A = −3,7 B = −1,7 C = 0
D = +1,5 E = +4,3
b) A = −1,5 B = −0,3 C = +0,75
D = −1,2 E = −0,9 F = +0,1
G = +0,9 H = +1,2
c) A = −0,32 B = −0,16 C = −0,13
D = +0,08 E = +0,27

2
z. B.:
a) −0,9; 0; +0,5
b) −1,1; −1,2; −1,3
c) −0,05; 0; +0,05
d) −10,08; −10,07; −10,06
e) 0,28; 0,27; 0,26

3 Bernd hat Recht. Nach der Ziffer 1 an der Zehntel-Stelle können beliebig viele Ziffern hinzugefügt werden. Die Zahl, die man erhält, ist immer kleiner als 0,2. Beispiele: 0,11; 0,128; …

4
a) negativ b) negativ
c) positiv d) negativ
e) positiv f) positiv
g) negativ h) positiv
i) negativ j) negativ

5
a) 919,19 b) 9000,9 c) 13,45
d) 43,2 e) 1234,5

6
a) 124 540,4 b) 1182,272 c) 5,2983
d) 43,76 e) 36 396,36

7
a) −6,5 < −5,6 < -5 < 5,6 < 6 < 6,5
b) $-2\frac{1}{2} < -1{,}47 < -1{,}45 < 0{,}99 < 2{,}04 < 2\frac{1}{4}$
c) Temperatur Gefriertruhe < 4 Grad unter null < minus 3,5 °C < 0 °C < 0,5 ° C < Kühlschranktemp. < Zimmertemp. < Körpertemp.

8
Neuer Kontostand: 554,28 €

9
Das Ergebnis kann nicht stimmen; ein Komma wurde nicht bzw. falsch eingetippt.

10
Lösungswort: well done

11
a) T = −5,0 °C
b) Individuelle Lösung
c) A1: richtig; Januar, Februar, März, April, November und Dezember lagen unter −5,0 °C
A2: falsch. In 7 von 12 Monaten lag die Temperatur unter 0 °C; das sind ca. 58 % der monatlichen Temperaturdurchschnittswerte.
A3: T (S.13) = −4,6 °C
Prozentuale Abweichung 8 %. Rundet man diese Prozentangabe auf Zehner, stimmt die Aussage.

12

	Durchmesser	Radius	Umfang	Fläche
a)	4,8 cm	2,4 cm	15,08 cm	18,10 cm^2
b)	6,4 cm	3,2 cm	20,11 cm	32,17 cm^2
c)	64 m	32 m	201,06 m	3216,99 m^2
d)	0,1 m	5 cm	31,42 cm	78,54 cm^2
e)	4 dm	200 mm	12,57 dm	12,57 dm^2
f)	10 m	5 m	31,42 m	78,56 m^2
g)	5 dm	2,5 dm	15,71 dm	19,64 dm^2

13
a) eigene Schätzung
b) und c)
1) A = 3,53 cm^2; u = 7,7 cm
2) A = 7,07 cm^2; u = 10,7 cm
3) A = 8,72 cm^2; u = 19,28 cm
4) A = 8,71 cm^2; u = 15,42 cm
5) A = 8,86 cm^2; u = 14,28 cm

14
a) Durchmesser des Voltigierkreises: 15 m
Weg des Pferdes (Runde): 47,12 m
Flächeninhalt des Voltigierkreises:
A = 176,71 m^2
b) Voltigierkreis mit d = 14 m.
Mindestabstand der Pferde: 6 m
Höchstabstand der Pferde: 34 m
c) und d) eigene Lösung

15
a) Flächeninhalt der Figur
= Gesamtrechteck − 2 Viertelkreise
= 40,73 cm^2
b) Flächeninhalt der Figur = Trapez − 2 Kreise − Dreieck − Halbkreis
= 66,58 cm^2
c) individuelle Lösung

16
a)

m	dm	cm	mm
1,5	15	150	1500
7	70	700	7000
2,5	25	250	2500
0,4	4	40	400

b)

m^2	dm^2	cm^2	mm^2
4,1	410	41 000	4 100 000
0,6	60	6000	600 000
0,65	65	6500	650 000
0,08	8	800	80 000

17
a) 2,05 m = 205 cm
b) 1,66 m^2 = 166 dm^2 = 16 600 cm^2
c) 0,705 dm^2 = 70,5 cm^2 = 7050 mm^2
d) 3,73 ha = 373 a = 37 300 m^2

18
a) Paralellogramm
b) 24 cm^2
c) u ≈ 20,2 cm
d) nein (die Grundseite und die Höhe des Paralellogramms bleiben gleich)
e) Die x-Werte müssen im Abstand von 6 Einheiten gewählt werden; der y-Wert ist immer 5,5. Die Werte (105 | 5,5) und (100 | 5,5) eignen sich nicht, da hier die obere Seite nur 5 cm lang wäre.
f) Es gibt verschiedene Möglichkeiten ein Rechteck mit 48 cm^2 zu zeichnen; mögliche Koordinaten sind: A (1,5 | 1); B (9,5 | 1); C (9,5 | 7) und D (1,5 | 7). Der Umfang ist nicht doppelt so groß.

19
a) 120 cm + 20 cm + 20 cm = 160 cm
b) $U_{Kreis} = \pi \cdot 160$ cm ≈ 502,65 cm
c) Flächeninhalt des Stoffrechtecks: 28 800 cm^2
Flächeninhalt der Tischdecke: 20 106,19 cm^2
Der Verschnitt (8693,80 cm^2) entspricht etwa 30 % (≈ 30,2 %).

20
a) individuelle Lösung
b) 30,65 m ≈ 31 m
c) A ≈ 25,04 m^2
Kosten: ca. 7140 €

21
Die Figur kann in drei Dreiecke und zwei Rechtecke unterteilt werden.
A_{Gesamt} = 18,5 cm^2

22
ca. 4600 m^2

23

Prozent	Bruch	Dezimalzahl
1 %	$\frac{1}{100}$	0,01
10 %	$\frac{1}{10}$	0,1
20 %	$\frac{2}{10}$	0,2
$33\frac{1}{3}$ %	$\frac{1}{3}$	$0,\overline{3}$
50 %	$\frac{1}{2}$	0,5
25 %	$\frac{1}{4}$	0,25
100 %	1	1,0
19 %	$\frac{19}{100}$	0,19
2 %	$\frac{2}{100}$	0,02
70 %	$\frac{7}{10}$	0,7

24

a) 6 €
b) 24 €
c) 13,50 €
d) 8 €
e) 99 €
f) 100 €
g) 3,20 €
h) 19 €
i) 2,10 €
j) 6 €
k) 70 €
l) 9 €
m) 75 %
n) 40 %
o) 120 €
p) 600 €

25

a) Kunden sollen möglichst noch heute die reduzierte Ware kaufen.
b) 75 % von ca. 900 € sind 675 €
80 % von ca. 900 € sind 720 €
90 % von ca. 900 € sind 810 €
c) Das Schild kann mehrere Tage im Schaufenster stehen, weil es täglich aktuell bleibt. Es steht kein Datum darauf, auf das man sich beziehen könnte.

26

a) 594 Schüler
b) individuelle Lösung

27

a) München ist um $33\frac{1}{3}$% teurer als Berlin. (Frankfurt ist um ca. 11 % teurer als Hamburg; Hamburg ist ca. 6 % teurer als Berlin; …)
b) Eine Frau wohnt in Berlin oder Düsseldorf und die andere Frau in Dresden.
c) individuelle Lösung
d) individuelle Lösung

28

Sie verdiente zuvor 1650 €.

29

Der Mantel kostete 165 €.

30

Die Kamera kostet jetzt 138,60 €. Bei Barzahlung sind es rund 135,83 €.

31

a) Der Preisnachlass beträgt für die unterschiedlichen Waren entweder 15 % oder 20 % . Der Betrag wird für jeden Artikel separat berechnet und vom Kaufpreis abgezogen (daher als Minus-Betrag, z. B. – 5,85). Die Summe der positiven Euro-Beträge abzüglich der Rabatte ergibt den zu zahlenden Preis (484 €). Es wurden 500 € gezahlt, das Rückgeld betrug 16 €. In der unteren Zeile wird die Mehrwertsteuer verzeichnet, die im Kaufpreis enthalten ist.
b) Die Familie hat 94,20 € im Vergleich zum regulären Preis gespart. Dies entspricht rund 16 %.
c) Die Mehrwertsteuer wurde falsch berechnet. Sie müsste eigentlich 77,28 € betragen.
d) Der günstige Preis hat vermutlich zum Kauf der Brille verleitet.

32

a) 60 €
b) 120 €
c) 7500 €
d) 20 000 €

33

Kapital	Zinssatz	Jahreszinsen	Zeit	Zinsen
4 000 €	3 %	120 €	150 Tage	50 €
18 000 €	4,5 %	810 €	340 Tage	765 €
980 €	5 %	49 €	$\frac{1}{2}$ Jahr	24,50 €
6 000 €	12 %	720 €	2 Monate	120 €
16 200 €	1,5 %	243 €	40 Tage	27 €

34

Fehlender Restbetrag: 6300 €
Angebot des Autohändlers:
15 · 450 € = 6750 €
Zins: 6750 € – 6300 € = **450 €**
Angebot der Bank:
Zinsen: 441 €
Bearbeitungsgebühr: 37,80 €
Gesamtkosten: **478,80 €**
Das Angebot des Autohändlers ist um 28,80 € günstiger.

35

Man erhält den 4fachen Zins.

Trainingsmatte Kapitel 5, Seite 95

1

a)

+	+3,4	−2,6	+10,1	−0,8
+5	+8,4	+2,4	+15,1	+4,2
−11,5	−8,1	−14,1	−1,4	−12,3

b)

−	+7	+3,2	−4,5	−11,1
+6	−1	+2,8	+10,5	+17,1
−7,5	−14,5	−10,7	−3	+3,6

c)

·	+10	−1,5	+9,9	−6,5
+9	+90	−13,5	+89,1	−58,5
−8,5	−85	+12,75	−84,15	+55,25

2
Der neue Kontostand beträgt 466,75 €.

3
Der Temperaturunterschied beträgt 309 °C.

Test Kapitel 5, Seite 97

1 (Leicht)

a)

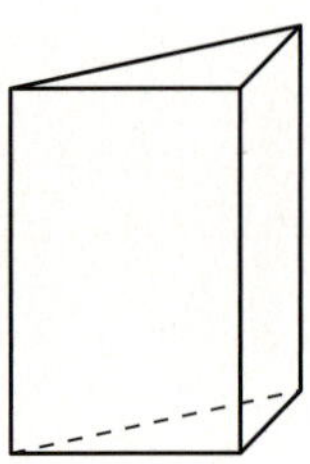

b) Beispiel:

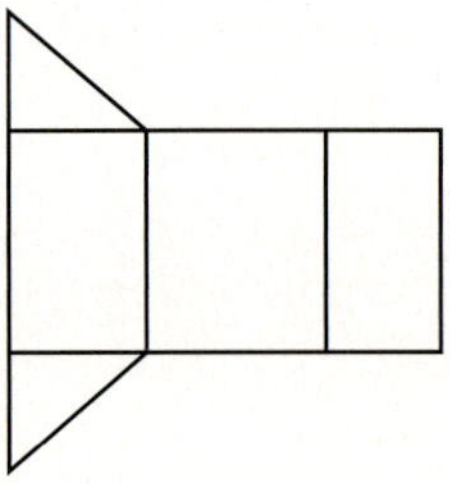

2 (Leicht)
a) V = 21,12 cm³ b) O = 60,48 cm²

3 (Leicht)
Das Volumen beträgt 73,44 cm³.

4 (Leicht)
Es ist schwerer als 120 kg. Zum Gewicht des Wassers kommt das Gewicht der Aquariumwände dazu.

5 (Leicht)
Beide Aussagen stimmen. Das Prisma wiegt rund 57,2 kg.

1 (Mittel)

a)

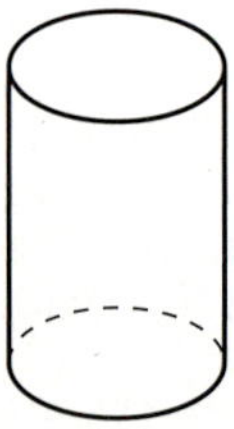

b) Beispiel:

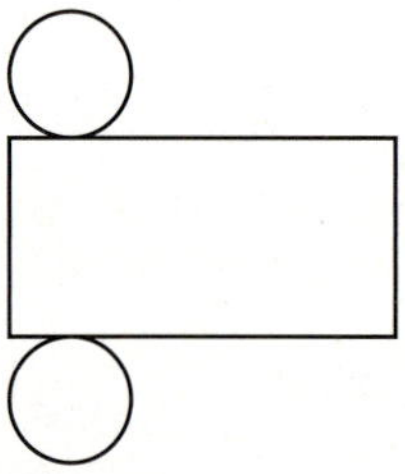

2 (Mittel)
a) V = 56 cm³
b) O = 82,6 cm²

3 (Mittel)
Das Volumen beträgt 51,25 cm³, das Gewicht rund 133 g.

4 (Mittel)
Die Grundfläche könnte zum Beispiel eine rechteckige Form mit a = 50 cm und b = 40 cm sein.

5 (Mittel)
Frau Gärtner braucht 7 Beutel.

1 (Schwierig)

a)

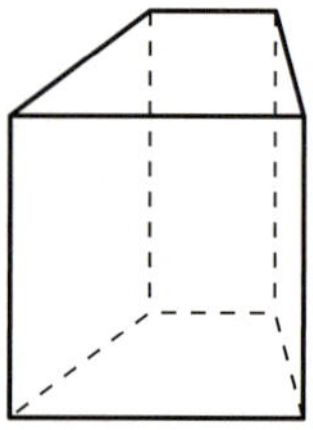

b) Beispiel:

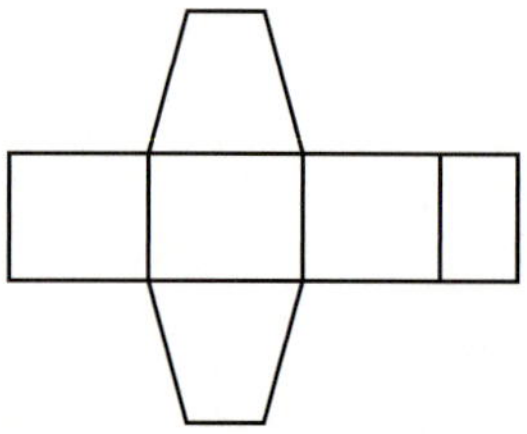

2 (Schwierig)
a) V = 100,32 cm³ b) O = 133,28 cm²

3 (Schwierig)
a) Das Volumen beträgt 19,7 cm³, das Gewicht rund 154 g.

4 (Schwierig)
Die Grundfläche kann zum Beispiel rechteckig, rund, trapezförmig sein. Die Maße müssen so gewählt sein, dass die Fläche 2000 cm² groß ist.

5 (Schwierig)
a) Die geschätzten Zahlen sind unterschiedlich.
b) Er hat ein Volumen von rund 5 cm³.
c) Die Maße sind so zu wählen, dass das Volumen des Körpers ungefähr 5 cm³ ergibt.

Trainingsmatte Kapitel 6, Seite 109

1
a) 650 mm² b) 3500 dm²
c) 0,03 m² d) 150 ha
e) 5000 cm² f) 75 dm²

2
a) 7000 cm³ b) 1000 l
c) 750 ml d) 1500 cm³
e) 1 l f) 750 cm³

3
a) A = 13,75 cm², u = 15 cm b) A = 22,5 cm², u = 20 cm

4
a) = 50 cm² b) A = 83 cm²

5
a) V = 132 cm³ b) V = 75 cm³
c) V = 42 cm³

Test Kapitel 6, Seite 111

1 (Leicht)
a) 22 a b) 66 cm

2 (Leicht)
a) 4 x b) 2 y
c) 2 a + 2 b d) 12 x y

3 (Leicht)
a) x = 22 b) x = 23
c) x = 11 d) x = −14

4 (Leicht)
Oma ist 75 Jahre und Opa 81 Jahre alt.

5 (Leicht)
Eine Seite ist 44 cm lang, die andere 56 cm.

1 (Mittel)
a) 4 a + 6 c b) 26 cm

2 (Mittel)
a) 4 x + 5 y b) 24 x y
c) a d) 3 a + ax + 2 x

3 (Mittel)
a) x = 20 b) x = −17
c) x = 11 d) x = 2,6

4 (Mittel)
Es sind 27 Schüler.

5 (Mittel)
Die drei Zahlen heißen 84, 85 und 86.

1 (Schwierig)
a) 30 c b) 60 cm

2 (Schwierig)
a) 7 x y + 7 y − 6 x b) 1,05 x + 3 y
c) 24 a x y d) 4,6 y

3 (Schwierig)
a) x = 2 b) x = −10
c) x = −25 d) x = −70

4 (Schwierig)
Der Sohn ist 10 Jahre und der Vater 30 Jahre alt.

5 (Schwierig)
Die erste Seite ist 40 cm, die zweite 50 cm und die dritte 30 cm lang.

Training, Seite 112–116

1
a) schriftlicher Durchschnitt: 2,6
b) Nein, er steht dann genau auf 2,5 und ist nicht besser.

2
b) Mädchen: 48,3 Jahre
Jungen: 44,8 Jahre
c) Mädchen haben auch heute eine höhere Lebenserwartung, da die Kurve für die Lebenserwartung der Mädchen stets über der Kurve der Jungen war.
d) kleinster Unterschied: Geburtsjahrgang 1924/26 (2,8 Jahre)
größter Unterschied: Geburtsjahrgang 1980/82 (6,7 Jahre)
e) bessere Ernährung, Medizin, Arbeitsbedingungen und Wohnverhältnisse.
f) Laut Tabelle stieg die Lebenserwartung der Mädchen seit 1949/51 etwa alle 10 Jahre um durchschnittlich 2,6 Jahre. 2013/15 könnten Mädchen also vielleicht mit einer Lebenserwartung von 84,1 Jahren rechnen.
Bei Jungen stieg seit 1949/51 die Lebenserwartung durchschnittlich um 2,26 Jahre und wäre dann 2013/15 bei 78,2 Jahren.
Die Steigerung geht nicht endlos weiter, da irgendwann das biologisch mögliche Höchstalter des Menschen erreicht sein wird.

3
a) Die höchste Preissteigerung war 2,0 % in den Jahren 2001 und 2005. Die niedrigste Preissteigerung war 0,6 % im Jahr 1999.
b) 1,4 %
c) Beide Aussagen sind falsch: Von 1997 bis 1998 sind nicht die Preise gefallen, sondern die Preissteigerung ist geringer geworden. Waren wurden 1997 um 1,9 % teurer und 1998 nochmals um 1 %.
Die Preise haben sich von 1997 bis 2000 ebenfalls verändert. Die Preissteigerung ist 1997 und 2000 gleich.
d) 1,67 %
e) ≈ 209,5 €
f) Die Preise stiegen um 999 999 999 900 Mark; das entspricht 999 999 999 900 %.
Das Diagramm müsste dafür eine Höhe von 14 000 000 km haben.

4
Die Wahrscheinlichkeit ist bei Rad 2 mit 25 % höher als bei Rad 1 mit 20 %.

5
a) Tennisverein: $\frac{1}{3}$ oder $33\frac{1}{3}$ %
Fußballverein: $\frac{4}{10}$ oder 40 %
Die Chance auf ein Gewinnlos ist beim Fußballverein größer.
b) geringerer Preis eines Loses, höherwertigere Gewinne, Wunsch den Verein zu unterstützen
c) Der Tennisverein braucht 300 Gewinnlose und der Fußballverein 400 Gewinnlose.
d) Der Verein hat 91 Gewinnlose. Da dies $\frac{1}{3}$ der Lose sind, gibt es 182 Nieten und insgesamt 273 Lose.
Um allein die Unkosten von 360 € zu decken, müsste eines der Lose 360 € : 273 ≈ 1,32 € kosten. Wenn Gewinn erzielt werden soll, könnte ein Los z. B. 2 € kosten. Der Gewinn läge dann bei 186 €.

6
a) individuelle Lösung
(Maße: 4 cm, 3 cm und 5 cm)
b) individuelle Lösung
c) Volumen = 27 cm^3
Oberfläche = 66 cm^2
d) 1,19 g/cm^3 · 27 cm^3 = 32,13 g
Das Prisma würde im Wasser (1 g/cm^3) untergehen.

7
a) individuelle Lösung
b) V ≈ 314,16 cm^3
c) Wenn der Abfall halb so schwer sein soll wie der Rundstab, muss sein Volumen auch halb so groß sein.
$V_{Abfall} = V_{Quader} - V_{Rundstab}$
$= 400\,cm^3 - 314{,}16\,cm^3$
$= 85{,}84\,cm^3$
85,84 cm^3 sind weniger als die Hälfte von 314 cm^3. Daher stimmt die Aussage nicht.

8
	m^3	dm^3	cm^3	Liter
a)	1,2	1200	1 200 000	1200
b)	0,3	300	300 000	300
c)	0,0045	4,5	4500	4,5

9
a) 2 m^3 = 2000 dm^3
b) 69,3 cm^3 = 69 300 mm^3
c) 9 dm^3 = 9 Liter = 9000 cm^3

10
a) individuelle Lösung
b) Volumen des leeren Aquariums:
V = 15 200 cm^3
Gewicht des leeren Aquariums:
ca. 34 kg
c) Volumen der Sandschicht:
V = 16 000 cm^3
Gewicht der Sandschicht: 28,8 kg.
Die Familie muss drei 10-kg-Säcke kaufen.
d) V_{Wasser} = 128 Liter
e) Gewicht des mit Wasser und Sand gefüllten Aquariums: ca. 190 kg
Zusammen wiegen drei Personen etwa so viel wie das Aquarium. Der Vorschlag des Sohnes ist also gut (vorausgesetzt die Personen haben ein durchschnittliches Gewicht).

11
(Durchmesser 9 cm, Höhe 4,5 cm)
V = 286,278 cm^3
O = 254,47 cm^2

12
Wenn der Behälter $\frac{1}{4}$ gefüllt ist, beträgt die Füllhöhe 2,25 m und V = 572,555 m^3.
Wenn der Behälter zur Hälfte gefüllt ist, beträgt die Füllhöhe 4,5 m und V = 1145,111 m^3.
Ganz gefüllt ist V = 2290,221 m^3.

13
a) z. B.: $4\,m \cdot 3\,m = 12\,m^2$
b) Er muss mindestens dreimal fahren.
c) $A_{Trapez} = 39\,cm^2$
$A_{Rechteck\ 1} = 64\,cm^2$
$A_{Rechteck\ 2} = 80\,cm^2$
$A_{Gesamt} = 286\,cm^2$

$10\,000\,cm^2 : 286\,cm^2 \approx 34{,}97$

Man braucht pro Quadratmeter etwa 35 Steine. Für $12\,m^2$ sind das dann 420 Steine.

14
a) Länge: ca. 18 m
Breite: ca. 2,50 m
Höhe (ohne Ladung): ca. 3 m
b) ca. 8-mal 1,5 t
c) 200 000 €
d) $500\,m^2$

15
a) $u = 10a + 4b$
b) $u = 8y + 10x$
c) individuelle Lösungen

16
a) $5x$
b) $13a - 2b$
c) $10xy$
d) $10t$

17
a) $x = 1$
b) $x = 3$
c) $x = 4$
d) $x = -7$
e) $x = 2$
f) $x = -11\frac{2}{3}$

18
$\alpha = 53°$; $\beta = 89°$; $\gamma = 38°$

19

1) 23	2) 301
3) 1234	3) 12
5) 7	4) 46
6) 260	5) 700
7) 0	8) 156
8) 118	9) 89
10) 55	12) 25
11) 720	15) 91
13) 5	16) 21
14) 999	
16) 2	
17) 5	
18) 61	
19) 1	
20) 115	

20
a) ca. 23 bis 32 cm
b) Ein Strauß erreicht eine Geschwindigkeit von etwa 50 km/h. Er muss also die Geschwindigkeitsbeschränkung auf 30 km/h beachten.
c) Je ein Spiegelei.
d) Das Straußenei ist ca. dreimal so lang und dreimal so breit wie ein durchschnittliches Hühnerei.
e) Man benötigt etwa 24 Hühnereier.

21
Lösungswort: GRAPEFRUIT

22
a) etwa 18 m
b) G. Washington

23
(Durch Probieren!)
a) $a \approx 8{,}4\,cm$
b) $a \approx 5{,}85\,cm$

24
a) 903,51 €
b) Annahme: 5 Spülungen pro Pers.
Anzahl: $5 \cdot 4 \cdot 365 = 7300$ Spülungen
Kosten für eine Spülung: ca. 0,03 €
Kosten: etwa 220 €
c) Bei geschätzten 80 warmen Tagen benötigt man $4{,}8\,m^3$ Gießwasser.
Kosten: etwa 24 €

25
a) $V_{Quader} = 98\,cm^3$
$V_{Zylinder} \approx 502{,}7\,cm^3$
$98\,cm^3$ — 274,4 g
$1\,cm^3$ — 274,4 g/98
$502{,}7\,cm^3$ — 1407,56 g
b) Gleiches Gewicht heißt gleiches Volumen. Die Höhe ist 7 cm.

26
Ines: 54 cm
Anzahl der Perlen bei Jan: 36

27
a) Sie fährt 100 km in der Stunde.
b) Autobahn
c) Von Stuttgart bis Hamburg sind es etwa 670 km. Sie braucht dafür bei dieser Geschwindigkeit 402 min oder 6 h 42 min.

28
a) 10,70 €
b) 11,75 €.
c) 61,80 €
d) Schaubild B

Zum Nachschlagen

Dezimalzahlen

Kommazahlen werden auch Dezimalzahlen genannt. Nach dem Komma stehen die Dezimalen (Zehntel, Hundertstel, Tausendstel, …)

Zehner, Einer, Zehntel, Hundertstel, Tausendstel

1 2 , 8 5 2

Rechnen mit Dezimalzahlen

Summand plus Summand gleich Summe

Minuend minus Subtrahend gleich Differenz

Faktor mal Faktor gleich Produkt

Dividend durch Divisor gleich Quotient

Addition und Subtraktion

Beim Addieren und Subtrahieren werden die Dezimalzahlen so untereinander geschrieben, dass Komma unter Komma steht.
Dann wird von rechts nach links gerechnet.

Beispiele:
a) 61,377 + 18,469 b) 17,725 − 4,781

```
   6 1,3 7 7         1 7,7 2 5
+  1 8,4 6 9     −     4,7 8 1
       1 1               1 1
   7 9,8 4 6         1 2,9 4 4
```

Multiplikation

Zuerst wird multipliziert ohne auf das Komma zu achten. Dann setzt man das Komma so, dass das Ergebnis genauso viele Stellen nach dem Komma hat wie die beiden Faktoren zusammen.

```
2 Stellen + 1 Stelle = 3 Stellen
1 3,0 8 · 4,7
    5 2 3 2
      9 1 5 6
    1
    6 1,4 7 6
3 Stellen
```

Division

Beim Dividieren durch eine Dezimalzahl wird bei beiden Zahlen das Komma um gleich viele Stellen nach rechts verschoben, bis beim Divisor kein Komma mehr steht.
Überschreitet man beim Dividieren das Komma, so wird unmittelbar im Ergebnis ein Komma gesetzt.

```
1 0 8,7 5 : 1,5 =

1 0 8 7,5 : 1 5 = 7 2,5
1 0 5
    3 7
    3 0
      7 5
      7 5
        0
```

Es gibt auch periodische Dezimalzahlen.
Beispiele:
$1,\overline{3} = 1,3333\ldots$
$1,\overline{72} = 1,7272\ldots$

Rationale Zahlen

Zu den rationalen Zahlen gehören die positiven und negativen ganzen Zahlen, Dezimalzahlen und Brüche.

a) positive rationale Zahlen:
0,01; $\frac{1}{4}$; 0,82; 50
b) negative rationale Zahlen:
$-\frac{1}{3}$; −2,5; −4,01; −100

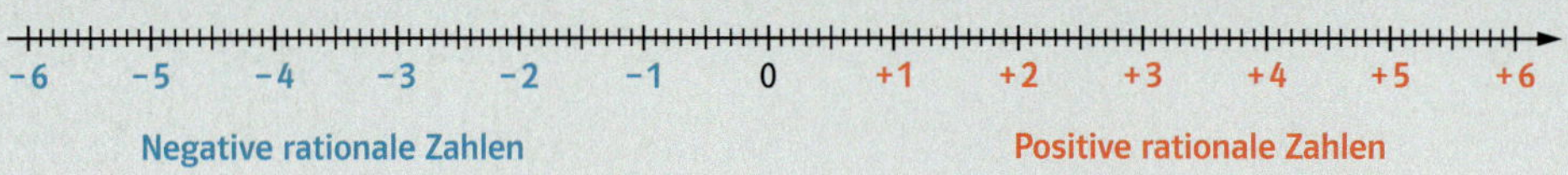

Rechnen mit Brüchen

Addition und Subtraktion von Brüchen
Bei gleichnamigen Brüchen werden die Zähler addiert bzw. subtrahiert, der Nenner wird beibehalten.

Beispiel: $\frac{1}{5} + \frac{3}{5} = \frac{4}{5}$

Ungleichnamige Brüche werden vor dem Addieren bzw. Subtrahieren durch Erweitern zuerst gleichnamig gemacht.

Beispiel: $\frac{2}{5} + \frac{1}{2} = \frac{4}{10} + \frac{5}{10} = \frac{9}{10}$

Multiplikation von Brüchen
Es wird Zähler mit Zähler und Nenner mit Nenner multipliziert.

Beispiel: $\frac{2}{3} \cdot \frac{4}{5} = \frac{2 \cdot 4}{3 \cdot 5} = \frac{8}{15}$

Division durch Brüche
Es wird mit dem Kehrwert des zweiten Bruches multipliziert.

Beispiel: $\frac{2}{3} : \frac{3}{4} = \frac{2}{3} \cdot \frac{4}{3} = \frac{2 \cdot 4}{3 \cdot 3} = \frac{8}{9}$

Bruchschreibweise – Kommaschreibweise
Manchmal kann ein Bruch einfach auf einen Zehnerbruch erweitert und dann in eine Dezimalzahl umgewandelt werden,

Beispiel: $\frac{3}{4} = \frac{75}{100} = 0{,}75$

oder
man teilt den Zähler durch den Nenner.

$3 : 4 = 0{,}75$

Erweitern:
$\frac{2}{5}$ erweitert mit 3
$\frac{2}{5} = \frac{2 \cdot 3}{5 \cdot 3} = \frac{6}{15}$

Kürzen
$\frac{6}{8}$ gekürzt mit 2
$\frac{6}{8} = \frac{6 : 2}{8 : 2} = \frac{3}{4}$

*Der **Kehrwert** eines Bruches ergibt sich durch Vertauschen des Zählers und Nenners. Kehrwert von $\frac{3}{4}$ ist $\frac{4}{3}$.*

Beim Umwandeln können auch periodische Dezimalzahlen entstehen. Beispiel: $\frac{1}{3} = 0{,}\overline{3}$

Rechnen mit rationalen Zahlen

Addieren
Beim Addieren von positiven und negativen Zahlen löst man die Klammer auf.

Beispiele:
$(+5{,}3) + (+7{,}8) = 5{,}3 + 7{,}8 = 13{,}1$
$(-5{,}3) + (+7{,}8) = -5{,}3 + 7{,}8 = 2{,}5$

$(+5{,}3) + (-7{,}8) = 5{,}3 - 7{,}8 = -2{,}5$
$(-5{,}3) + (-7{,}8) = -5{,}3 - 7{,}8 = -13{,}1$

Subtrahieren
Subtraktionsaufgaben lassen sich in Additionsaufgaben umwandeln. Dabei wird die Gegenzahl addiert.
Zum Beispiel:
Die Gegenzahl zu (+7,8) ist (−7,8).

$(+5{,}3) - (+7{,}8) = (+5{,}3) + (-7{,}8)$
$(-5{,}3) - (+7{,}8) = (-5{,}3) + (-7{,}8)$

$(+5{,}3) - (-7{,}8) = (+5{,}3) + (+7{,}8)$
$(-5{,}3) - (-7{,}8) = (-5{,}3) + (+7{,}8)$

Multiplikation, Division
Haben zwei Faktoren das gleiche Vorzeichen, so ist das Ergebnis positiv.
Haben zwei Faktoren verschiedene Vorzeichen, so ist das Ergebnis negativ.
Für die Division gilt Entsprechendes.

$(-15) \cdot (+3) = (-45)$
$(-11) \cdot (-4) = (+44)$

$(+8) : (-2) = (-4)$
$(-96) : (+12) = (+8)$

Vorzeichen
$(+5) + (-8)$
Rechenzeichen

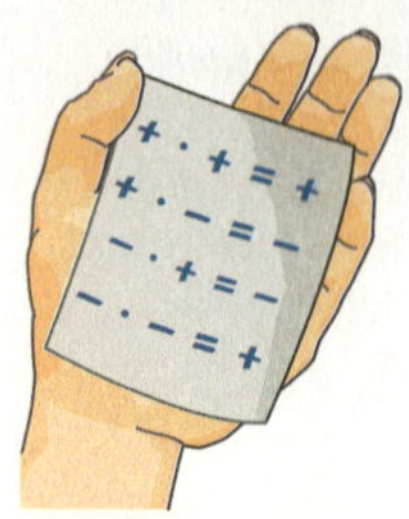

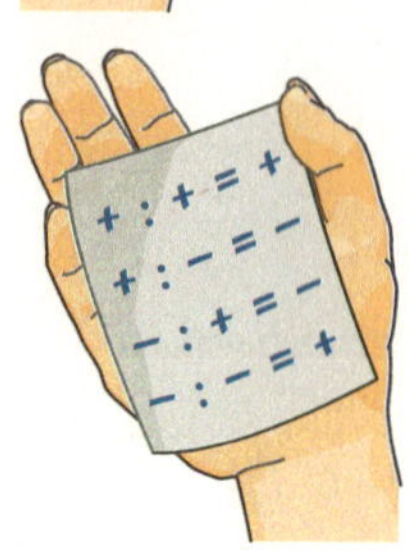

Zuordnungen

Proportionale Zuordnungen
Dem Doppelten (Dreifachen, ...) der einen Größe entspricht das Doppelte (Dreifache, ...) der anderen Größe.
Beispiel:
3 kg kosten 12,60 €, wie viel kosten 7 kg?

Lösung mit dem Dreisatz:

3 kg — 12,60 €

1 kg — $\frac{12,60}{3}$ €

7 kg — $\frac{12,60 \cdot 7}{3}$ € = 29,40 €

Umgekehrt proportionale Zuordnungen
Dem Doppelten (Dreifachen, ...) einer Größe entspricht die Hälfte (der dritte Teil, ...) der anderen Größe.
Beispiel:
24 Schüler zahlen jeweils 15 €.
Wie viel müssten 25 Schüler zahlen?

Lösung mit dem Dreisatz:

24 Schüler — 15 €

1 Schüler — 15 · 24 €

25 Schüler — $\frac{15 \cdot 24}{25}$ € = 14,40 €

*Anteile mit dem Nenner 100 nennt man **Prozente**.*

$\frac{1}{100} = 1\,\%$

Prozentrechnen

Berechnen des Prozentwerts
gegeben: Grundwert 700 kg
Prozentsatz p % = 35 %
gesucht: Prozentwert

Dreisatz: 100 % — 700 kg

1 % — $\frac{700}{100}$ kg

35 % — $\frac{700 \cdot 35}{100}$ kg = 245 kg

Berechnen des Prozentsatzes
gegeben: Grundwert 1500 €
Prozentwert 975 €
gesucht: Prozentsatz p %

Dreisatz: 1500 € — 100 %

1 € — $\frac{100}{1500}$ %

975 € — $\frac{100 \cdot 975}{1500}$ % = 65 %

Berechnen des Grundwerts
gegeben: Prozentwert 960 km
Prozentsatz p % = 75 %
gesucht: Grundwert

Dreisatz: 75 % — 960 km

1 % — $\frac{960}{75}$ km

100 % — $\frac{960 \cdot 100}{75}$ km = 1280 km

Beispiele:

$\frac{1}{10} = 0{,}1 = 10\,\%$

$\frac{1}{5} = 0{,}2 = 20\,\%$

$\frac{1}{4} = 0{,}25 = 25\,\%$

$\frac{1}{2} = 0{,}5 = 50\,\%$

$\frac{3}{4} = 0{,}75 = 75\,\%$

$\frac{1}{3} = 0{,}\overline{3} = 33\frac{1}{3}\,\%$

$\frac{100}{100} = 1 = 100\,\%$

*Anteile mit dem Nenner 1000 nennt man **Promille**.*

$\frac{1}{1000} = 1\,‰$

Zinsrechnen
Die Zinsrechnung ist eine besondere Anwendung der Prozentrechnung. Beim Zinsrechnen sind jedoch andere Begriffe gebräuchlich.

Zinsrechnen		Prozentrechnen	
Kapital; Kredit	K	Grundwert	G
Zinsen	Z	Prozentwert	P
Zinssatz	p %	Zinssatz	p %

Monatszinsen, Tageszinsen
Ist die Verzinsungszeit kürzer als ein Jahr, werden die Zinsen in zwei Schritten berechnet. Zuerst berechnet man die Jahreszinsen, dann die Zinsen für die angegebene Zeit.

2400 € werden zu 4,5 % für 70 Tage angelegt.

1. Schritt: Berechnung der Jahreszinsen

100 % — 2400 €

1 % — $\frac{2400}{100}$ €

4,5 % — $\frac{2400 \cdot 4{,}5}{100}$ € = 108 €

2. Schritt: Berechnung der Tageszinsen

360 Tage — 108 €

1 Tag — $\frac{108}{360}$ €

70 Tage — $\frac{108 \cdot 70}{360}$ = 21 €

Beim Zinsrechnen gilt:
1 Monat = 30 Tage
1 Jahr = 12 Monate = 360 Tage

Rechnen mit der Formel:

$P = G \cdot \frac{p}{100}$

Daten

Mithilfe von Schaubildern lassen sich Zahlen, Zeit- und Größenangaben übersichtlich darstellen und veranschaulichen.

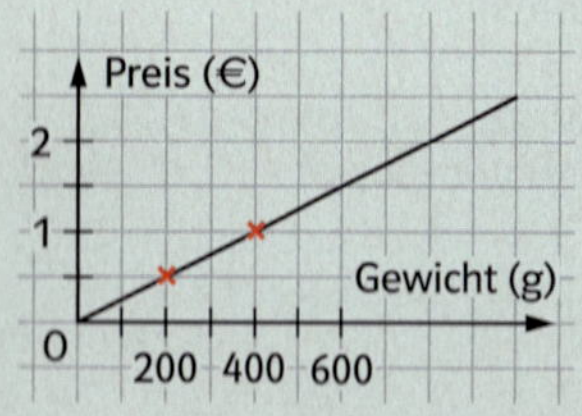

Streifendiagramm

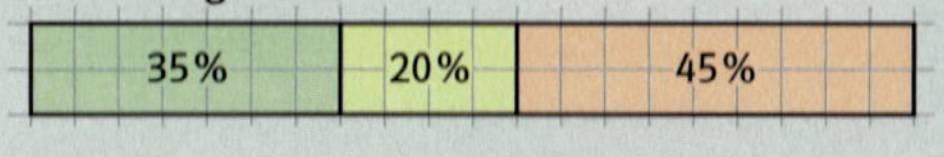

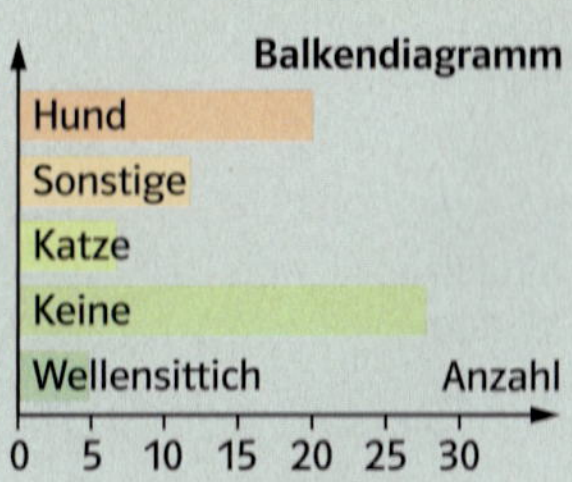

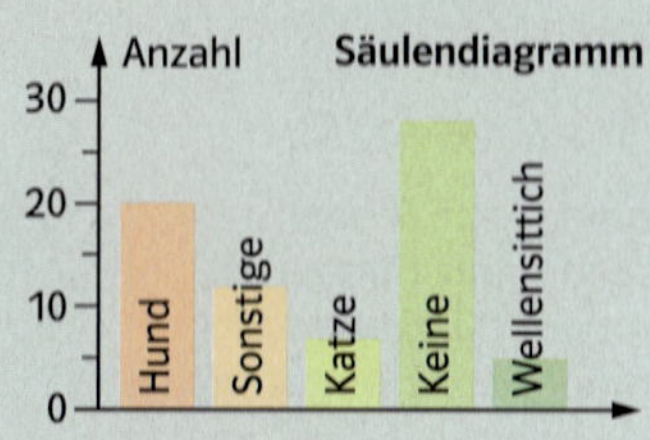

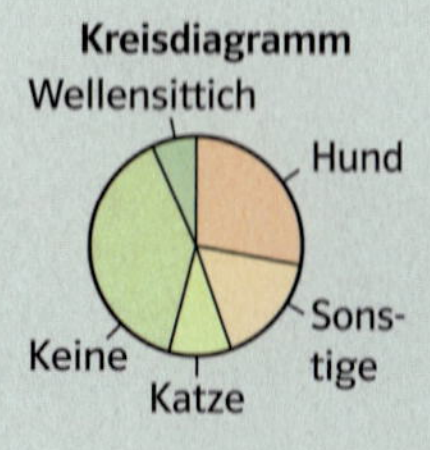

Der **Mittelwert** wird berechnet, indem man alle Einzelwerte addiert und dann durch die Anzahl der Werte dividiert.

Beispiel: Mittelwert von 2; 2; 3; 4; 3; 1:
$2 + 2 + 3 + 4 + 3 + 1 = 15$
$15 : 6 = 2{,}5$

Der **Zentralwert** ist der Wert in der Mitte einer Rangliste. Hat die Rangliste eine gerade Anzahl von Werten, so stehen zwei Werte in der Mitte. Als Zentralwert wird der Mittelwert dieser beiden Werte genommen.

Rangliste:
a) 1; 3; 3; **6**; 10; 11; 12
Zentralwert = 6
b) 1; 3; 3; **6**; **10**; 11; 12; 15
Zentralwert = $\frac{6 + 10}{2} = 8$

Sind die Daten einer Liste der Größe nach geordnet, spricht man von einer ***Rangliste****.*

Die **relative Häufigkeit** gibt den Anteil in Prozent an. Sie eignet sich gut zum Vergleichen von Daten.

5 von 20 Kindern
$\frac{5}{20} = 0{,}25 = 25\,\%$

4 von 16 Kindern
$\frac{4}{16} = 0{,}25 = 25\,\%$

Variable, Terme und Gleichungen

Variablen sind Platzhalter, die durch Zahlen ersetzt werden können, z. B. a, b, h, x, y, …

Beachte: $3 \cdot x = 3x$
$5 \cdot a \cdot b = 5ab$

Terme sind Rechenausdrücke mit Zahlen, Rechenzeichen und Variablen.

Gleichungen lösen
Beim Umformen einer Gleichung darf man
- auf beiden Seiten der Gleichung dieselbe Zahl addieren oder subtrahieren.
- beide Seiten der Gleichung mit derselben Zahl (außer 0) multiplizieren oder durch eine Zahl dividieren.

$$
\begin{aligned}
1{,}25 + 17x - 3{,}25 &= 9x - 5{,}5 + x && |\ \text{zus.-fassen}\\
17x - 2 &= 10x - 5{,}5 && |-10x\\
17x - 10x - 2 &= 10x - 10x - 5{,}5 && |\ \text{z.}\\
7x - 2 &= -5{,}5 && |+2\\
7x - 2 + 2 &= -5{,}5 + 2 && |\ \text{z.}\\
7x &= -3{,}5 && |:7\\
x &= -0{,}5
\end{aligned}
$$

Runden

(Runden auf Tausender)
Rundungsstelle — Steht hier eine 5; 6; 7; 8; 9, dann wird **aufgerundet**.

37 589 ≈ 38 000 (aufgerundet)

Rundungsstelle (Tausender) — Steht hier eine 0; 1; 2; 3; 4, dann wird **abgerundet.**

37 489 ≈ 37 000 (abgerundet)

Beispiele:	45 264 gerundet auf Zehner	gibt 45 260
	45 263 gerundet auf Hunderter	gibt 45 300
	45 263 gerundet auf Tausender	gibt 45 000
	45 263 gerundet auf Zehntausender	gibt 50 000

16, 89 € auf ganze Euro gerundet gibt 17 €.

Maßstab

Der Maßstab einer Karte gibt das Maß ihrer Verkleinerung an.

Ein Maßstab 1:100 000 bedeutet:
Das Gebiet ist auf der Karte 100 000-mal kleiner abgebildet als in der Natur.

Beispiel:
Maßstab der Karte 1:1 500 000 bedeutet:
1 cm auf der Karte sind in Wirklichkeit
1 500 000 cm = 15 000 m = 15 km
Werden auf der Karte 6 cm gemessen, so sind dies in Wirklichkeit $6 \cdot 15$ km = 90 km.

Größe

Bei allen Messungen werden Größen verwendet: Gewicht, Zeit, Länge, Fläche und Rauminhalt.
Eine Größe besteht aus einer Maßzahl und einer Maßeinheit.

Beispiel: 3 kg
Maßzahl: 3 — Maßeinheit: kg

Überschlagen
In vielen Situationen ist eine genaue Angabe der Größe nicht erforderlich. Bei einer Überschlagsrechnung wird gerundet.

Schätzen
Größen werden auch ohne Rechnung geschätzt. Hierzu braucht man eine Vergleichsgröße und Erfahrung.

Beispiel:
Ein Lastenaufzug darf bis 1250 kg belastet werden. Können 9 Kisten von jeweils 87,5 kg auf einmal transportiert werden?
Überschlag:
$10 \cdot 100$ kg = 1000 kg < 1250 kg
Die Frage kann ohne genaue Rechnung mit ja beantwortet werden.

Maßumwandlungen
Gewicht
(oder Masse)

	1 g	Gramm
1000 g	= 1 kg	Kilogramm
1000 kg	= 1 t	Tonne

Zeit

	1 s	Sekunde
60 s	= 1 min	Minute
60 min	= 1 h	Stunde
24 h	= 1 d	Tag

Maßumwandlungen

Längen

		1 mm	Millimeter
10 mm	=	1 cm	Zentimeter
10 cm	=	1 dm	Dezimeter
10 dm	=	1 m	Meter
1000 m	=	1 km	Kilometer

Flächeninhalte

		$1\,mm^2$	Quadratmillimeter
$100\,mm^2$	=	$1\,cm^2$	Quadratzentimeter
$100\,cm^2$	=	$1\,dm^2$	Quadratdezimeter
$100\,dm^2$	=	$1\,m^2$	Quadratmeter
$100\,m^2$	=	1 a	Ar
100 a	=	1 ha	Hektar
100 ha	=	$1\,km^2$	Quadratkilometer

Vierecke

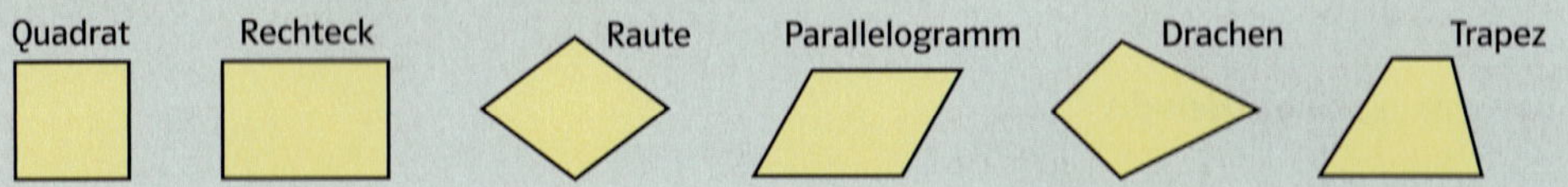

Dreiecke

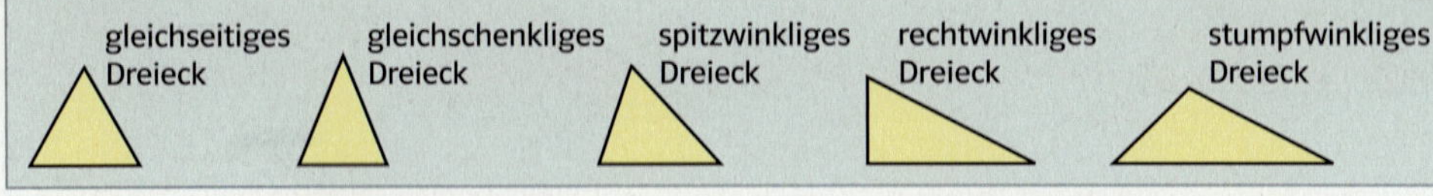

Berechnung (Rechteck/Quadrat)

Umfang

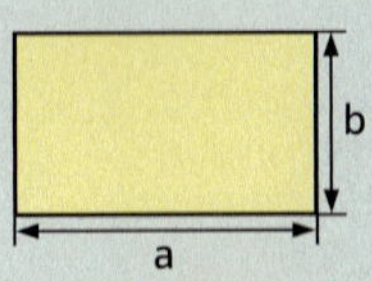

a: Länge
b: Breite
$u_R = 2a + 2b$

Beispiele:

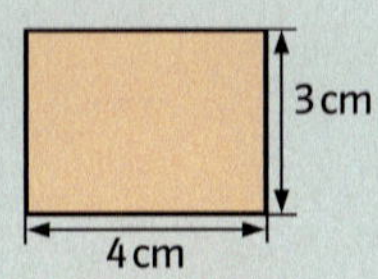

$u_R = 2 \cdot a + 2 \cdot b$
$= 2 \cdot 4\,cm + 2 \cdot 3\,cm$
$= 8\,cm + 6\,cm$
$= 14\,cm$

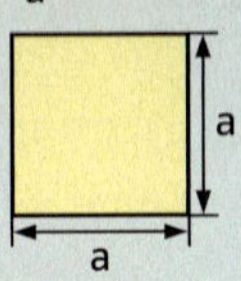

a: Seitenlänge
$u_Q = 4a$

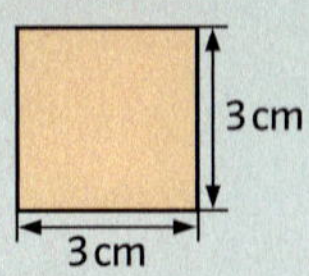

$u_Q = 4 \cdot a$
$= 4 \cdot 3\,cm$
$= 12\,cm$

Flächeninhalt

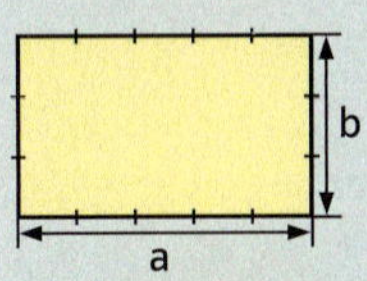

Flächeninhalt
= Länge · Breite
$A_R = a \cdot b$

Beispiele:

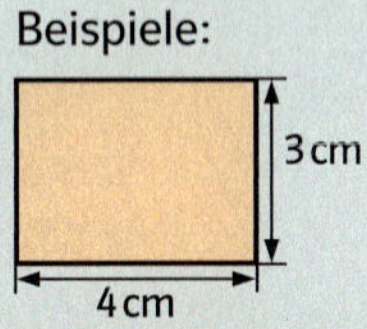

$A_R = a \cdot b$
$= 4\,cm \cdot 3\,cm$
$= 12\,cm^2$

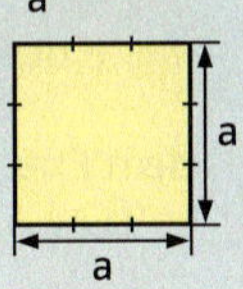

Flächeninhalt
= Länge · Länge
$A_Q = a \cdot a$

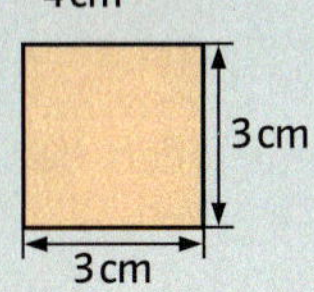

$A_Q = a \cdot a$
$= 3\,cm \cdot 3\,cm$
$= 9\,cm^2$

Umfang = Summe aller Seiten

Berechnung eines Parallelogramms

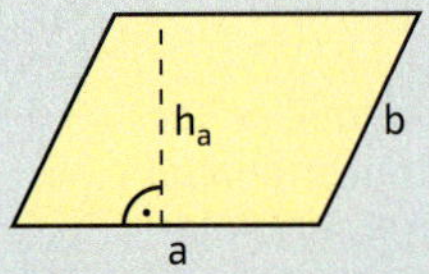

Flächeninhalt
= Grundseite · Höhe
$A_p = a \cdot h_a$
$u = 2a + 2b$

Beispiel:

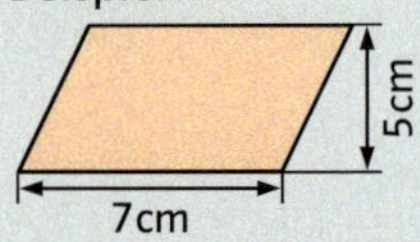

$A_p = a \cdot h_a$
$= 7\,cm \cdot 5\,cm$
$= 35\,cm^2$

Berechnung eines Trapezes

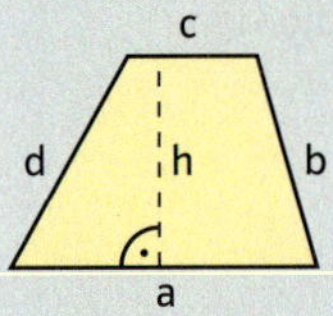

$A_T = \frac{(a + c) \cdot h}{2}$

$u = a + b + c + d$

Beispiel:

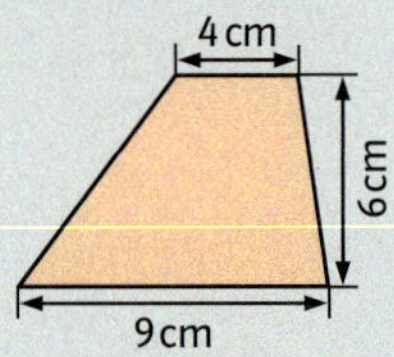

$A_T = \frac{(a + c) \cdot h}{2}$
$= \frac{(9\,cm + 4\,cm) \cdot 6\,cm}{2}$
$= 39\,cm^2$

Berechnung eines Dreiecks

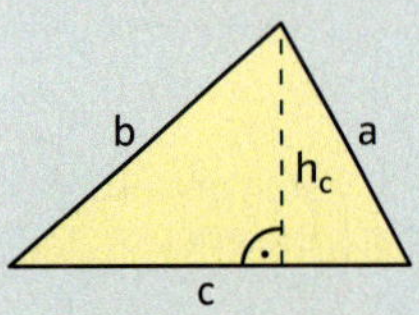

$A_D = \frac{c \cdot h_c}{2}$

$u = a + b + c$

Beispiel:

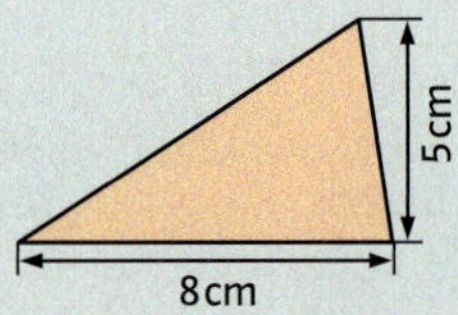

$A_D = \frac{c \cdot h_c}{2}$
$= \frac{8\,cm \cdot 5\,cm}{2}$
$= 20\,cm^2$

Berechnung eines Vielecks
Vielecke lassen sich in bekannte Flächen zerlegen und berechnen.

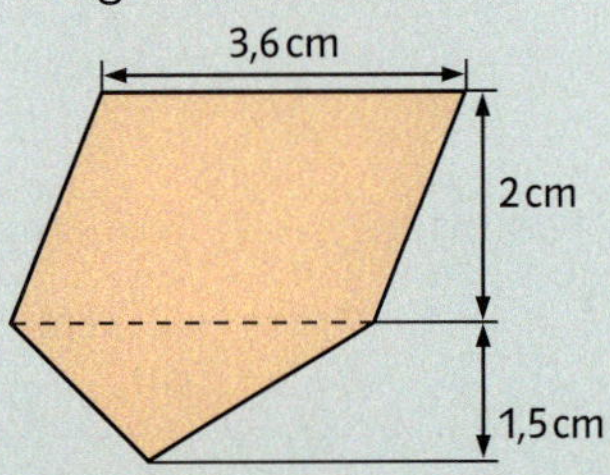

$A_p = 3{,}6\,cm \cdot 2\,cm = 7{,}2\,cm^2$

$A_D = \frac{3{,}6\,cm \cdot 1{,}5\,cm}{2} = 2{,}7\,cm^2$

$A_{Vieleck} = A_p + A_D$
$= 7{,}2\,cm^2 + 2{,}7\,cm^2$
$= 9{,}9\,cm^2$

Berechnungen am Kreis

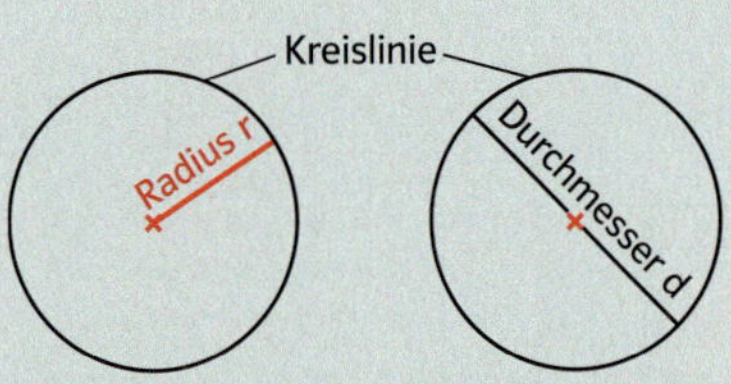

Umfang
$u_K = \pi \cdot d$

$d = 2r$

Flächeninhalt
$A_K = \pi \cdot r \cdot r$
$= \pi \cdot r^2$

Beispiel:
$d = 2{,}8\,cm$

$u_K = \pi \cdot 2{,}8\,cm$
$= 8{,}8\,cm$

$A_K = \pi \cdot 1{,}4\,cm \cdot 1{,}4\,cm$
$= 6{,}2\,cm^2$

Du kannst mit dem Näherungswert $\pi = 3{,}14$ rechnen oder genauer mit der π-Taste des Taschenrechners.
Das Ergebnis muss gerundet werden. Der Einfachheit halber wird häufig bei dem Ergebnis das Gleichheitszeichen geschrieben.

Die Kreiszahl π (sprich: pi) hat unendlich viele Stellen hinter dem Komma: $\pi = 3{,}14159265......$

Geometrische Körper

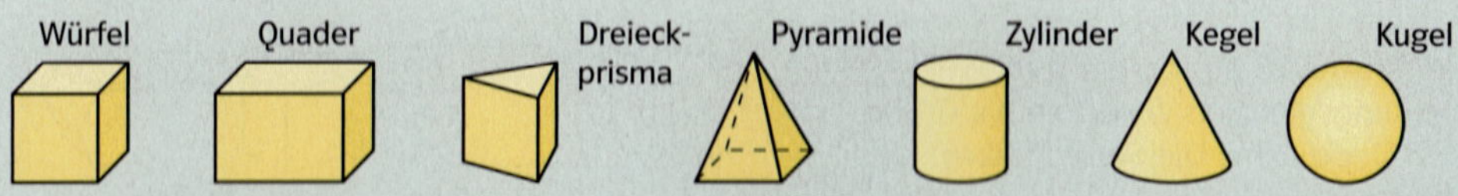

Oberflächeninhalt eines Quaders (Würfels)

Die Oberfläche eines Quaders wird durch das Quadernetz dargestellt.

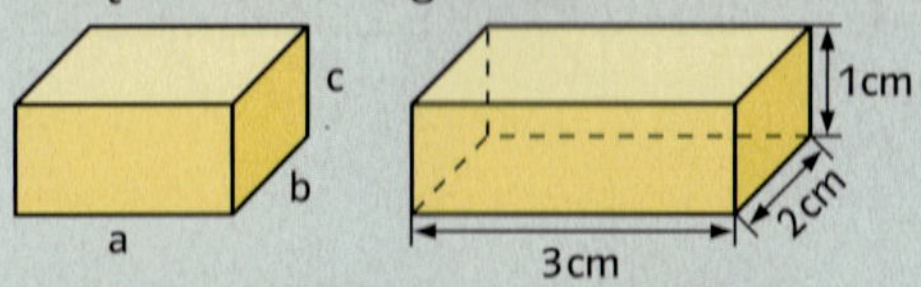

Oberfläche = Summe der Einzelflächen

$A_Q = 2 \cdot (a \cdot b + a \cdot c + b \cdot c)$

Spezialfall Würfel: $A_W = 6 \cdot a^2$

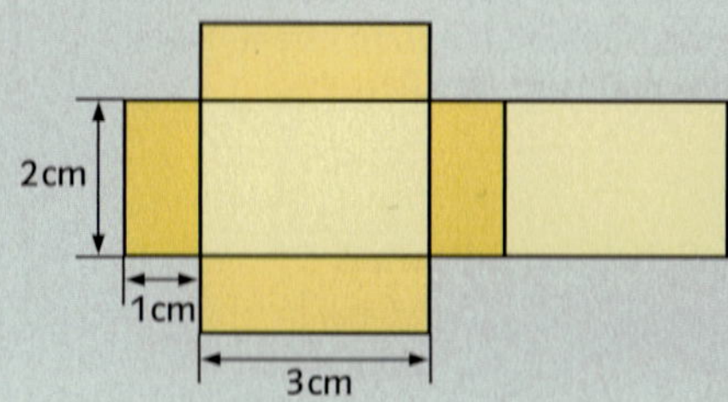

$A = 2 \cdot (2\,cm^2 + 6\,cm^2 + 3\,cm^2)$
$= 22\,cm^3$

Rauminhalt eines Quaders (Würfels)

Maßumwandlungen

	$1\,mm^3$	Kubikmillimeter
$1000\,mm^3$	$= 1\,cm^3$	Kubikzentimeter
$1000\,cm^3$	$= 1\,dm^3$	Kubikdezimeter
$1000\,dm^3$	$= 1\,m^3$	Kubikmeter

Hohlmaße verwendet man zum Messen von Flüssigkeiten.

$1\,ml$	Milliliter
$1\,ml = 1\,cm^3$	
$1000\,ml = 1\,l$	Liter
$1\,l = 1\,dm^3$	
$100\,l = 1\,hl$	Hektoliter
$1000\,l = 1\,m^3$	

Berechnung Rauminhalt (Quader, Würfel)

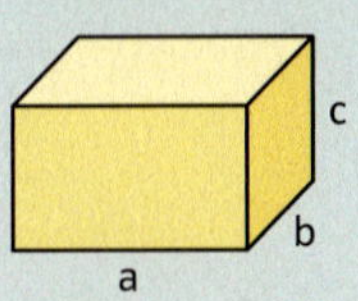

a: Länge
b: Breite
c: Höhe

Rauminhalt (Volumen):
V = Länge · Breite · Höhe
$V_Q = a \cdot b \cdot c$

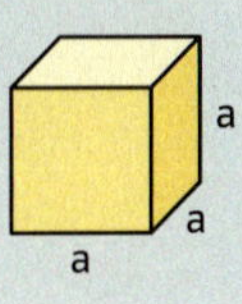

a: Länge
Rauminhalt (Volumen):
V = Länge · Länge · Länge
$V_W = a \cdot a \cdot a$

Beispiele:

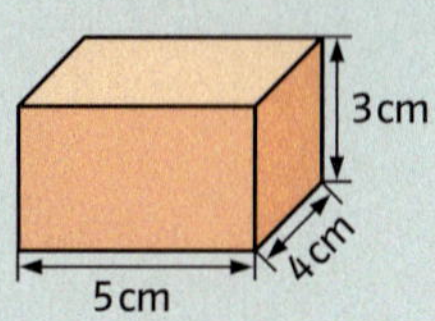

$V_Q = a \cdot b \cdot c$
$= 5\,cm \cdot 4\,cm \cdot 3\,cm$
$= 60\,cm^3$

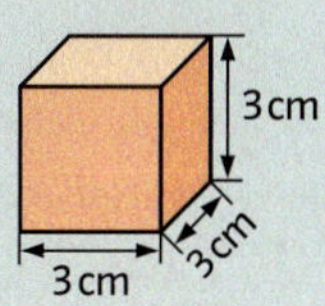

$V_W = a \cdot a \cdot a$
$= 3\,cm \cdot 3\,cm \cdot 3\,cm$
$= 27\,cm^3$

*Prismen und Zylinder nennt man auch **Säulen**.*

Prisma

Ein Prisma ist ein Körper mit zwei deckungsgleichen Vielecken als Grund- und Deckfläche. Die Seitenflächen sind Rechtecke.

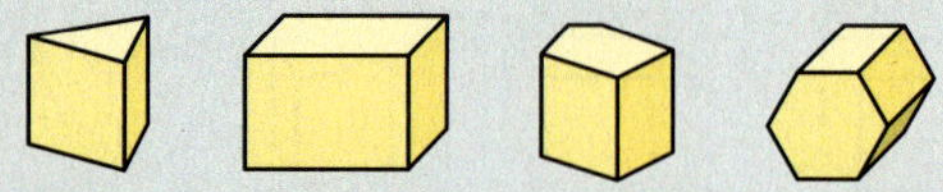

Oberfläche und Netz
Körper werden von **Flächen** begrenzt. Wenn man die Körper aufschneidet und ausbreitet, sieht man die **Oberfläche** des Körpers. Die entstehende ebene Figur nennt man **Netz** des Körpers.

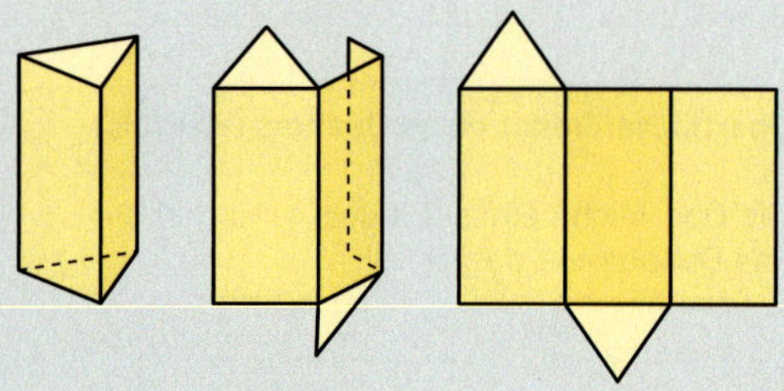

Rauminhalt eines Prismas

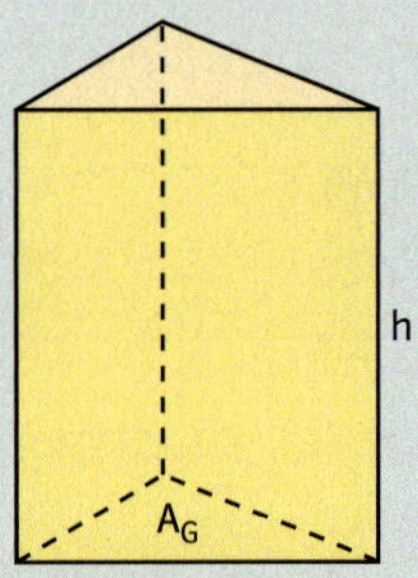

Volumen:
V = Grundfläche · Höhe
$V_P = A_G \cdot h$

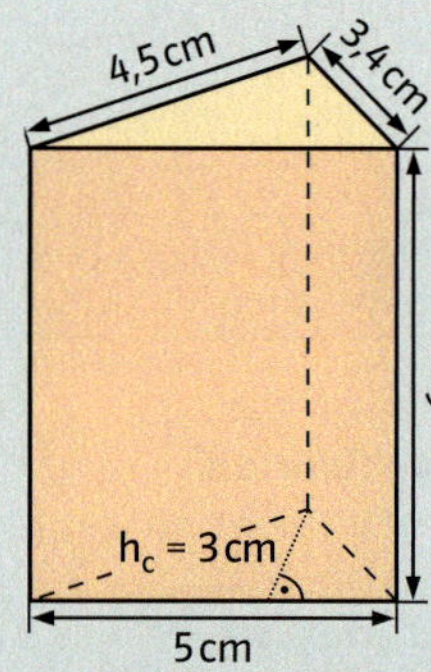

$V_P = A_G \cdot h$
$= \frac{c \cdot h_c}{2} \cdot h$
$= \frac{5\,\text{cm} \cdot 3\,\text{cm}}{2} \cdot 6\,\text{cm}$
$= 45\,\text{cm}^2$

Oberfläche eines Prismas
Oberfläche = Summe der Einzelflächen
= 2 · Grundfläche + Mantel

$O_P = 2 \cdot \frac{5\,\text{cm} \cdot 3\,\text{cm}}{2} + (5\,\text{cm} + 3{,}4\,\text{cm} + 4{,}5\,\text{cm}) \cdot 6\,\text{cm}$
$= 15\,\text{cm}^2 + 77{,}4\,\text{cm}^2 = 92{,}4\,\text{cm}^2$

Zylinder

Volumen:
V = Grundfläche · Höhe
$= \pi r^2 \cdot h$

$V_Z = \pi \cdot r^2 \cdot h$
$= \pi \cdot 2{,}4\,\text{cm} \cdot 2{,}4\,\text{cm} \cdot 6{,}2\,\text{cm}$
$= 112{,}2\,\text{cm}^3$

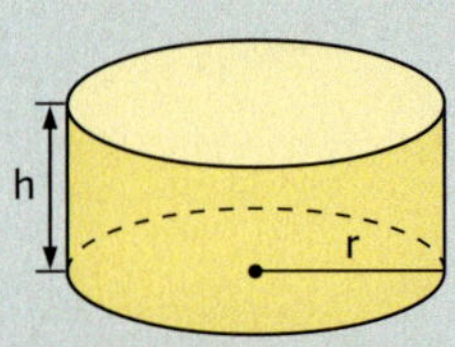

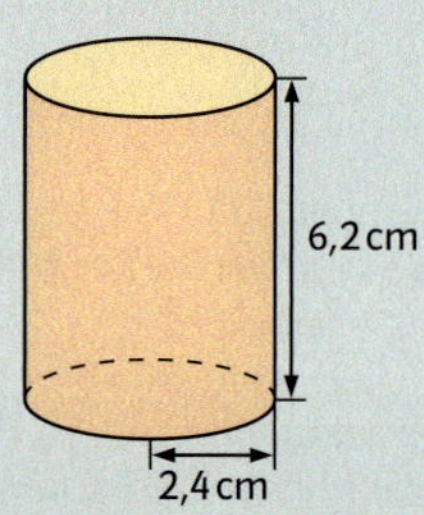

Oberfläche = 2 · Grundfläche + Mantelfläche
$= 2 \cdot \pi \cdot r^2 + 2 \cdot \pi \cdot r \cdot h$

$O = 2 \cdot \pi \cdot r^2 + 2 \cdot \pi \cdot r \cdot h$
$= 36{,}2\,\text{cm}^2 + 93{,}5\,\text{cm}^2$
$= 129{,}7\,\text{cm}^2$

Tabellenkalkulation

Eine Tabellenkalkulation ist ein Softwareprogramm, mit dem Berechnungen durchgeführt werden können. Außerdem lassen sich damit leicht Diagramme erstellen.

Spalten, Zeilen, Zellen
Nach dem Start eines Tabellenkalkulationsprogramms erscheint auf dem Bildschirm eine Tabelle mit Spalten (A; B; C; D; …) und Zeilen (1; 2; 3; 4; …). Die einzelnen Felder der Tabelle heißen Zellen. Jede Zelle hat eine eindeutige Adresse.

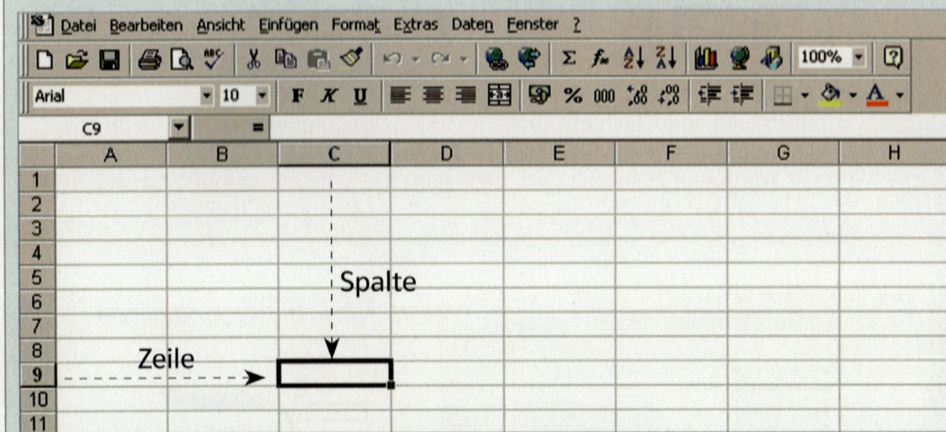

Die markierte Zelle hat die Adresse C9 (Spalte C, Zeile 9).

In eine Zelle können Text oder Zahlen eingetragen werden. Der Eintrag wird durch die Eingabetaste abgeschlossen.

Eingabetaste

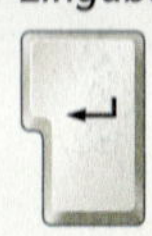

Format
Wenn im Menü unter Format nichts eingegeben wird, gilt die Standard-Einstellung.
Es ist aber auch möglich, die Zellen zu formatieren.
Menü: **Format > Zellen formatieren > Schrift (bzw. Zahlen)**

- Texte wie bei einem Textverarbeitungsprogramm:
  Schriftart, Schriftschnitt, Schriftgrad, Effekte, …

- Zahlen können unterschiedlich dargestellt werden:
  als Dezimalzahl mit zu bestimmender Anzahl der Dezimalstellen,
  als Währung (€, $),
  als Prozentsatz,
  als Datum …

- Ist die Spaltenbreite für den Text oder die Zahl zu klein, kann sie verbreitert werden:
  Menü: **Format > Spalte > Breite**. Hier kann die gewünschte Zellenbreite eingegeben werden.
  Eine andere Möglichkeit besteht darin, mit dem Cursor in der A/B/C-Leiste die Spalte aufzuziehen.

Hat der Computer die Rechnung bereits durchgeführt, kann man in der Eingabezeile die Rechnung noch sehen. In der Zelle selbst steht das Ergebnis der Rechnung.

Rechnen mit der Tabellenkalkulation

Ein Rechenauftrag wird in die Eingabezeile (oder *Bearbeitungszeile*) eingegeben. Er beginnt immer mit dem „= "-Zeichen. Die Rechnung wird ausgeführt, wenn die Eingabetaste gedrückt wird. Dann steht das Ergebnis in der betreffenden Zelle.

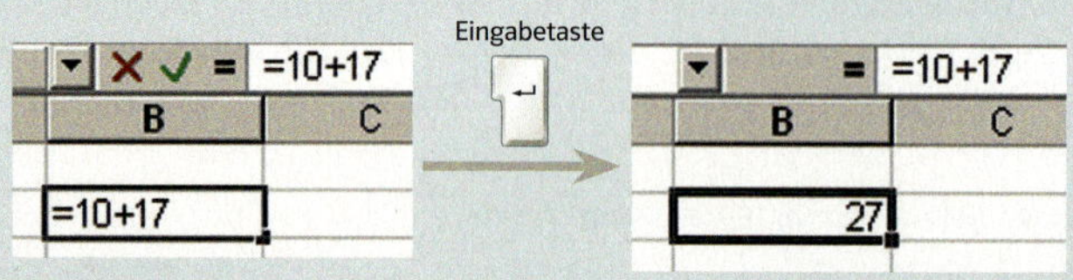

Rechnen mit Zellen

Anstatt mit Zahlen kann man auch mit Zellen rechnen. Der Computer rechnet dann mit den Zahlen, die in den entsprechenden Zellen stehen.
Vorteil: Wird der Wert einer Zelle geändert, dann wird das Ergebnis automatisch neu berechnet.

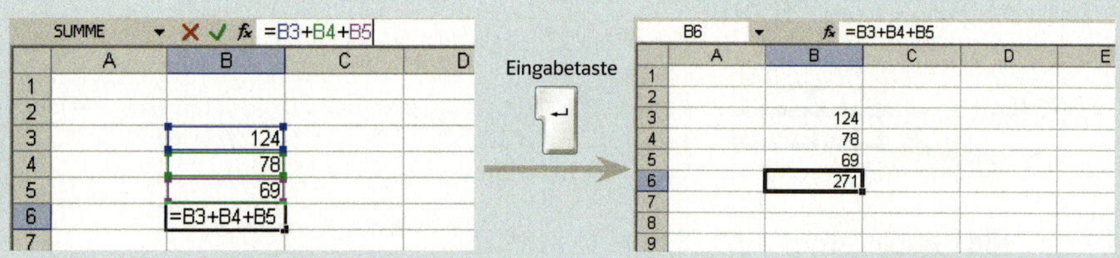

Rechenzeichen

		Beispiel:
+	(plus)	=34,5+66,07
–	(minus)	=473,1–367,9
*	(mal)	=25,5*13,3
/	(geteilt durch)	=14,4/1,2
^	(hoch)	Volumen eines Würfels mit einer Kantenlänge von 7 cm. =7^3

Zahlen oder Formeln kopieren, Zahlen in einer Reihenfolge

Die Zelle, die kopiert werden soll, wird zusammen mit den auszufüllenden Zellen markiert. Über *Bearbeiten* in der Menüleiste und im aufgeklappten Fenster über *Ausfüllen* wird der Ausfüllungswunsch ausgewählt.
Automatisches Ausfüllen von Zellen mit einer Zahlenreihe erfolgt über:
Bearbeiten > Ausfüllen > Reihe …

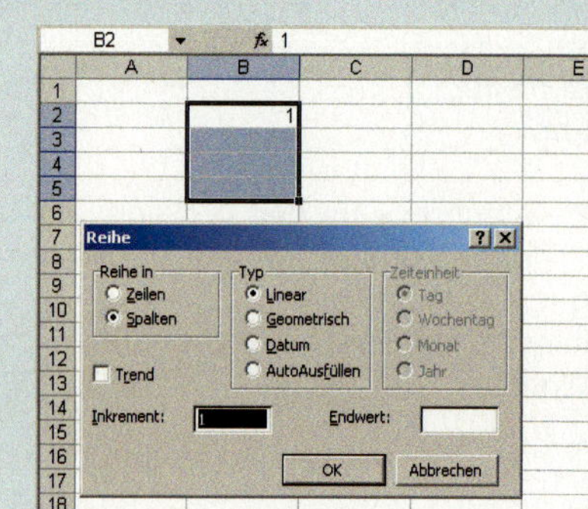

Diagramme mit der Tabellenkalkulation

Mit einem Tabellenkalkulationsprogramm können Daten aus einer Tabelle in unterschiedlichen Diagrammtypen dargestellt werden. Zum Erstellen eines Diagramms kann der Diagramm-Assistent verwendet werden.

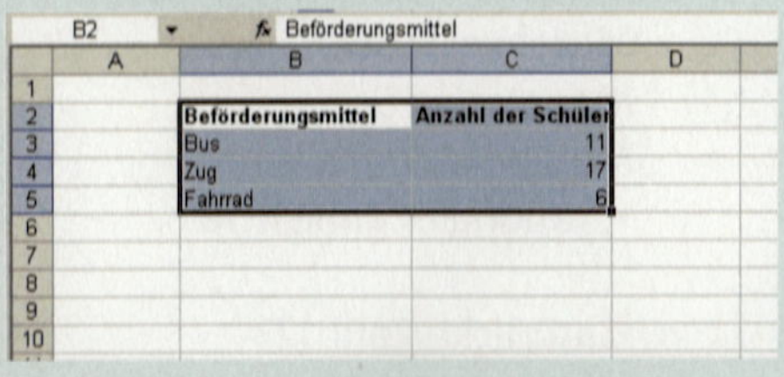

Beförderungsmittel	Anzahl der Schüler
Bus	11
Zug	17
Fahrrad	6

Diagramm-Assistent

Die darzustellende Tabelle wird markiert.
Aus der Symbolleiste wird das Symbol für den Diagramm-Assistenten ausgewählt.
Dieser Assistent hilft in vier Schritten, die Tabelle in ein Diagramm zu übertragen.

1. Schritt

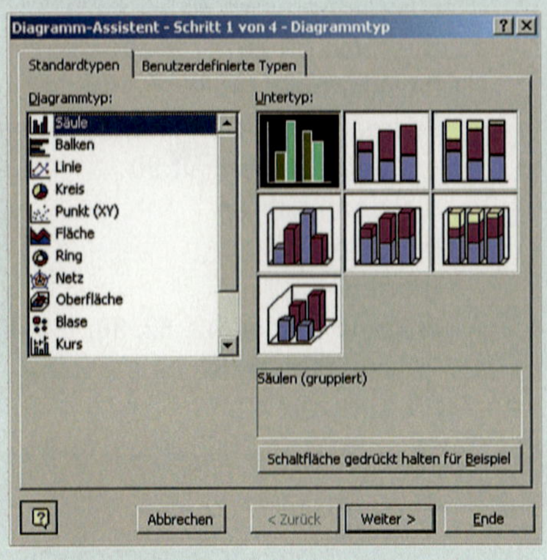

2. Schritt

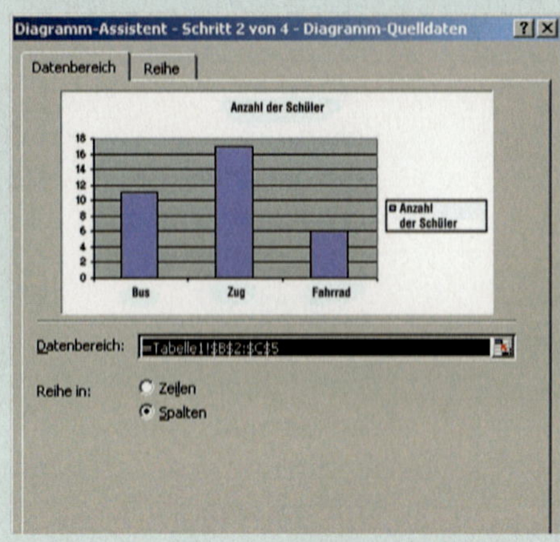

Säulendiagramm

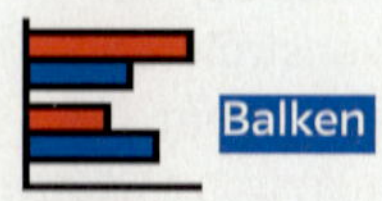

Balkendiagramm

Kreisdiagramm

3. Schritt

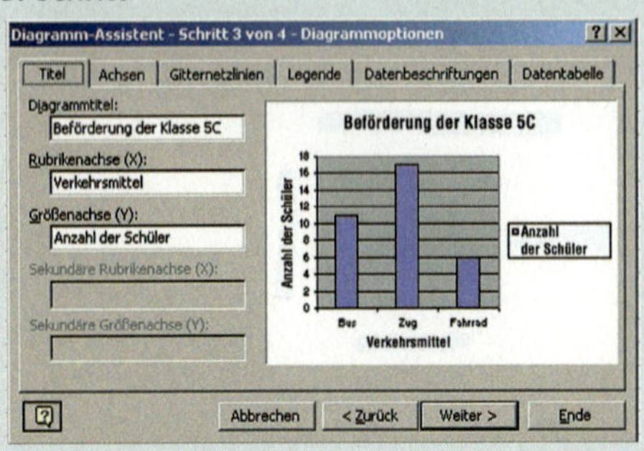

4. Schritt

Das fertige Diagramm kann man dann auf dem Bildschirm verschieben. Durch Ziehen an einer Ecke wird das Diagramm größer oder kleiner.
Auch nachträglich kann der Diagrammtyp noch geändert werden. Man wählt in der Menü-Leiste *Diagramm* und bestimmt den Diagrammtyp neu.

Stichwortverzeichnis

Bildquellenverzeichnis

U1.1: Picture-Alliance (Picture Press/Westermann), Frankfurt – 4.1: Fnoxx, Arnulf Hettrich (Fotofinder/FreeLensP), Stuttgart – 4.2: Hoos Mediendienstleistung, Landau-Godramstein – 4.3: altrofoto.de, Regensburg – 4.4: Dreamstime (Alon-o), Brentwood, TN – 5.1: Gerhard Harter, Albstadt – 5.2: Corbis (Steve Raymer), Düsseldorf – 5.3: MEV, Augsburg – 5.4: Corbis (U. Krejci/zefa), Düsseldorf – 6.1: Avenue Images GmbH (Corbis RF), Hamburg – 7.2: iStockphoto (RF/Crossley), Calgary, Alberta – 7.4: jupiterimages GmbH (photos.com), Starnberg – 8.1: BigStockPhoto.com (onewayphoto), Davis, CA – 8.2: Diners Club Switzerland Ltd., Zürich – 8.3: AKG, Berlin – 9.1: Avenue Images GmbH (Digital Vision), Hamburg – 10.1: Getty Images (LOOK), München – 12.1: Fotosearch RF (Brand X Pictures), Waukesha, WI – 12.3: images.de digital photo GmbH (Leber), Berlin – 13.2: MEV, Augsburg – 13.5: Corbis (Goebel/zefa), Düsseldorf – 15.4: Corbis (Duomo), Düsseldorf – 16.2: Fnoxx, Arnulf Hettrich (Fotofinder/FreeLensPool), Stuttgart – 19.3: Getty Images (Taxi), München – 20.1: Corbis (Gallo Images), Düsseldorf – 22.1: Hoos Mediendienstleistung, Landau-Godramstein – 22.2: Alamy Images RM (Hideo Kurihara), Abingdon, Oxon – 23.1: Alamy Images RM (Bob Croxford), Abingdon, Oxon – 24.2: Kessler-Medien, Saarbrücken – 24.3: Klett-Archiv, Stuttgart – 25.1: Getty Images (AFP), München – 25.3: Corbis (Reg Charity), Düsseldorf – 27.3: Landesmedienzentrum, Koblenz – 29.1: Mauritius (Photri), Mittenwald – 36.2: Picture-Alliance (Kraus/OKAPIA), Frankfurt – 36.3: Mauritius (Bordis), Mittenwald – 37.1: Picture-Alliance (akg-images), Frankfurt – 37.4: RB-Deskart Ralf Brennemann, Hamburg – 37.5: RB-Deskart Ralf Brennemann, Hamburg – 40.1+2: Avenue Images GmbH (Digital Vision), Hamburg – 40.3: Avenue Images GmbH (PhotoDisc), Hamburg – 41.1: Avenue Images GmbH (Image Source), Hamburg – 42.1: GLOBUS Infografik, Hamburg – 43.4: Bildarchiv Monheim GmbH, Meerbusch – 44.3: Tack, Jochen (Fotofinder/FreeLensPool), Essen – 45.1: Mauritius (Hänel), Mittenwald – 45.2+3: URW, Hamburg – 47.2: Mauritius (Beuthan), Mittenwald – 50.1: Alamy Images RM (WoodyStock), Abingdon, Oxon – 50.2: iStockphoto (James Boulette), Calgary, Alberta – 50.3: GOODSHOOT (Goodshoot), Annecy-Le-Vieux – 50.4: Mauritius (Westend61), Mittenwald – 50.5: altrofoto.de, Regensburg – 51.1: Bildagentur-online (Begsteiger), Burgkunstadt – 52.1: Helga Lade (Klaus Baier), Frankfurt – 54.2: Imago Stock & People (Baptista), Berlin – 58.1: Getty Images/Bongarts (Martin Rose), Hamburg – 60.1: GLOBUS Infografik, Hamburg – 61.1: Avenue Images GmbH (PhotoDisc), Hamburg – 62.1: Mauritius (Auli), Mittenwald – 64.1+3: GLOBUS Infografik, Hamburg – 65.1: Bert-Brecht-Gymnasium/Reinhold Petersen – 66.1: Avenue Images GmbH (Brand X Pictures), Hamburg – 68.2: GLOBUS Infografik, Hamburg – 71.1: Winfried Eberhardt, Frankfurt – 72.1 + 73.1: GLOBUS Infografik, Hamburg – 73.2: Kaffeeverband, Hamburg – 73.3: MEV, Augsburg – 74.2: www.flaggenserver.de – 76.1: Dreamstime (Alon-o), Brentwood, TN – 77.1: Corbis (Goebel/zefa), Düsseldorf – 78.2: IMAGO (Camera4), Berlin – 79.3: MEV, Augsburg – 80.1: Avenue Images GmbH (Corbis RF), Hamburg – 82.1: Getty Images (Johner Images), München – 82.2+3: Gerhard Harter, Albstadt – 83.1: Strohballenbau, Ravelsbach – 84.1: Getty Images (Photographer`s Choice), München – 84.2: Avenue Images GmbH (Corbis RF), Hamburg – 84.3: Klett-Archiv (KD Busch Fotostudio), Stuttgart – 84.4: Getty Images (Image Bank), München – 84.5: Corbis (Sohber), Düsseldorf – 85.1: Fotosearch RF (Comstock), Waukesha, WI – 85.2: Klett-Archiv (Simianer & Blühdorn), Stuttgart – 86.1: Picture-Alliance (Rüsche), Frankfurt – 88.1: iStockphoto (Jim Jurica), Calgary, Alberta – 88.2: Alamy Images RF (Visions of America, LLC), Abingdon, Oxon – 88.4: Merlin Entertainments, Hamburg – 90.2: Picture Press (Christoph Köster), Hamburg – 92.1: Das Fotoarchiv (Thomas Mayer), Essen – 92.2: iStockphoto (Dean Bergmann), Calgary, Alberta – 92.3: Mauritius (Merten), Mittenwald – 93.1: Getty Images (Iconica), München – 96.6: Gerhard Harter (Gerhard Harter), Albstadt – 98.1: Corbis (Steve Raymer), Düsseldorf – 98.2: Hochseilgarten Pelham, 83093 Bad Endorf, www.horizont-training.de – 99.1: Klett-Archiv (Gudrun Pofahl), Stuttgart – 100.1: stocktogo.com (JustASC), New York, NY – 105.2: Wikimedia Foundation Inc. (Public Domain), St. Petersburg FL – 106.1: HYMER, Bad Waldsee – 106.2: Chiemsee Tourismus, www.chiemsee.de – 106.3: HYMER, Bad Waldsee – 107.1: Fotosearch RF (Digital Vision), Waukesha, WI – 107.2+3: MEV, Augsburg – 108.1-6: Klett-Archiv (Simianer & Blühdorn), Stuttgart – 109.3: PhotoDisc, Seattle, WA – 110.1: iStockphoto (RF/Marc Dietrich), Calgary, Alberta – 112.1: GLOBUS Infografik, Hamburg – 112.3: Wikimedia Foundation Inc. (Public Domain), St. Petersburg FL – 113.2: Alamy Images RM (Gary Roebuck), Abingdon, Oxon – 113.4: Corbis (Clayton J. Price), Düsseldorf – 114.1: Wikimedia Foundation Inc. (Richardfabi), St. Petersburg FL – 114.3: Alamy Images RM (LusoStock), Abingdon, Oxon – 115.1: Harms, Bremen – 116.1+3: URW, Hamburg – 116.2: picturemaxx.net RF (RF), München – 116.4: Getty Images (Stone), München – 116.5: iStockphoto (RF/Gillet Luc), Calgary, Alberta – 116.6: Alfred Kärcher, Winnenden – 117.1: creativ collection, Freiburg – 117.3: iStockphoto (RF), Calgary, Alberta – 118.1+2, 191.1: Klett-Archiv (Gonzalez), Stuttgart – 120.1: Getty Images (Emely/zefa), München – 120.3: Klett-Archiv (Simianer & Blühdorn), Stuttgart – 124.1: MEV, Augsburg – 127.2, 128: Klett-Archiv (KOMA AMOK), Stuttgart – 128.1+2, 129.2, 130.1: Klett-Archiv (Simianer & Blühdorn), Stuttgart – 130.2: laif, Köln – 130.4: Klett-Archiv (Simianer & Blühdorn), Stuttgart – 131.4: Interfoto, München – 132.1: Gemeinde Bisingen – 133.3: AKG (Hervé Champollion), Berlin – 134.2: iStockphoto (RF/Joe Gough), Calgary, Alberta – 134.3: Joker (Ralf Gerard), Bonn – 136.1: MEV, Augsburg – 136.2: Deutsche Bahn AG, Frankfurt am Main – 137.2: GLOBUS Infografik, Hamburg – 138.1: Avenue Images GmbH (Image Source RF), Hamburg – 139.1: Picture-Alliance (epa Pressensbild Del), Frankfurt – 140.1: iStockphoto (RF/Andrzej Tokarski), Calgary, Alberta – 141.2: iStockphoto (RF/Sabo), Calgary, Alberta – 142.1: Picture-Alliance (Patrick Lux), Frankfurt – 144.2: Treppenlauf-Team, Radebeul – 144.3: Niesenbahn AG, Mülenen – 147.1: Corbis (U. Krejci/zefa), Düsseldorf – 148.1: FREIBURG MARATHON, München

Alle übrigen Fotos entstammen dem Archiv des Ernst Klett Verlages, Stuttgart.
Nicht in allen Fällen war es uns möglich, den uns bekannten Rechteinhaber ausfindig zu machen. Berechtigte Ansprüche werden selbstverständlich im Rahmen der üblichen Vereinbarungen abgegolten.